高职高专机械类专业新形态系列教材

机械制造基础

主　编　马绪鹏　何礼庆

副主编　解　松　王崇清

参　编　刘　华　王玉英　杨伟生

　　　　张玉华　赵　慧　王　称

　　　　赵博闻　李　超　秦　琳

　　　　李　泊　徐浩轩

主　审　杨国星

西安电子科技大学出版社

内 容 简 介

本书以培养高素质复合型技术技能人才为目标,从工程实际出发,进行模块化和项目化设计及任务实施,注重培养学生的科学分析能力和工程创新思维,并运用信息化技术手段培养学生自主学习的习惯。

全书分为两大模块。模块一为金属材料及热处理,注重理论讲解,包含三个项目,即机床齿轮毛坯金属材料力学分析、机床齿轮材料热处理、金属材料的工程应用;模块二为典型零件制造及工艺规程,注重工程案例分析,其中包含七个项目,即法兰盘的砂型铸造、金属材料的焊接、典型汽车零件锻造方法、汽车零件的板料冲压、非金属材料的成型、金属材料的切削加工、冲压模具零件加工工艺规程的制订。

本书可供高职高专机械类专业使用,也可供相关工程技术人员参考。

图书在版编目(CIP)数据

机械制造基础 / 马绪鹏,何礼庆主编. —西安:西安电子科技大学出版社,2023.2
ISBN 978–7–5606–6712–6

Ⅰ.①机… Ⅱ.①马… ②何… Ⅲ.①机械制造—高等职业教育—教材 Ⅳ.①TH

中国版本图书馆 CIP 数据核字(2022)第 207886 号

策　　划　刘小莉　杨航斌
责任编辑　刘小莉
出版发行　西安电子科技大学出版社(西安市太白南路 2 号)
电　　话　(029) 88202421　88201467　　　　邮　　编　710071
网　　址　www.xduph.com　　　　　　　电子邮箱　xdupfxb001@163.com
经　　销　新华书店
印刷单位　陕西日报社
版　　次　2023 年 2 月第 1 版　2023 年 2 月第 1 次印刷
开　　本　787 毫米×1092 毫米　1/16　印张 19
字　　数　452 千字
印　　数　1～3000 册
定　　价　49.00 元
ISBN　978–7–5606–6712–6 / TH

XDUP 7014001–1
如有印装问题可调换

前　　言

　　为适应传统制造业智能制造转型升级与新工科发展的应用型人才培养需求，我们在总结近年来的教学实践、课程改革和探索的基础上通过校企合作编写了本书。

　　"机械制造基础"是一门培养学生综合应用能力的专业基础课程，它将工程材料性能分析、金属热处理、成型技术、工艺规程等多方面的理论知识与工程实践案例有机结合，注重学生逻辑分析与科学对比能力、发现问题和解决问题能力的培养，使学生树立工程实践意识，为后续专业课程的开展打下坚实的基础。

课程导学

　　本书遵循"理论联系实际、注重工程应用、培养终身学习、适应岗位技能新需求"的原则，内容按模块设计，模块下设项目进行任务实施。本书理论知识表达言简意赅，深入浅出，重点明确，减少理论性论述，从工程实践角度加强结论性、应用性内容的表述；同时，本书借助二维码提供微课资源，培养学生自主学习的习惯。

　　全书共分两大模块，10 个项目，建议教学时数为 60～80 学时。

　　本书的编写分工如下：何礼庆编写模块一中的项目一、项目二，模块二中的项目三、项目四；解松编写模块一中的项目三和模块二中的项目七；马绪鹏、李泊、徐浩轩编写模块二中的项目一、项目二、项目五、项目六；王崇清、刘华、杨伟生、王玉英、张玉华、赵慧、王称负责全书素材的整理及编写；赵博闻、李超、秦琳负责整体文字统稿与编辑。本书在编写过程中，得到了天津市克赛斯工贸有限公司与天津宏凯华石油设备制造有限公司的大力支持，同时，本书的主审杨国星老师也提出了许多宝贵的修改意见，在此一并表示衷心的感谢。

　　由于编者水平有限，书中难免存在疏漏之处，恳请广大读者批评指正。

编　者

2022 年 12 月

目　录

模块一　金属材料及热处理

项目一 机床齿轮毛坯金属材料力学分析

 项目体系图

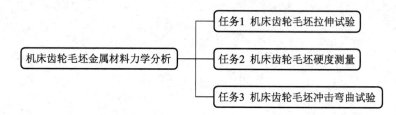

机床齿轮毛坯金属材料力学分析
- 任务1 机床齿轮毛坯拉伸试验
- 任务2 机床齿轮毛坯硬度测量
- 任务3 机床齿轮毛坯冲击弯曲试验

 项目描述

机床齿轮在无强烈冲击、负荷不大、转速中等的条件下，可保证平稳工作。齿轮心部强度和韧性要求不高，一般选用 40 钢或 45 钢制造。机床齿轮的加工工艺路线为：

下料→锻造→正火→粗加工→调质→半精加工→高频感应加热表面淬火＋低温回火→精磨→成品

本项目以机床齿轮 45 钢正火态毛坯为案例。为获得其材料力学参数，进行了拉伸试验、硬度测量、冲击弯曲试验等。通过本项目的任务训练，同学们可初步掌握获取某种材料的力学性能的方法。

 任务工单

本项目以机床齿轮为研究对象，如表 1-1-1 所示，分三个任务对机床齿轮毛坯金属材料进行力学分析，确定其力学性能。

表 1-1-1 机床齿轮材料力学参数任务工单

任务 1	机床齿轮毛坯拉伸试验
任务描述	机床齿轮毛坯材料是正火态 45 钢，其应用广泛，试选择合适的试验方法确定其材料强度
任务内容	(1) 依照流程完成机床齿轮正火态 45 钢毛坯拉伸试验； (2) 确定机床齿轮正火态 45 钢毛坯的屈服强度和抗拉强度
任务 2	机床齿轮毛坯硬度测量
任务描述	机床齿轮毛坯材料是正火态 45 钢，其应用广泛，试选择合适的试验方法确定其材料硬度
任务内容	(1) 选择合适的硬度试验方法测定机床齿轮正火态 45 钢毛坯硬度； (2) 确定机床齿轮正火态 45 钢毛坯硬度值

续表

任务 3	机床齿轮毛坯冲击弯曲试验		
任务描述	机床齿轮毛坯材料是正火态 45 钢，其应用广泛，试选择合适的试验方法确定其材料冲击韧性大小		
任务内容	确定机床齿轮正火态 45 钢毛坯冲击韧性值		
任务评价	考核项目	评价标准	分值
	考勤	无迟到、旷课或缺勤现象	10
	任务 1	操作流程合规，数值正确	40
	任务 2	操作流程合规，数值正确	25
	任务 3	操作流程合规，数值正确	25
	总分	100 分	

教学目标

知识目标：

(1) 了解试验的规章制度和基本试验技能；

(2) 熟悉拉伸试验和硬度测量试验的基本过程；

(3) 掌握强度、塑性、布氏硬度、洛氏硬度和维氏硬度的测量及结果分析。

能力目标：

(1) 能够针对典型材料进行拉伸试验并测定其数值；

(2) 能够对不同材料进行硬度测量方法的选择和测定；

(3) 能对典型材料进行冲击弯曲试验并测定数值。

素质目标：

(1) 锻炼学生的动手能力和规范操作能力；

(2) 提升学生精益求精的意识。

知识链接

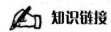

一、材料的分类

工程材料是指在机械、船舶、化工、建筑、车辆、仪表、航空航天等工程领域中用于制造工程构件和机械零件的材料。在机械领域，工程材料主要包括金属材料(含黑色金属材料、有色金属材料)和非金属材料(含工程塑料、橡胶、陶瓷材料、复合材料)两大类。

金属材料因金属键结合而成，具有良好的导热性、导电性、塑性等，能满足各种成形工艺和使用要求，被广泛应用在各机械领域。目前金属材料是工程材料中使用量最大和应用最广泛的材料。

二、材料的性能

金属材料的性能分为力学性能、物理性能、化学性能和工艺性能。力学性能、物理性能和化学性能三者统称金属材料的使用性能。

材料的使用性能是指在服役条件下，能保证材料安全可靠工作所必备的性能，是材料对环境因素的响应能力。

材料的工艺性能是指材料的可加工性能，包括锻造性、铸造性、焊接性、热处理性能、切削加工性等。

材料的力学性能是指材料在外力或能量以及环境因素作用下表现出的变形和破断的特性。弹性、刚度、强度、塑性、硬度、韧性、疲劳强度等是衡量材料力学性能的主要指标。在设计零件、选用材料及制定工艺规程过程中，材料的力学性能是主要依据。

任务 1 机床齿轮毛坯拉伸试验

任务要求

(1) 按规范完成毛坯材料是正火态 45 钢的机床齿轮拉伸试验。

(2) 获得该毛坯材料的屈服强度、抗拉强度、伸长率和断面收缩率等数据。

知识引入

一、弹性、刚度

拉伸试验是评价材料力学性能最简单和最有效的方法。图 1-1-1 所示是按国标(GB/T 228.1—2021)要求制成规定形状和尺寸的拉伸试棒。拉伸试棒的截面形状和长度已经标准化，截面形状可以有圆形、矩形和多边形等，常见形状是圆形；长度一般分为长试棒($l_0 = 10d_0$) 和短试棒($l_0 = 5d_0$)两种，其中 d_0 为试棒的原始直径(mm)，l_0 为试棒的标距长度(mm)。

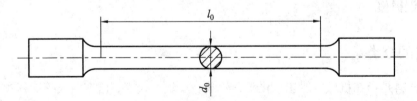

图 1-1-1　标准拉伸试棒

将标准试棒装在拉伸试验机夹头上，缓慢加载静载荷，随着载荷的不断增加，试棒的伸长量也逐渐增加，通过自动记录装置得到如图 1-1-2 所示的试棒所受载荷 F 和伸长量 Δl 的关系曲线，此曲线称为拉伸曲线。

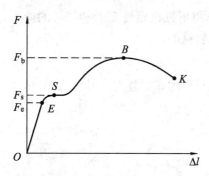

图 1-1-2 退火低碳钢的拉伸曲线

由拉伸曲线可见,当对试棒施加的载荷由零逐渐加大到 F_e 时,试棒的伸长量与施加的载荷成正比。在 OE 阶段卸除载荷,试棒长度恢复到原来尺寸,即 OE 阶段是比例弹性变形阶段。弹性就是材料受到外力作用时产生变形,当外力卸荷后又恢复原来形状的性能。这种外力去除后可以恢复而不产生永久性变形的,称为弹性变形。刚度是指材料在外力作用下抵抗弹性变形的能力。

当载荷超过 F_e 时,试棒除产生弹性变形外,还开始产生塑性变形,其伸长量不再与施加的载荷成正比地增加,卸载后,试棒长度不能恢复到原来长度,即 ES 段是非比例弹性变形阶段。

当载荷增大到 F_s 时,在曲线上开始出现水平(或锯齿形)线段,即表示载荷不增加,试棒却继续伸长,这种现象称为屈服。S 点称为屈服点。

当载荷超过 F_s 后,试棒的伸长量又随载荷的增加而增大,此时试棒已产生大量的塑性变形,即 SB 阶段是塑性变形阶段。当载荷继续增加到某一最大值 F_b 时,试棒的局部直径开始变小,通常称为"颈缩"现象,此时载荷也就逐渐降低;当到达 K 点时,试棒就在颈缩处被拉断。

二、强度

为消除试棒几何尺寸对试验结果的影响,将拉伸试验过程中试棒所受的载荷转化为单位截面积上所受的力(称为应力,用 σ 表示),试棒伸长量转化为试棒单位长度上的伸长量(称为应变,用 ε 表示),得到如图 1-1-3 所示应力-应变曲线,其形状与拉伸曲线类似。

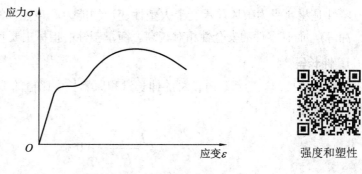

强度和塑性

图 1-1-3 碳钢材料拉伸应力-应变曲线

强度是指材料在外力作用下抵抗塑性变形和破坏的能力，是金属材料的重要性能指标。材料的强度是用应力来度量的。

1. 屈服强度

试棒屈服时的应力称为材料的屈服强度，用 σ_s 表示。σ_s 表示金属抵抗小量塑性变形的应力，即

$$\sigma_s = \frac{F_s}{S_0}$$

式中：屈服强度 σ_s 单位为 MPa；F_s 为试棒屈服时的载荷(N)；S_0 为试棒的原始横截面面积(mm^2)。

工程上规定，对于没有明显屈服现象发生的金属材料(如铸铁、高碳钢等)，把试件产生的塑性变形为标距长度的 0.2%时所对应的应力值，称为材料的屈服强度，用 $\sigma_{0.2}$ 表示。

工程结构上或机器工作时是不允许材料发生塑性变形的，因此，屈服强度是工程设计和选材的重要依据之一。

2. 抗拉强度

抗拉强度是指试样在断裂前所能承受的最大应力，即

$$\sigma_b = \frac{F_b}{S_0}$$

式中：σ_b 为抗拉强度(MPa)；F_b 为试棒在断裂前的最大载荷(N)；S_0 为试棒的原始横截面面积(mm^2)。

抗拉强度表示材料抵抗断裂的能力。其值越大，说明材料抵抗断裂的能力越强。抗拉强度是零件设计的重要依据，也是评定金属强度的重要指标之一。

工程上通过计算屈强比(σ_s/σ_b)来判别材料强度的利用率。屈强比越小，工件的可靠性越高；但屈强比不能太小，太小则材料的强度利用率太低。

三、塑性

塑性是材料受力破坏前承受最大塑性变形的能力。塑性好的材料不仅便于加工(轧、锻、冲等)，而且零件的安全性相对较高。衡量塑性的指标主要有伸长率和断面收缩率。

1. 伸长率

试棒通过拉伸试验断裂时，总的伸长量和原始长度比值的百分率(即相对伸长)称为伸长率，用符号 δ 表示：

$$\delta = \frac{l_1 - l_0}{l_0} \times 100\%$$

式中：l_1 为试棒拉断时的标距长度(mm)；l_0 为试棒原始的标距长度(mm)。

2. 断面收缩率

试棒通过拉伸试验断裂时，断面缩小的横截面积和原始横截面积之比值的百分率，称为断面收缩率，用符号 ψ 表示：

$$\psi = \frac{S_0 - S_1}{S_0} \times 100\%$$

式中：S_0 为试棒原始横截面积(mm^2)；S_1 为试棒断口处横截面积(mm^2)。

用断面收缩率表示塑性比用伸长率更接近真实变形，δ 和 ψ 越大，材料的塑性越好，通常 ψ 更接近真实应变。当 $\delta > \psi$ 时，无颈缩，为脆性材料表征；当 $\delta < \psi$ 时，有颈缩，为塑性材料表征。

材料强度与塑性指标选用原则：若零件不允许发生过量的塑性变形时，以屈服强度 σ_s、$\sigma_{0.2}$ 为设计依据；若零件在使用时只要求不发生破坏，则以抗拉强度 σ_b 来设计。而塑性指标不直接用于计算，但任何零件都需要一定的塑性。塑性变形可以缓解应力集中，削减应力峰值，防止过载断裂。

任务结论

机床齿轮材料是正火态 45 钢，对其按国标(GB/T 228.1—2021)要求制成规定圆形和尺寸的拉伸试棒。拉伸试棒长度与试棒直径的关系：$l_0 = 10d_0$，其中 d_0 为试棒的原始直径(mm)，l_0 为试样的原始长度(mm)。通过拉伸试验获得如表 1-1-2 所示数据。

表 1-1-2　正火态 45 钢拉伸试验数据

抗拉强度 σ_b/MPa	屈服强度 σ_s/MPa	伸长率 δ/%	断面收缩率 ψ/%
≥600	≥355	16	40

能力拓展

1. 试验步骤

(1) 准备试样。将加工好的试样，用刻划机将标距 l_0 按每格 10 mm 刻划成 5 格(铸铁试样不刻)。图 1-1-4 所示为拉伸试验机。

图 1-1-4　拉伸试验机

(2) 测量试样原始尺寸。用游标卡尺测量标距长度两端及中间(见图 1-1-5 拉伸试样中的Ⅰ、Ⅱ、Ⅲ)三个截面处的直径 d_0 和标距 l_0 的实际长度,将测量值记录下来。

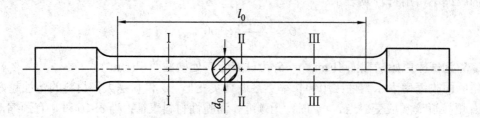

图 1-1-5 拉伸试样

(3) 试验机调整。根据试样所用材料的抗拉强度理论值和横截面面积 S,预估试样的最大载荷。根据预估值,按试验机说明书进行调整。

(4) 安装试样。先将试样装夹在试验机的上夹头内,调整下夹头至适当位置,夹紧试样下端,调整好自动绘图装置。

(5) 加载测试。开动试验机,使之缓慢匀速加载。

(6) 观察与记录。注意观察力-伸长曲线,如图 1-1-6 所示。曲线上 e 点以前的正比斜线为弹性变形阶段(试件初始受力时,头部在夹槽内有较大的滑动,故伸长曲线起始段为曲线)。这一阶段曲线匀速缓慢上升。当曲线不上升或上下波动时,说明材料出现"屈服",此时曲线上的最低点值即为下屈服载荷 F_{eL}。屈服现象结束后,曲线继续上升(上升速度由快变慢),此时进入强化阶段。曲线到达最高点 b 点时曲线不再继续上升,此时数值即为最大载荷 F_m。此时注意观察开始出现"颈缩",横截面迅速减小,曲线开始下降,直至 z 点断裂为止,bz 阶段即为颈缩阶段。

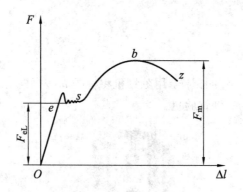

图 1-1-6 力-伸长曲线

(7) 测量试样最终尺寸。停机取下试样,将断裂试样的两端对齐,用游标卡尺测量断裂后标距段的长度 l_u;测量左、右两断口(颈缩)处的直径 d_u。

2. 注意事项

(1) 测量直径时,在各截面相互垂直的两个方向上各测量一次,取平均值。

(2) 铸铁试样测试时,不刻标记且只记录最大载荷 F_m。

任务 2　机床齿轮毛坯硬度测量

任务要求

(1) 对机床齿轮毛坯材料选择合适的硬度测量方法。
(2) 按规范完成机床齿轮毛坯材料的硬度测量。

知识引入

硬度是衡量材料软硬程度的一种性能指标，是指材料抵抗局部变形，特别是塑性变形、压痕或划痕的能力。硬度是金属材料的重要性能指标之一，一般硬度越高，材料耐磨性越好。根据测定方法的不同，硬度分为三种：布氏硬度、洛氏硬度、维氏硬度。

一、布氏硬度

布氏硬度用 HBW(压头材质是硬质合金钢球)或者 HBS(压头材质是淬火钢球)表示，测量原理如图 1-1-7 所示。

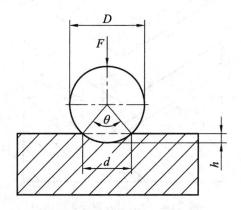

硬度

图 1-1-7　布氏硬度试验原理图

直径为 D 的钢球在载荷 F 的作用下被压入试样表面，保持一段时间后将载荷 F 卸载，此时在试样表面便会出现直径为 d 的压痕，布氏硬度的数值大小便为 F 与压痕表面积 A 的比值，布氏硬度的单位为 MPa。

$$\text{HBW} = \frac{F}{A} = 0.102 \frac{2F}{\pi D(D - \sqrt{D^2 - d^2})} \times 100\%$$

式中：F 为载荷(N)；D 为钢球直径(mm)；d 为压痕直径(mm)。

　　布氏硬度试验的优点是测量误差小，数据稳定；但因不够简便，又因压痕大，对金属表面损伤较大，故不宜测试薄件或成品件。对于布氏硬度值小于 450 的材料，压头宜选用淬火钢球；而对于布氏硬度值为 450～650 的材料，压头宜选用硬质合金球。对金属来讲，布氏硬度法只适用于测定退火钢、正火钢、调质钢、铸铁及有色金属的硬度。

二、洛氏硬度

　　洛氏硬度用 HR(含 HRA、HRB、HRC 三种)表示。洛氏硬度的测量方法是用规定的载荷将顶角为 120° 的金刚石圆锥体或直径为 $\phi1.588$ mm 的淬火钢球压头压入到试样表面。与布氏硬度试验不同的是试验载荷由两部分组成，即初试验力和主试验力。之所以引入初试验力是为了消除由于试样表面粗糙度不佳而对试验结果的准确性造成的不良影响。

　　图 1-1-8 所示为洛氏硬度的试验原理图。当压头处在 *a-a* 位置时，其还没有和试样接触；当压头处在 *b-b* 位置时，在初试验力作用下压头压入试样表面深度为 h_b；当压头处在 *c-c* 位置时，在总试验力(初试验力 + 主试验力)作用下，压头压入试样表面深度 h_c；移除主试验力后，由于金属弹性变形得到恢复，压头处在 *d-d* 位置，此时压头实际压入深度为 h_d。由图中的几何关系可知，由主试验力所引起的塑性变形而使压头压入深度为 $h = h_d - h_b$，洛氏硬度便是通过此值来衡量的。

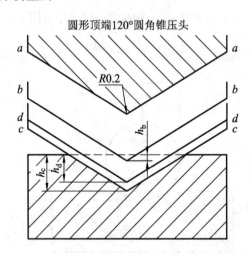

图 1-1-8　洛氏硬度试验原理图

　　为了适应数值愈大硬度愈高的习惯，常用一常数 K 减去 $h/0.002$ 作为硬度值。洛氏硬度可以直接由硬度计表盘上读出，无单位。

$$HR = K - \frac{h}{0.002}$$

式中，K 为常数。用金刚石圆锥体作压头时，K 为 100；用淬火钢球作压头时，K 为 130。

　　为了准确地表示材料的硬度，洛氏硬度又分为 HRA、HRB、HRC 三种，其试验条件和应用范围见表 1-1-3。

表 1-1-3　常用洛氏硬度的试验条件及应用范围

硬度符号	压头类型	总载荷 F/kgf(N)	硬度值有效范围	应用举例
HRA	120°金刚石圆锥体	60(588)	70～85	硬质合金、表面淬火钢、渗碳钢等
HRB	ϕ1.588 mm 钢球	100(980)	25～100	有色金属、退火钢、正火钢等
HRC	120°金刚石圆锥体	150(1471)	20～67	淬火钢、调质钢等

　　洛氏硬度试验操作简单、迅速、压痕小，可测量成品零件。因压痕小，测量受材料组织不均匀因素影响很大。所以对同一测试件，应在不同部位测取三点后取平均值。

三、维氏硬度

　　维氏硬度的试验原理与布氏硬度相同，不同点是压头为金刚石正四棱锥体，所加负荷较小。维氏硬度的测量原理图如 1-1-9 所示，用一定载荷 F(N)，将顶角为 136°的金刚石四棱锥压入被测材料的表面，保持一定时间后卸去载荷，求出平均压痕对角线的长度 d，确定硬度值。维氏硬度用 HV 表示，其计算公式为

$$HV = 0.1891 \times \frac{F}{d^2}$$

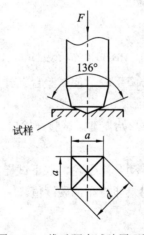

图 1-1-9　维氏硬度试验原理图

　　维氏硬度值比布氏硬度、洛氏硬度更精确，应用范围广；因深度浅，对试样表面破坏小，可测较薄的硬化层；通过改变负荷可测定从极软到极硬的各种材料的硬度。但是测定过程比较麻烦，对试样表面要求高。

任务实施

　　通过三种硬度测量方法比较，布氏硬度测量方法只适用于测定退火钢、正火钢、调质

钢、铸铁及有色金属的硬度。由于毛坯是技术标准为 GB799—65 的正火态 45 钢锻件，选择布氏硬度测量方法，选用硬质合金球布氏硬度值为 450～650 的材料压头，最终获得该批次材料硬度是(170～229)HB。

能力拓展

1. 试验步骤

(1) 确定试验条件。设备 HB-3000 型布氏硬度试验机，如图 1-1-10 所示。压头直径、试验力及试验力保持时间按要求选取。先将压头装入主轴衬套并拧紧压头紧定螺钉，再按所选载荷加上相应的砝码。打开电源开关，电源指示灯亮。试验机进行自检、复位，显示当前的试验力保持时间，该参数自动记忆关机前的状态。此时应根据所需设置的保持时间，在操作键盘上按"▲"或"▼"键进行设置。

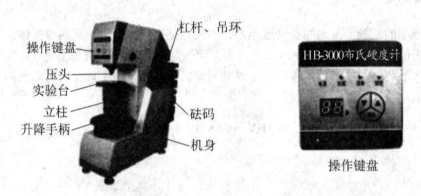

杠杆、吊环
操作键盘
压头
实验台
立柱
升降手柄
砝码
机身

操作键盘

图 1-1-10　HB-3000 布氏硬度试验机外形图

(2) 压紧试样。顺时针旋转升降手轮，使试验台上升至试样与压头接触，直至手轮下面的螺母产生相对滑动为止。

(3) 加载与卸载。此时按下"开始"键，试验开始自动进行，依次完成从加载、保持、卸载到恢复初始状态的全过程。

(4) 读取试验数据。逆时针转动升降手轮，取下试样，用读数显微镜测出压痕直径，并取算术平均值 d，根据此值查附录即得布氏硬度值。

2. 注意事项

(1) 试样表面必须平整光洁，无油污、氧化皮，并平稳地安放在布氏硬度机试验台上。

(2) 显微镜读取压痕直径时，应从两个相互垂直的方向测量，并取算术平均值。

(3) 使用读数显微镜时，将测试过的试样放置于一平面上，再将读数显微镜放置于被测试样上，使被测部分用自然光或灯光照明；调节目镜，使视场中同时看清分划板与压痕边缘图像。常用放大倍数为 20× 的读数显微镜测试布氏硬度值。

(4) 压痕中心到试样边缘的距离应不小于压痕直径的 2.5 倍，相邻两压痕中心距离应不小于压痕直径的 3 倍。

任务3　机床齿轮毛坯冲击弯曲试验

任务要求

(1) 按规范完成正火态45钢机床齿轮冲击弯曲试验。
(2) 确定毛坯是技术标准为GB 799—65的正火态45钢锻件的冲击韧性。

冲击韧性

知识引入

许多工程结构件和机械零件不但要满足在静载荷条件下的工作，还必须具有抗冲击载荷的能力，若单纯用静载荷下的强度、塑性、硬度指标来衡量其性能，显然是不合理的。因此，冲击韧性是衡量材料耐受冲击而不破坏的指标。

冲击韧性是指材料在冲击载荷作用下，抵抗冲击力的作用而不被破坏的能力。通过一次摆锤弯曲冲击试验可以评定金属材料的冲击韧性。

将材料按照国标 GB/T 18658—2002 制成规定几何形状和尺寸的试样，试验原理依据 GB/T 229—2007 规定。将制成的冲击试样放在试验机支座中间，缺口背向冲击面，如图 1-1-11 所示，接着让质量为 m 的摆锤从高度为 H 处自由下摆，摆锤冲断试样后又升至高度为 h 处，则试样冲断时所消耗的冲击功 A_k 为

$$A_k = mgH - mgh$$

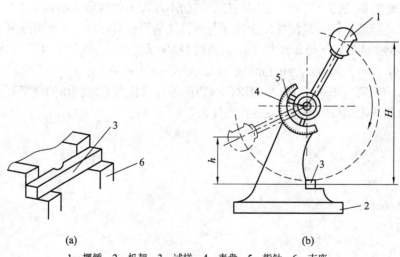

(a)　　　　　　　　　　　　　(b)

1—摆锤；2—机架；3—试样；4—表盘；5—指针；6—支座。

图 1-1-11　摆锤式冲击试验原理图

冲击韧性 a_k 就是试样缺口处单位截面积上所消耗的冲击功，即

$$a_k = \frac{A_k}{S} = \frac{mg(H-h)}{S}$$

式中：a_k 为冲击韧性($J \cdot cm^{-2}$)；g 为重力加速度，其一般取为 $9.8 \, m/s^2$；S 为试样缺口处的

横截面积(cm^2)；A_k为冲击吸收功(J)；m为摆锤质量(kg)；H为摆锤初始高度(m)；h为摆锤冲断试样后上升的高度(m)。

材料冲击韧性a_k值越大，其韧性越好。冲击韧性a_k值低的材料称为脆性材料，高的称为韧性材料。试验证明，冲击吸收功的大小与试验的温度有关，有些材料在室温$20℃$左右试验时并不显示脆性，而在低温下则可能发生脆断。

任务实施

将毛坯是技术标准为 GB799—65 的正火态 45 钢的锻件按照国际 GB/T 18658—2002 制成规定几何形状和尺寸的试样，严格依据 GB/T 229—2007 规定流程做冲击弯曲试验，最终获得该正火态 45 钢棒材的冲击韧性为 490$(J \cdot cm^{-2})$。

能力拓展

冷脆现象是材料的冲击韧性随试验温度的降低而减小，且在某一温度范围内，韧性值发生急剧降低的现象。所以，冲击韧性值越大，材料韧性就越好；材料的韧脆转变温度越低，说明材料的低温冲击性能越好。

思 考 与 练 习

1. 什么是金属的力学性能？根据载荷形式的不同，力学性能主要包括哪些指标？

2. 什么是强度？什么是塑性？衡量这两种性能的指标有哪些？各用什么符号表示？

3. 低碳钢做成的 $d_0=10\ mm$ 的圆形短试样经拉伸试验后，得到如下数据：$F_s=21\,100\ N$，$F_b=34\,500\ N$，$l_1=65\ mm$，$d_1=6\ mm$。试求低碳钢的 σ_s、σ_b、δ_5、ψ。

4. 什么是硬度？HBW、HRA、HRB、HRC 各代表什么方法测出的硬度？

5. 什么是冲击韧性？A_K 和 α_K 各代表什么？

项目二 机床齿轮材料热处理

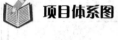 **项目体系图**

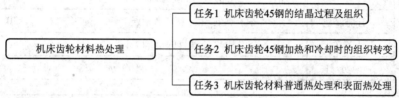

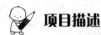 **项目描述**

本项目以机床 45 钢齿轮加工工艺路线为案例，确定 40 钢或 45 钢的结晶过程、各个热处理的目的以及热处理获得的室温组织。通过本项目的任务训练，同学们可初步掌握如何根据材料的性能要求，选择合适的热处理工艺。

任务工单

本项目以机床 45 钢齿轮为研究对象，如表 1-2-1 所示，共分为三个任务，主要研究 40 钢或 45 钢的结晶过程、各个热处理的目的以及热处理获得的室温组织，加深学生对铁碳相图和热处理的认识。

表 1-2-1 45 钢齿轮加工工艺中热处理任务工单

任务 1	机床齿轮 45 钢的结晶过程及组织
任务描述	机床齿轮工作平稳，无强烈冲击，负荷不大，转速中等，对齿轮心部强度和韧性的要求不高，一般选用 40 钢或 45 钢制造。结合铁碳相图，分析 45 钢结晶过程
任务内容	依据铁碳相图，确定 45 钢(平均含碳量 0.45%)结晶过程及结晶后的室温组织
任务 2	机床齿轮 45 钢加热和冷却时的组织转变
任务描述	型号 C6132 车床的变速箱齿轮的加工工艺路线为： 下料→锻造→正火→粗加工→调质→半精加工→高频感应加热表面淬火 + 低温回火→精磨→成品。 经正火或调质处理后再经高频感应加热表面淬火，齿面硬度可达 52HRC 左右，齿心硬度为(220～250)HBW，完全可以满足性能要求。试说明调质和高频感应加热表面淬火+低温回火下的组织
任务内容	确定该变速箱齿轮的加工中热处理调质和高频感应加热表面淬火 + 低温回火下的组织

续表

任务 3	机床齿轮材料普通热处理和表面热处理		
任务描述	针对任务 2 中 C6132 车床的变速箱齿轮的加工工艺路线，分析热处理工序的目的		
任务内容	根据实际生产需求，试说明加工工艺路线热处理的目的		
任务评价	考核项目	评价标准	分值
	考勤	无迟到、旷课或缺勤现象	10
	任务 1	结晶过程准确无误	20
	任务 2	各个热处理组织准确无误	30
	任务 3	各个阶段热处理目的准确无误	40
	总分	100 分	

 教学目标

知识目标：

(1) 掌握铁碳合金相图的相关知识；

(2) 熟悉热处理的理论基础，掌握常见的热处理工艺方法。

能力目标：

(1) 会画完整的铁碳合金相图，确定特征点、线、面的含义及各成分结晶过程；

(2) 根据材料的性能要求，选择合适的热处理工艺。

素质目标：

(1) 通过理论联系实际，引导学生树立正确的科研观；

(2) 通过比赛，培养学生的公平竞争观念。

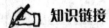 **知识链接**

一、金属晶体结构

(一) 材料的结构

材料的性能与材料的结构有关，只有研究材料的结构，才可以更好地了解材料性能的差异及变化机理。材料结构是指组成材料的原子(分子)的排列规律。从宏观上讲，材料的结构分为晶体与非晶体。晶体是指其组成原子的排列规则具有一定的规律可循，自然界中大多数物质都是晶体，如金属、金属合金和绝大部分的矿物质；另外少数固体物质是非晶体，如松香、玻璃等，它们的原子排列不规则，没有明显的规律性。

(二) 晶体与非晶体的特点

晶体具有以下特点：

(1) 原子在三维空间呈规则的周期性重复排列；

(2) 具有一定的熔点，如铁的熔点为1538℃，铜的熔点为1083℃；

(3) 晶体的性能随着原子的排列方位而改变，即单晶体具有各向异性。其中，晶体不同方向上性能不同的性质，叫做晶体的各向异性；

(4) 在一定条件下，有规则的几何外形。

非晶体具有以下特点：

(1) 原子在三维空间呈不规则的排列。

(2) 没有固定熔点，随着温度的升高将逐渐变软，最终，变为有明显流动性的液体。如塑料、玻璃、沥青等。

(3) 各个方向上的原子聚集密度大致相同，即非晶体具有各向同性。

(三) 晶体结构的基本概念

1. 晶格

为了便于表明晶体内部原子排列的规律，如图 1-2-1 所示，把每个原子看成是固定不动的刚性小球，并用一些几何线条将晶体中各原子的中心连接起来，构成一个空间格架，各原子的中心就处在格架的几个结点上，这种抽象的、用于描述原子在晶体中排列形式的几何空间格架，简称晶格，如图 1-2-2 所示。

图 1-2-1 晶体结构

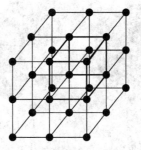

图 1-2-2 晶格

2. 晶胞

由于晶体中原子有规则排列且有周期性的特点，为了便于讨论，通常只从晶格中选取一个能够完全反映晶格特征的、最小的几何单元来分析晶体中原子排列的规律，这个最小的几何单元称为晶胞，如图 1-2-3 所示。整个晶格就是由许多大小、形状和位向相同的晶胞在空间重复堆积而成的。

在晶体学中，通常取晶胞角上某一结点作为原点，沿其三条棱边做三个坐标轴 X、Y、Z，称之为晶轴，而且规定坐标原点的前、右、上方为轴的正方向，反之为负方向；并以晶格常

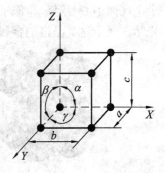

图 1-2-3 晶胞

数，即棱边长度和棱面夹角来表示晶胞的形状和大小 。

3. 常见纯金属的晶格类型

常见的金属晶格分为体心立方晶格、面心立方晶格和密排六方晶格，约有 90%以上的金属晶格都属于这三种。

1) 体心立方晶格

体心立方晶胞如图 1-2-4 所示。在晶胞的八个角上各有一个金属原子，构成立方体。在立方体的中心还有一个原子，所以叫作体心立方晶格，通常用 bcc 表示。属于这类晶格的金属有铬、钒、钨、钼和 α-铁等，这类金属塑性较好。

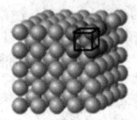

图 1-2-4　体心立方晶胞

2) 面心立方晶格

面心立方晶胞如图 1-2-5 所示。在晶胞的八个角上各有一个原子，构成立方体。在立方体六个面的中心各有一个原子，所以叫做面心立方晶格，通常用 fcc 表示。属于这类晶格的金属有铝、铜、镍、铅和 γ-Fe 等。这类金属的塑性通常优于体心立方晶格的金属。

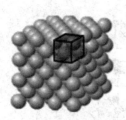

图 1-2-5　面心立方晶胞

3) 密排六方晶格

密排六方晶格如图 1-2-6 所示。在晶胞的十二个角上各有一个原子，构成六方柱体，上下底面中心各有一个原子，晶胞内部还有三个原子，所以叫做密排六方晶格，通常用 hcp 表示。属于这类晶格的金属有铍、镁、锌、α-钛和 β-铬等，这类金属较脆。

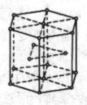

图 1-2-6　密排六方晶胞

4. 金属的实际晶体结构

1) 单晶体和多晶体的概念

晶格位向完全一致的晶体叫做单晶体。实际使用的金属材料，由于受结晶条件和其他因素的限制，其内部都是由许多尺寸很小，各自结晶方位都不同的小单晶体组合在一起的多晶体构成。这些小单晶体就是晶粒，它们之间的交界即为晶界，如图 1-2-7 所示。

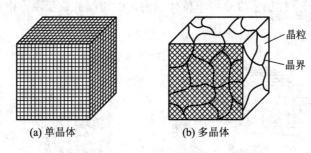

(a) 单晶体　　　　　　(b) 多晶体

图 1-2-7　单晶体和多晶体示意图

由多晶粒构成的晶体称为多晶体。在一个晶粒内部其结晶方位基本相同，但也存在着许多尺寸更小，位向差更小的小晶粒，它们相互镶嵌成一颗晶粒，这些小晶粒称为亚晶粒，亚晶粒之间的界面称为亚晶界。

单晶体在不同方向上的使用性能是不同的，即表现为各项异性；而实际上金属属于多晶体结构，在宏观上表现为各项同性的性能。

2) 晶体中的缺陷

在实际金属中，由于结晶条件或加工等方面的影响，使原子规则排列受到破坏，晶体内部结构不是理想的有规则的排列，表现出原子排列的不完整性，即晶体缺陷。晶体缺陷按几何特征可分为三种：点缺陷、线缺陷、面缺陷。

(1) 点缺陷——晶格空位、间隙原子和置换原子。

晶体典型的点缺陷有晶格空位、间隙原子和置换原子，如图 1-2-8 所示。在实际晶体结构中，晶格的某些结点往往未被原子所占据，这种空着的位置称为晶格空位。同时又可能在个别空隙处出现多余的原子，这种不占有正常的晶格位置而处在晶格空隙之间的原子称为间隙原子。占据在原基体原子平衡位置的异类原子称为置换原子。

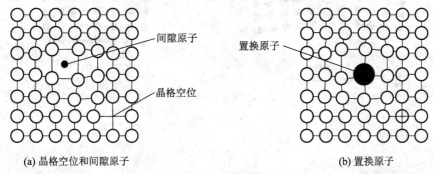

间隙原子

置换原子

晶格空位

(a) 晶格空位和间隙原子　　　　　　(b) 置换原子

图 1-2-8　点缺陷

由于晶格空位和间隙原子的存在，使晶体发生了晶格畸变，晶体性能也发生改变，如强度、硬度和电阻增加。晶体中晶格空位和间隙原子处于不断的运动和变化之中，在一定温度下，晶体内存在一定平衡浓度的晶格空位和间隙原子。晶格空位和间隙原子的运动，是金属中原子扩散的主要方式，对金属材料的热处理过程极为重要。

(2) 线缺陷——位错。

晶体中，某处有一列或若干列原子发生有规律的错排现象，称为位错。其特征是在一个方向上的尺寸很长，而另两个方向上的尺寸很短，如图 1-2-9 所示。晶体中位错的数量通常用位错密度表示。位错密度是指单位体积内，位错线的总长度。位错的主要类型有刃型位错和螺旋位错。

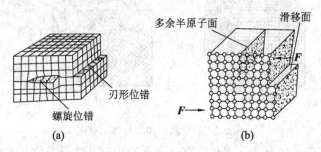

图 1-2-9　位错示意图

位错的存在以及位错密度的变化，对金属的性能如强度、塑性、疲劳等都起着重要影响。如金属材料的塑性变形与位错的移动有关；冷变形加工后金属出现了强度提高的现象(加工硬化)，就是由于位错密度的增加所致。

(3) 面缺陷。

面缺陷是指二维尺度很大而另一尺度很小的缺陷。金属晶体中的面缺陷主要有晶界和亚晶界，晶界上原子的排列是不规则的，并受到相邻晶粒位向的影响而取折中位置，如图 1-2-10 所示。晶界具有高的强度和硬度，耐腐蚀性低，熔点低，原子扩散速度较快。

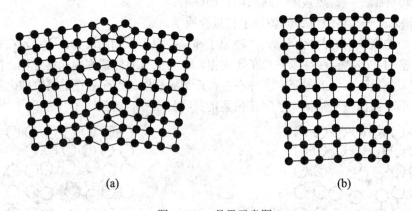

图 1-2-10　晶界示意图

二、纯金属结晶

(一) 纯金属的冷却曲线和冷却现象

金属的原子由近程有序状态(液态)转变成长程有序状态(固态)的过程称为结晶。了解金属由液态转变为固态晶体的过程是十分必要的。以纯金属为例进行说明如下。

金属液非常缓慢地冷却时，记录温度随时间而变化的曲线如图 1-2-11 所示。出现水平线段的原因是结晶时放出大量的结晶潜热，补偿了金属由液态转变为固态时向周围散失的热量。

在实际结晶过程中，金属液只有冷却到理论结晶温度(熔点)以下的某个温度时才结晶。理论结晶温度和实际结晶温度间的温度差叫过冷度，它与冷却速度有关，冷却越快，过冷度越大，反之则小。

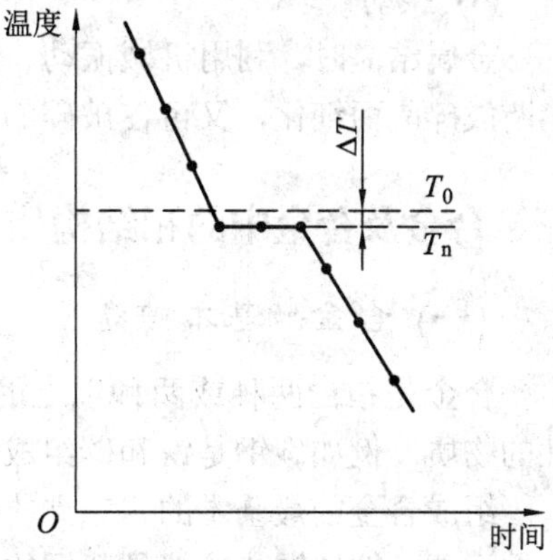

图 1-2-11 金属结晶冷却曲线

(二) 结晶过程

结晶过程是晶体形核和成长的过程。如图 1-2-12 所示，在液体金属开始结晶时，在液体中某些区域形成一些有规则排列的原子团，成为结晶的核心，即晶核(形核过程)。然后原子按一定规律向这些晶核聚集而不断长大，形成晶粒(成长过程)。在晶体长大的同时，新的晶核又继续产生并长大。当全部长大的晶体都互相接触，液态金属也完全消失，结晶完成。由于各个晶粒成长时的方向不一，大小不等，在晶粒和晶粒之间形成界面，称为晶界。

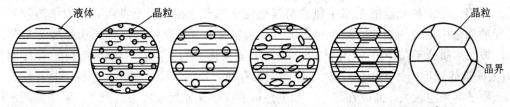

图 1-2-12 纯金属结晶过程

(三) 晶粒的大小与金属力学的关系

晶粒的大小影响材料的力学性能，一般情况下，晶粒越细小，强度和硬度越高，塑性和韧性越好。因为晶粒越细小，晶界就多，晶界处的晶体排列极不规则，界面犬牙交错，互相咬合，因而加强了金属之间的结合力。

金属凝固后的晶粒大小与凝固过程中晶核的多少和晶核长大速度有关，晶核越多，长大速度越慢，晶粒越细小。而过冷度越大，产生的晶核越多，晶核多，每个晶核长大受到制约，形成的晶粒就越细小。所以常用细化晶粒的方法来提高金属材料的机械性能。实际生产中，细化晶粒的方法如下：

(1) 增加冷却速度，增大过冷度。

采用冷却能力强的铸模和提高液体金属的过冷能力的方式增加冷却速度。

(2) 增加外来晶核(变质处理)。

变质处理是在浇注前向液态金属中加入一些细小的难熔物质(变质剂)，在液相中起附加晶核的作用，使形核率增加，则晶粒显著细化。

(3) 振动处理。

金属结晶时,利用机械振动、超声波振动及电磁振动等方法,既可使正在生长的枝晶熔断成碎晶而细化,又可使破碎的枝晶尖端起晶核作用,以增大形核率。

三、合金及合金中的相结构

(一) 合金的基本概念

合金是指由两种或两种以上的金属元素或金属元素与非金属元素组成的具有金属特性的物质。例如碳钢是铁和碳组成的合金。

组成合金的最基本的、独立的物质称为组元,简称为元。一般来说,组元就是组成合金的元素。例如铜和锌就是黄铜的组元。有时稳定的化合物也看成组元,例如铁碳合金中的 Fe_3C 就可以看成组元。合金根据其组元的多少来命名,例如,由两个组元组成的合金称为二元合金,三个组元组成的合金称为三元合金。

合金中化学成分和晶体结构均相同,且有界面分开的均匀组成部分称为相。而组织是指用肉眼或显微镜观察到的不同组成相的形状、尺寸、分布和各相之间的组合状态。所以合金中的各种相是组成合金的基本单元,而合金的组织则是合金的各种相的综合体。

固态金属的相按其结构和特点可以分为固溶体和金属化合物两类。

1. 固溶体

固溶体是一种元素的晶格中包含有其他元素的合金相或者一种组元的原子溶入另一组元的晶格中形成的均匀固相。包含元素和被包含元素分别称为溶剂元素和溶质元素。

按照溶质原子在固溶体中的位置,可以将固溶体分为置换固溶体(如黄铜)和间隙固溶体(如铁素体和奥氏体)两大类。由于原子间都存在一定的间隙,如果晶格原子直径较大,那么原子间隙也较大,此时在这个间隙上便可能存在其他尺寸较小的原子,基于此所形成的固溶体称为间隙固溶体,即溶质原子嵌入到溶剂原子晶格中所形成的固溶体,如图 1-2-13 所示。而置换固溶体是指溶剂晶格中的部分原子被溶质原子代替所形成的固溶体。按溶解度的不同,置换固溶体可以分为两类,即有限置换固溶体和无限置换固溶体。间隙固溶体如图 1-2-13 所示,置换固溶体如图 1-2-14 所示。

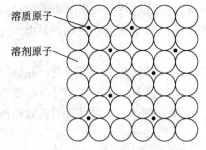

图 1-2-13 间隙固溶体

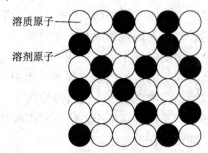

图 1-2-14 置换固溶体

当溶质原子溶解在溶剂晶体中时,溶剂的晶格将发生畸变,晶格常数则发生变化。原子尺寸相差大、化学性质不同,都使畸变增大,结果合金的强度、硬度和电阻增高,塑性、韧性下降。溶入的溶质原子越多,引起的晶格畸变也越大。这种由于溶质原子的溶入,使基体金属(溶剂)的强度、硬度升高的现象,就叫做固溶强化。

2. 金属化合物

金属化合物是指组成合金的元素相互化合形成一种新的晶格组成的物质。它的晶体结构和性能与原两组元都不同，它的晶格类型比较复杂，结构也比较复杂，滑移系、滑移方向和滑移面都比较少，强度和硬度都比较大。如渗碳体 Fe_3C 就是铁和碳组成的晶格复杂的碳化物，一般具有高硬度和高脆性。另外金属化合物的熔点和电阻也比较高，它们一般以硬质点的形式存在于合金材料中，起到强化材料的作用，一般不能作为金属材料的基体。金属化合物对金属性能起着至关重要的作用，虽然它们的含量并不多。

(二) 合金相图的基本知识

合金结晶得到的组织与合金的成分、结晶条件等有关，与纯金属结晶相比有两个特点：一是合金的结晶一般是在一个温度区间内结晶的；二是合金的结晶会发生晶体结构的变化，并伴有成分的变化。

相图是表示合金系中合金的状态与温度、成分之间关系及变化规律的图解，是表示合金系在平衡条件下，在不同温度和成分时各相关系的图解，因此，相图又称为状态图或平衡图。所谓平衡，也称为相平衡，是指合金在相变过程中，原子能充分扩散，各相成分的相对质量保持稳定，不随时间改变的状态。在实际的加热或冷却过程中，控制得十分缓慢的加热或冷却速度，就可以认为接近相平衡条件。

相图是研究合金材料十分重要的工具。相图可以表示不同成分的合金在不同温度下的相的组成，以及合金在加热或冷却过程中可能发生的转变等。相图有二元合金相图、三元合金相图和多元合金相图，其中应用最广的是二元合金相图，它以温度为纵坐标、材料成分为横坐标绘制曲线。

下面介绍二元合金相图的相关知识，常见的相图有匀晶相图和共晶相图两种。

1. 匀晶相图

匀晶相图是指组成二元合金的组元在固态和液态时均能无限互溶的合金的相图。Cu-Ni 二元匀晶相图和结晶过程分别如图 1-2-15(a)和(b)所示。

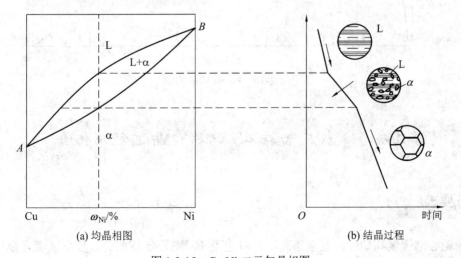

(a) 均晶相图　　　　　　　　　　　　(b) 结晶过程

图 1-2-15　Cu-Ni 二元匀晶相图

图 1-2-15 中，L 相是液相，是由铜和镍组成的液体，在高温下才能存在；α 相是固相，是由铜和镍互相溶解而组成的固溶体；L＋α 相是固液共存相，既有固相的物质，又有液相的物质；$\overset{\frown}{AB}$ 相线表示液相线，表示合金结晶的开始温度，在它之上的合金的状态为液相，$\overset{\frown}{AB}$ 相线表示固相线，表示合金结晶的终了温度，在它之下的合金的状态为固相。Cu-Ni、Cu-Au、Au-Ag、Mg-Cd、W-Mo 等是二元匀晶相图最典型的代表。这种在一定温度范围内由液相结晶出单相的固溶体的结晶过程称为匀晶转变。

2. 共晶相图

合金在冷却到某一温度时，由一定成分的液相同时结晶出成分不同、结构不同的两个固相，这就是共晶反应(L→α+β)。反应产物是两个固相的混合物，称为共晶组织或共晶体。两组元在液态下无限互溶，冷却时发生共晶转变的二元合金相图叫二元共晶相图。Pb-Sn、Pb-Sb、Ag-Cu、Al-Si 合金相图是最典型的二元共晶相图。Pb-Sn 二元共晶相图如图 1-2-16 所示。其中，E 点为共晶点。AEB 线为液相线，ACED 线为固相线，CED 线为共晶线。CF 线为 Sn 在 Pb 中的溶解度曲线，DG 线为 Pb 在 Sn 中的溶解度曲线，这两条曲线也称为固溶线。

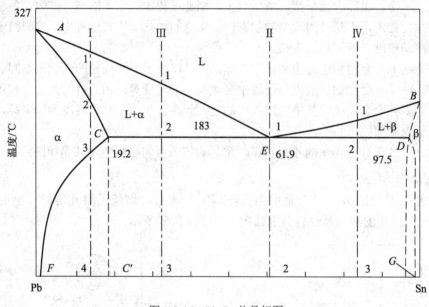

图 1-2-16　Pb-Sn 共晶相图

任务 1　机床齿轮 45 钢的结晶过程及组织

任务要求

齿轮心部强度和韧性的要求不高，一般选用 40 钢或 45 钢制造。根据铁碳合金相图，确定 45 钢(平均含碳量 0.45%)的结晶过程及结晶后的室温组织。

一、Fe-Fe₃C 相图

　　钢铁是在现代工业中应用最广泛的金属材料。为了熟悉和合理选用钢铁材料，必须从铁碳相图开始，它是研究钢铁的理论基础，对研究各种温度下的铁碳合金的成分、组织与性能之间的关系等方面有重要的指导意义。

(一) 纯铁的同素异构体

　　金属在固态下发生的晶格结构的转变叫同素异构(晶)转变。金属的同素异构转变也是一种结晶过程，有一定的转变温度和过冷度；也有晶核的形成和长大两个阶段，故同素异构转变又称为重结晶。铁的同素异构转变如图 1-2-17 所示。纯铁组织中的三个基本组元为纯铁、渗碳体和石墨。

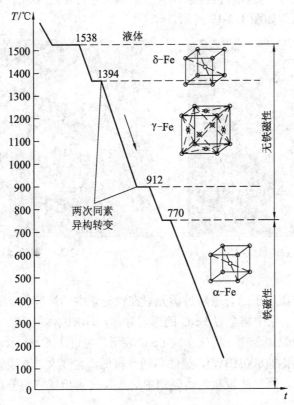

图 1-2-17　纯铁的同素异构转变冷却曲线

　　液态铁在刚结晶时(1538℃)具有体心立方晶格，称为 δ-Fe；在 1394℃时，δ-Fe 转变为具有面心立方晶格的 γ-Fe；在 912℃时，γ-Fe 又转变为具有体心立方晶格的 α-Fe；再继续冷却，晶格类型就不再发生变化了。该过程具有同素异构转变的特性。工业生产中常根据此特性通过相变加热的方法来达到改变钢和铸铁内部组织以提高性能的目的。

(二) 铁碳合金的基本组织

铁碳合金在液态下，铁与碳无限互溶；在固态下，根据碳溶解在铁中的含量不同，可以形成固溶体、金属化合物或者固溶体和金属化合物的金属混合物。以下几种是铁碳合金在固态下形成的几种组织。

1. 铁素体(F)

碳溶于 α-Fe 中的间隙固溶体，称为铁素体，用符号 F 表示。铁素体仍保持 α-Fe 的体心立方晶格，其力学性能与纯铁相似，塑性好而强度比较低，抗拉强度 σ_b 为 180～280 MPa，屈服强度 σ_s 为 100～170 MPa，伸长率 δ=45%～50%，断面收缩率 ψ=70%～80%，冲击韧性 a_k=160～200 J/cm^2，硬度约 80HBW。铁素体的显微组织如图 1-2-18 所示。

2. 奥氏体(A)

碳溶于 γ-Fe 中的间隙固溶体，称为奥氏体，用符号 A 表示。奥氏体仍保持 γ-Fe 的面心立方晶格，其塑性、韧性、强度、硬度都较高。当铁碳合金处于平衡状态时，高温下存在的基本相便是奥氏体。奥氏体同样也是大多数钢在进行锻压和轧制等加工时所要求的组织。奥氏体的显微组织如图 1-2-19 所示。

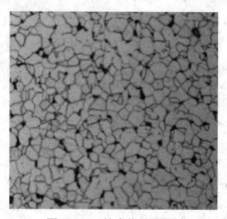

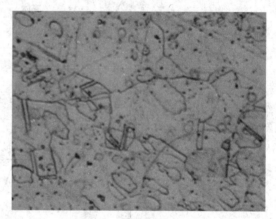

图 1-2-18　铁素体显微组织　　　　　图 1-2-19　奥氏体显微组织

3. 渗碳体(Fe₃C)

如果铁碳合金中碳原子的含量超过碳元素在铁元素中的溶解度，那么此时多余的碳原子在 Fe-Fe₃C 二元合金系中将会以 Fe₃C 的形式存在，即渗碳体。渗碳体是铁和碳形成的一种具有复杂晶格的间隙化合物，用化学式 Fe₃C 表示，也可用 C_m 表示。渗碳体中碳的质量分数为 6.69%，硬度很高(800HBW)，塑性和韧性极低，脆性大。渗碳体的显微组织形态很多，可呈片状、粒状、网状或板状，是碳钢中的主要强化相。它的分布、形状、大小和数量对钢的性能有很大的影响。

渗碳体既是铁碳合金中的组元，又是其基本相和基本组织。渗碳体的显微组织如图 1-2-20 所示。

4. 珠光体(P)

珠光体是由铁素体(F)和渗碳体(Fe₃C)组成的机械复合物，用符号 P 表示，显微组织如

图 1-2-21 所示。珠光体中碳的质量分数为 0.77%。由于它是软、硬两相的混合物,因此,其性能介于铁素体和渗碳体之间,有良好的强度、塑性和硬度。

图 1-2-20 渗碳体显微组织

图 1-2-21 珠光体显微组织

5. 莱氏体(Ld)

碳的质量分数为 4.3% 的液态铁碳合金,在冷却到 1148℃时,由液体中同时结晶出奥氏体和渗碳体(Fe_3C)的共晶体,称为莱氏体,用符号 Ld 表示。在 727℃以下,由珠光体和渗碳体组成的莱氏体,称为低温莱氏体,用 Ld′表示。莱氏体的性能与渗碳体相似,硬度很高,塑性很差,是白口铸铁的基本组织。莱氏体的显微组织如图 1-2-22 所示。

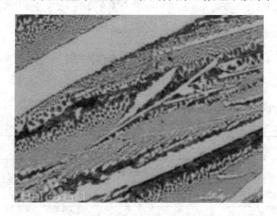

图 1-2-22 莱氏体显微组织

(三) Fe-Fe₃C 相图

铁碳合金相图表示在平衡状态下铁碳合金的化学成分、相、组织与温度的关系。利用它可以研究钢和铸铁的内部组织及其变化规律,从而为更好地利用它们,并为制订热处理、压力加工等工艺规程打下基础。在工程中一般研究的铁碳合金状态图实际上是铁与渗碳体两组元构成的状态图。

铁碳合金相图是由实验的方法获得的。横坐标表示含碳量(小于 6.69% 的部分),因为含碳量大于 6.69% 的铁碳合金在工业上没有实用意义。当含碳量为 6.69% 时,铁和碳形成较稳定的渗碳体,可作为合金的一个组元。铁合金相图就以纯铁 Fe 为一组元,Fe_3C 为另一组元组成，故又称 Fe-Fe₃C 相图。简化的铁碳合金相图如图 1-2-23 所示。

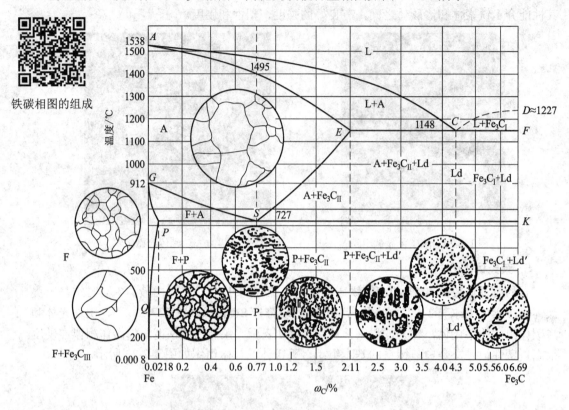

图 1-2-23　简化 Fe-Fe₃C 相图

1) 相图中点、线、区及其意义

Fe-Fe₃C 相图中各特性点的含义见表 1-2-2，各线的含义见表 1-2-3。

表 1-2-2　Fe-Fe₃C 相图中各特性点

符号	温度/℃	ω_C/(%)	含　义
A	1535	0	纯铁的熔点
C	1148	4.30	共晶点
D	1227	6.69	渗碳体熔点
E	1148	2.11	碳在 γ-Fe 中的最大溶解度
G	910	0	α-Fe—γ-Fe 同素异构转变点
S	727	0.77	共析点
P	727	0.0218	碳在 α-Fe 中的最大溶解度
Q	室温	0.0008	室温下碳在 α-Fe 中的溶解度

说明：

(1) C 点。如果合金中液相 L 的含量位于 C 点(ω_C = 4.3%)，当合金的温度为 1148℃时，便会发生共晶反应，生成物为 E 点成分的 γ 固溶体(ω_C = 2.11%)和 F 点成分的渗碳体(ω_C = 6.69%)所组成的莱氏体。C 点称为共晶点。

(2) S 点。如果合金中固相 γ 固溶体的含量位于 S 点($\omega_C=0.77\%$)，当合金的温度为 727℃时，便会发生共析反应，生成物为 P 点成分的 α 固溶体($\omega_C=0.0218\%$)和 K 点成分的渗碳体($\omega_C=6.69\%$)所组成的珠光体。S 点称为共析点。

表 1-2-3　Fe-Fe$_3$C 相图中特性线

特性线	含　义
ACD	液相线
$AECF$	固相线
PSK	共析线
ECF	共晶线
ES	为碳在奥氏体中的固溶线，通常称为 A_{cm} 线
GS	是冷却时由奥氏体析出铁素体的开始线，通常称为 A_3 线
GP	是冷却时奥氏体转变成铁素体的终了线
PQ	是碳在铁素体中的固溶线

说明：

(1) ECF 线：共晶线，其所对应的温度为 1148℃，所有碳含量位于此线范围内的铁碳合金($\omega_C=2.11\%\sim6.69\%$)，当温度缓慢冷却到 1148℃时均会发生共晶反应 $L_C \Longleftrightarrow A_E + Fe_3C$，反应产物是奥氏体和渗碳体所组成的莱氏体。

(2) PSK 线：共析线，其所对应的温度为 727℃，所有碳含量超过 0.0218%的铁碳合金，当温度缓慢冷却到 727℃时均会发生共析反应 $A_S \Longleftrightarrow (F_P + Fe_3C)$，反应产物是铁素体和渗碳体所组成的珠光体。$PSK$ 线又称为 A$_1$ 线。

(3) ES 线：碳在奥氏体中的溶解度曲线。碳在奥氏体中的最大溶解度位于点 E 处，其所对应的温度和碳含量分别为 1148℃和 2.11%，而位于 S 点成分的合金当温度为 727℃时，碳含量为 0.77%，所以如果合金的碳含量大于 0.77%，那么当其从 1148℃缓慢冷却至 727℃的过程中，均将从奥氏体中析出渗碳体。为了和前述的渗碳体区别开来，将此处所生成的渗碳体表示为 Fe$_3$C$_{II}$，称为二次渗碳体。ES 线又称为 A_{cm} 线，表示从奥氏体中开始析出 Fe$_3$C$_{II}$ 的临界温度线。

(4) PQ 线：碳在铁素体中的溶解度曲线，碳在铁素体中的最大溶解度位于点 P 处，其所对应的温度和碳含量分别为 727℃和 0.0218%，而在室温时仅为 0.0008%，所以如果合金的含碳量大于 0.0008%，那么当其从 727℃缓慢冷却至室温的过程中，均将从铁素体中析出渗碳体。为了和前述的渗碳体区别开来，将此处所生成的渗碳体表示为 Fe$_3$C$_{III}$，称为三次渗碳体。Fe$_3$C$_{III}$的含量一般较少，往往予以忽略。

(5) GS 线：合金在缓慢冷却过程中从奥氏体中开始析出铁素体的临界温度线，通常称为 A_3 线。

Fe$_3$C$_I$、Fe$_3$C$_{II}$ 和 Fe$_3$C$_{III}$没有本质区别，其含碳量、晶体结构和性质完全相同，仅仅是来源、形态和分布位置不同。

Fe-Fe$_3$C 相图中，有三个单相区：ACD 以上为液相区，$AESGA$ 为奥氏体区，$GPQG$ 为铁素体区；有五个两相区：ECA 为液相加奥氏体区，$CFDC$ 为液相加渗碳体区，$GSPG$ 为奥氏体加铁素体区，*ESKF* 为奥氏体加渗碳体区，*PQKS* 为铁素体加渗碳体区；有两个三相区：相图中的共晶线和共析线，三相的成分分别是液相+奥氏体+渗碳体、奥氏体+铁素体+渗碳体。

二、铁碳合金的结晶过程

(一) 铁碳合金的分类

铁碳合金的组织是液态结晶及固态相变的综合结果，研究铁碳合金的结晶过程，目的在于分析合金的组织形成，以考虑其对性能的影响。为了讨论方便起见，先将铁碳合金进行分类。通常按有无共晶转变将其分为碳钢和铸铁两大类，即 $\omega_C < 2.11\%$ 的为碳钢，$\omega_C < 0.0218\%$ 的为工业纯铁。按 Fe-Fe$_3$C 系结晶的铸铁，碳以 Fe$_3$C 形式，断口是亮白色称为白口铸铁。

根据组织特征，将铁碳合金按含碳量划分为七种类型，如表 1-2-4 和图 1-2-24 所示。

表 1-2-4　铁碳合金的分类

合　金　名　称		含　碳　量	组　织　物
工业纯铁		$\omega_C < 0.0218\%$	铁素体和极少数的三次渗碳体
钢	共析钢	$\omega_C = 0.77\%$	珠光体
	亚共析钢	$0.0218\% \leqslant \omega_C < 0.77\%$	铁素体和珠光体
	过共析钢	$0.77\% < \omega_C < 2.11\%$	珠光体和二次渗碳体
白口铸铁	共晶白口铸铁	$\omega_C = 4.3\%$	莱氏体
	亚共晶白口铸铁	$2.11\% \leqslant \omega_C < 4.3\%$	珠光体、二次渗碳体和莱氏体
	过共晶白口铸铁	$4.3\% < \omega_C < 6.69\%$	一次渗碳体和莱氏体

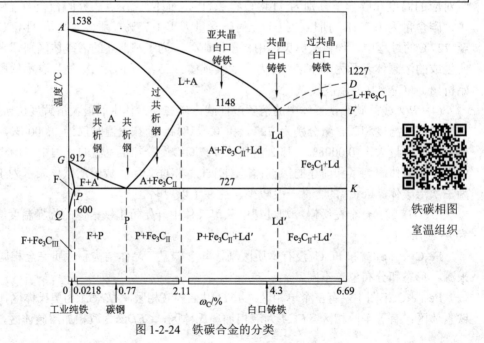

铁碳相图
室温组织

图 1-2-24　铁碳合金的分类

(二) 典型铁碳合金的平衡结晶过程及组织

在进行某个成分铁碳合金的结晶过程分析时，首先要在横轴上找到这个成分点，过这个成分点作一条垂直于横轴的线(称为合金线)，合金线与相图中的特性线或特性点相交处所对应的温度，即为合金发生组织转变的温度，它表明在此温度下合金发生组织转变。合金在结晶过程中，不仅发生组织转变，而且其成分随着温度的降低，在不同的相区中发生变化。图 1-2-25 中标出六种典型的铁碳合金结晶的过程。

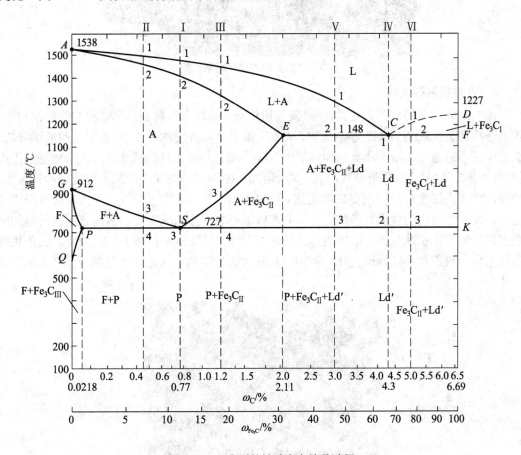

图 1-2-25　典型的铁碳合金结晶过程

1. 共析钢的结晶

图 1-2-25 中 I 的位置为共析钢。它在 1 点以上全部为液相(L)，当缓冷至与 AC 线相交的 1 点温度时，开始从液体中结晶出奥氏体(A)；缓慢冷却至 2 点温度时，液态合金全部结晶为奥氏体。2、3 点(即 S 点)温度范围内为单一奥氏体。继续缓慢冷却至 3 点(727℃)时，奥氏体发生共析反应，即从奥氏体中同时析出铁素体和渗碳体，构成交替重叠的层片状两相组织，称为珠光体(P)。727℃以下，珠光体基本上不发生变化，故共析钢的室温组织为珠光体。共析钢显微组织如图 1-2-26 所示。

碳钢结晶过程

图 1-2-26　共析钢室温平衡显微组织

2. 亚共析钢的结晶

图 1-2-24 中 Ⅱ 的位置为亚共析钢。亚共析钢在 3 点以上温度的结晶过程与共析钢相似。当缓慢冷却至 3 点(GS 线相交)温度时，从奥氏体中开始析出铁素体；随着温度的继续降低，铁素体量不断增多，由于从奥氏体中析出了碳的质量分数极低的铁素体，使未转变的奥氏体(剩余奥氏体)中碳的质量分数沿着 GS 线增加。在 3、4 点之间，组织为奥氏体和铁素体。当缓冷至 4 点温度时，剩余奥氏体达到 $\omega_C=0.77\%$，具备了共析转变的条件，转变形成珠光体，而原先析出的铁素体依然存在。4 点以下不再发生组织变化，故所有亚共析钢的室温组织为铁素体和珠光体，碳的质量分数为 0.45%，显微组织如图 1-2-27 所示，白色块状为铁素体，暗色片层状为珠光体。不同的是其含碳量越高，珠光体含量越多，铁素体含量越少。

图 1-2-27　亚共析钢室温平衡显微组织

3. 过共析钢的结晶

图 1-2-25 中 Ⅲ 的位置为过共析钢。过共析钢在 3 点以上温度的结晶过程与共析钢相似。当缓慢冷却至 3 点(ES 线)温度时，将从奥氏体中开始析出二次渗碳体，随温度的继续降低，二次渗碳体不断析出，使剩余奥氏体的含碳量沿着 ES 线减少。在 3、4 点之间，组织为奥氏体和二次渗碳体。当缓冷至 4 点温度时，剩余奥氏体达到共析成分($\omega_C=0.77\%$)，发生共析反应，转变形成珠光体，而原先析出的二次渗碳体依然存在。4 点以下不再发生组织变

化，故所有过共析钢的室温组织均为二次渗碳体和珠光体，碳的质量分数为 1.4%，显微组织如图 1-2-28 所示。不同的是其含碳量越高二次渗碳体含量越多，珠光体含量越少。

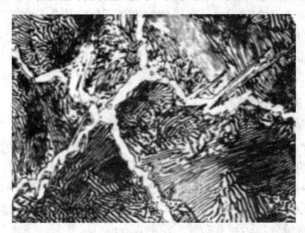

图 1-2-28 过共析钢室温平衡显微组织

4. 共晶白口铸铁钢的结晶

图 1-2-25 中Ⅳ的位置为共晶白口铸铁合金。共晶铁碳合金冷却至 1 点共晶温度(1148℃)时，将发生共晶反应生成莱氏体 Ld，在 1、2 点温度间，随着温度降低，莱氏体中的奥氏体成分沿 ES 线变化并析出二次渗碳体(它与共晶渗碳体连在一起，在金相显微镜下难以分辨)。随着二次渗碳体的析出，奥氏体的含碳量不断下降，当温度降至 2 点(727℃)时，莱氏体中的奥氏体中碳的质量分数达到 0.77%，此时，奥氏体发生共析反应转变为珠光体，于是莱氏体也相应地转变为低温莱氏体 $Ld'(P+Fe_3C_{II}+Fe_3C)$，显微组织如图 1-2-29 所示。因此，共晶白口铸铁的室温组织为低温莱氏体。

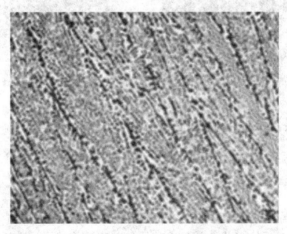

白口铸铁
结晶过程

图 1-2-29 共晶白口铸铁显微组织

5. 亚共晶白口铸铁钢的结晶

图 1-2-25 中 V 的位置为亚共晶白口铸铁合金。在 1 点温度以上为液相，当合金冷却至 1 点温度时，从液体中开始结晶出初生奥氏体。在 1、2 点温度间，随着温度的下降，奥氏体不断增加，液体的量不断减少，液相的成分沿 AC 线变化，奥氏体的成分沿 AE 线

变化。当温度至 2 点(1148℃)时，剩余液体发生共晶反应生成 Ld(A+Fe₃C)，而初生奥氏体不发生变化。2、3 点温度间，随着温度降低，奥氏体的含碳量沿 ES 线变化，并析出二次渗碳体。当温度降至 3 点(727℃)时，奥氏体发生共析反应转变为珠光体 P，从 3 点温度冷却至室温，合金的组织不再发生变化。因此，亚共晶白口铸铁室温组织为 P+Fe₃CⅡ+Ld′。如图 1-2-30 是亚共晶白口铸铁显微组织所示，黑色带树枝状特征的是 P，分布在 P 周围的白色网状的是 Fe₃CⅡ，具有黑色斑点状特征的是 Ld′。

6. 过共晶白口铸铁钢的结晶

图 1-2-25 中Ⅵ位置是过共晶白口铸铁。在 1 点温度以上为液相，当合金冷却至 1 点温度时，从液体中开始结晶出一次渗碳体。在 1、2 点温度间，随着温度的下降，一次渗碳体不断增加，液体的量不断减少；当温度至 2 点(1148℃)时，剩余液体的成分变为 C 点成分(ω_C=4.3%)，发生共晶反应生成 Ld(A+Fe₃C)，而一次渗碳体不发生变化。在 2、3 点温度间，莱氏体中的奥氏体的含碳量沿 ES 线变化，并析出二次渗碳体。当温度降至 3 点(727℃)时，奥氏体中碳的质量分数达到 0.77%，发生共析反应转变为珠光体 P，从 3 点温度冷却至室温，合金的组织不再发生变化。因此，过共晶白口铸铁的室温组织为 Fe₃CⅠ+Ld′。图 1-2-31 所示为过共晶白口铸铁的显微组织，图中白色带状的是 Fe₃CⅠ，具有黑色斑点状特征的是 Ld′。

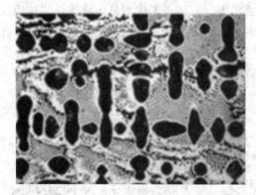

图 1-2-30　亚共晶白口铸铁显微组织

图 1-2-31　过共晶白口铸铁的显微组织

三、含碳量对铁碳合金组织和性能的影响

碳含量对铁碳合金平衡组织和性能的影响

(一) 含碳量与平衡组织间的关系

1. 关于渗碳体

不同阶段形成的渗碳体形态不同，名称各异。从液态合金中结晶的一次渗碳体呈长条状，共晶反应形成的共晶渗碳体是莱氏体的基体，从奥氏体中析出的二次渗碳体呈网络状分布于奥氏体晶界上，共析反应形成的共析渗碳体呈片状分布于珠光体中，从铁素体中析出的三次渗碳体呈小片状分布于铁素体晶界上。

2. 含碳量对铁碳合金平衡相的影响

随着含碳量的增加，铁碳合金中渗碳体的相对量增加，铁素体的相对量减小。

3. 含碳量对铁碳合金平衡组织的影响

随着含碳量的增加，铁碳合金的室温组织发生了变化。变化依次为

$$\alpha + Fe_3C_{III} \rightarrow \alpha + P \rightarrow P \rightarrow P + Fe_3C_{II} \rightarrow P + Fe_3C_{II} + Ld' \rightarrow Ld' \rightarrow Ld' + Fe_3C_{I}$$

对应名称为：工业纯铁、亚共析钢、共析钢、过共析钢、亚共晶白口铸铁、共晶白口铸铁、过共晶白口铸铁。

(二) 含碳量对合金力学性能的影响

随着含碳量的增加，亚共析钢中的珠光体含量也增加，因为珠光体具有强化合金的作用，所以亚共析钢的强度和硬度增大，但是塑性和韧性下降。当含碳量达到 0.77% 时，此时合金中的组织全部为珠光体，因此合金的性能宏观表现为珠光体的性能；当合金的含碳量超过 0.9% 时，在奥氏体的晶界上形成了由过共析钢中的二次渗碳体组成的连续网状，由此带来的结果是钢的强度下降，硬度仍然直线上升；当合金的含碳量大于 2.11% 时，便会有以渗碳体为基体莱氏体生成，使合金的性能表现为硬而脆。含碳量对合金力学性能的影响如图 1-2-32 所示。

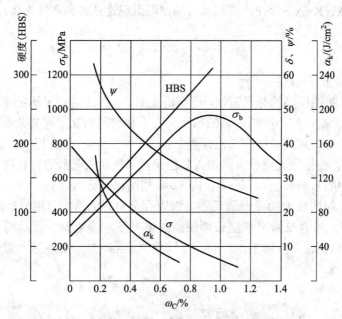

图 1-2-32 含碳量对合金力学性能的影响

(三) 含碳量对铁碳合金工艺性能的影响

1. 铸造性

根据 Fe-Fe$_3$C 相图可确定合金的浇注温度，浇注温度一般在液相线以上 50~100℃。共晶成分的合金熔点最低，结晶温度范围小，故流动性好、分散缩孔少、偏析小，因而铸造性能最好。所以，在铸造生产中，共晶成分附近的铸铁得到了广泛的应用。

2. 可锻性

钢材的轧制或锻造均选择在相图的单相奥氏体区域内进行。依据不同成分的钢材奥氏

体区的温度范围，确定轧制或锻造的加热温度规范。

3. 焊接性

通常将钢中合金元素(包括碳)的含量，按其作用换算成碳的相当含量，称为"碳当量"，用符号"ω_{CE}"表示，以它作为评定钢焊接性的一种参考指标。

铁碳合金的焊接性与含碳量有关，随着含碳量增加，组织中 Fe_3C 含量增加，钢的脆性增加，塑性下降，导致钢的冷裂倾向增加，焊接性下降。含碳量越高，铁碳合金的焊接性越差。依据相图可以了解焊缝及其周围组织和性能的变化。

4. 切削加工性

低碳钢中铁素体较多，塑性好，切削加工性不好；中碳钢中铁素体含量适当，钢的硬度适当，易于加工。

任务实施

根据铁碳相图，45 钢(平均含碳量 0.45%)缓慢结晶过程为：

L→L+A→A→F+A→F+P，其结晶后的室温组织是铁素体和珠光体。

能力拓展

铁碳合金相图的局限性：

(1) Fe-Fe$_3$C 相图反映的是平衡相，而不是组织。相图能给出平衡条件下的相、相的成分和各相的相对质量，但不能给出相的形状、大小和空间相互配置的关系。

(2) Fe-Fe$_3$C 相图只反映铁碳二元合金中相的平衡状态。实际生产中应用的钢和铸铁，除了铁和碳以外，往往还无意或有意加入其他元素。被加入元素的含量较高时，相图将发生重大变化。严格说，在这样的条件下 Fe-Fe$_3$C 相图已不适用。

(3) Fe-Fe$_3$C 相图反映的是平衡条件下铁碳合金中相的状态。相的平衡只有在非常缓慢地冷却和加热，或者在给定温度长期保温的情况下才能达到。就是说，相图没有反映时间的作用。所以钢铁在实际的生产和加工过程中，当冷却和加热速度较快时，常常不能用相图来分析问题。

任务 2　机床齿轮 45 钢加热和冷却时的组织转变

任务要求

型号 C6132 车床的变速箱齿轮，其工作平稳，无强烈冲击，负荷不大，转速中等，对齿轮心部强度和韧性的要求不高，一般选用 40 钢或 45 钢制造。机床齿轮的加工工艺路线为：

下料→锻造→正火→粗加工→调质→半精加工→高频感应加热表面淬火+低温回火→精磨→成品。

经正火或调质处理后再经高频感应加热表面淬火，齿面硬度可达 52HRC 左右，齿心硬度为(220～250)HBW，完全可以满足性能要求。对于 45 钢，需说明调质和高频感应加热表面淬火+低温回火下的组织。

知识引入

一、热处理概述

(一) 热处理的作用

钢的热处理就是将钢在固态下加热到预定的温度，保温一定时间，然后以预定的方式冷却到室温，来改变其内部组织结构，以获得所需性能的一种热加工工艺。

钢的热处理在机械制造业中占有非常重要的地位，现代机床工业中有 60%～70%的零件、汽车拖拉机工业中有 70%～80%的零件均要进行热处理。热处理是强化钢材，使其发挥潜在能力的重要方法，是提高产品质量和寿命的主要途径。

热处理工艺有多种类型，其过程都是由加热、保温和冷却三个阶段所组成。一般可用热处理工艺曲线来表示，如图 1-2-33 所示。

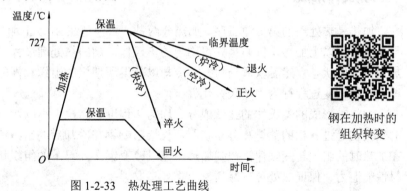

钢在加热时的组织转变

图 1-2-33　热处理工艺曲线

热处理可分为普通热处理和表面热处理两大类。

普通热处理包括退火、正火、淬火和回火。

表面热处理包括表面淬火和化学热处理。表面淬火又分为火焰加热和感应加热。化学热处理又分为渗碳、渗氮、碳氮共渗、渗金属等。

根据热处理工序在零件加工过程中的位置不同，热处理可分为预备热处理(如退火、正火)和最终热处理(如淬火、回火)。

(二) 热处理与相图

要了解各种热处理方法对钢的组织和性能的影响，必须先研究钢在加热(包括保温)和冷却过程中的相变规律。通常以 Fe-Fe$_3$C 相图为基础研究钢在加热和冷却时的相变规律。

铁碳相图反映的是热力学上近于平衡时铁碳合金的组织状态与温度及合金成分之间的关系。A_1 线、A_3 线和 A_{cm} 线是钢在缓慢加热和冷却过程中组织转变的临界点。实际上，钢进行热处理时其组织转变并不按铁碳相图上所示的平衡温度进行，通常都有不同程度的滞后现象，即实际转变温度要偏离平衡的临界温度。加热或冷却速度越快，则滞后现象越严重。图 1-2-34 表示钢加热和冷却速度对碳钢临界温度的影响。通常把加热时的实际临界温度标以字母"c"，如 Ac_1、Ac_3；而把冷却时的实际临界温度标以字母"r"，如 Ar_1、Ar_3、Ar_{cm} 等。

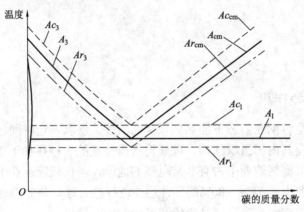

图 1-2-34　碳钢实际加热和冷却的临界温度线

二、奥氏体形成

加热是热处理的第一道工序。加热分两种：一种是在 A_1 以下加热，不发生相变；一种是在临界点以上加热，目的是获得均匀的奥氏体。钢的热处理过程，大多数是首先把钢加热到奥氏体状态，然后以适当的方式冷却以获得所期望的组织和性能。通常把钢加热获得奥氏体的转变过程称为"奥氏体化"。

加热时形成的奥氏体的化学成分、均匀化程度、晶粒大小以及加热后未溶入奥氏体中的碳化物等过剩相的数量和分布状况，直接影响钢在冷却后的组织和性能。因此，研究钢在加热时的组织转变规律，控制加热规范以改变钢在高温下的组织状态，对于充分挖掘钢材性能潜力、保证热处理产品质量有重要意义。

(一) 共析钢奥氏体的形成过程

以共析钢 T8(其常温组织为珠光体)为例，钢在加热过程中，奥氏体的形成过程可以分为四个步骤：奥氏体的形核、奥氏体晶核的长大、残余渗碳体的溶解、奥氏体成分的均匀化，如图 1-2-35 所示。

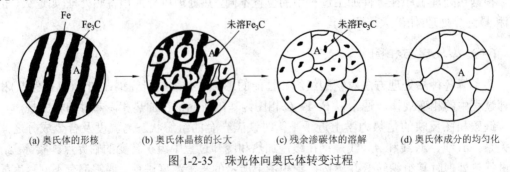

(a) 奥氏体的形核　　　(b) 奥氏体晶核的长大　　　(c) 残余渗碳体的溶解　　　(d) 奥氏体成分的均匀化

图 1-2-35　珠光体向奥氏体转变过程

(1) 奥氏体的形核。共析碳钢加热到 A_1 时，原铁素体的体心立方晶格结构会改组为奥氏体的面心立方晶格结构，原渗碳体的复杂晶格结构会转变为面心立方晶格结构。相界面上以两种晶格过渡结构排列原子偏离平衡位置，碳浓度分布不均匀，位错密度较高、处于能量较高的状态，两相交界面越多，奥氏体晶核越多，这些在化学成分、结构和能量上为形成奥氏体晶核提供了有利条件。

(2) 奥氏体晶核的长大。奥氏体形成晶核以后，奥氏体的相界面会向铁素体和渗碳体两个方向同时长大。这就使得奥氏体中不同位置的碳浓度发生变化，从而引起碳在奥氏体中从浓度高的一侧向浓度低的一侧移动，同时就打破原相界面处碳浓度的平衡，则奥氏体中靠近铁素体一侧的碳浓度增高，靠近渗碳体一侧碳浓度降低。为了恢复碳浓度的平衡，就必须促使铁素体向奥氏体转变以及渗碳体的溶解。这样，奥氏体中与铁素体和渗碳体相界面处碳平衡浓度的破坏与恢复的反复循环过程，就使奥氏体逐渐向铁素体和渗碳体两方向长大，直至铁素体完全消失，逐步使奥氏体晶核长大。

(3) 残余渗碳体的溶解。由于渗碳体的晶体结构与奥氏体差别较大，铁素体转变为奥氏体的速度远高于渗碳体的溶解速度，在铁素体完全转变之后，仍会有部分渗碳体未溶解，随着保温时间延长或继续升温，剩余渗碳体不断溶入奥氏体中，直至全部渗碳体溶解为止。

(4) 奥氏体成分的均匀化。奥氏体转变结束以后，即使渗碳体全部溶解，奥氏体内的成分仍不均匀，在原铁素体形成奥氏体的区域碳的质量分数较低；相反，在原来渗碳体之处碳的质量分数较高，因而，还需要继续保温足够的时间，让碳原子充分扩散，奥氏体的化学成分才可能均匀。

而亚共析钢和过共析钢的奥氏体化过程与共析钢基本相同。但由于先共析 F 或二次 Fe_3C 的存在，要获得全部奥氏体组织，必须相应加热到 Ac_3 或 Ac_{cm} 以上。

(二) 奥氏体晶粒度的影响因素

1. 奥氏体的晶粒度

奥氏体晶粒的大小对后续的冷却转变以及转变产物的性能有重要意义。而表征奥氏体晶粒大小的方式有两种，分别是奥氏体晶粒直径和单位面积中奥氏体晶粒数目。其中奥氏体晶粒度分为 8 级评定标准，其中 1 级最粗，8 级最细，超过 8 级以上者称为超细晶粒。

2. 影响奥氏体晶粒度的因素

(1) 加热温度和保温时间。加热温度越高、保温时间越长时，所得到的奥氏体晶粒度就越粗大。

(2) 钢中碳含量的影响。在一定范围内的含碳量下，奥氏体晶粒长大的倾向随含碳量的增加而增大；当含碳量超过这个范围时，奥氏体晶粒长大的倾向随含碳量的增加而减小。

(3) 合金元素的影响。如果在钢中加入能够使其形成难溶化合物的合金元素(如 Nb、Ti、Zr、V、Al、Ta 等)，那么奥氏体晶粒的长大将受到很大程度的影响，使奥氏体晶粒粗化温度显著升高，即能够促使钢中形成更细小的晶粒；如果所加入的合金元素不能或者难以形成化合物(如 Si、Ni 等)，那么其对奥氏体晶粒长大的影响很小。

(4) 原始组织的影响。原始组织越细，奥氏体起始晶粒就越细小。原始组织主要影响奥氏体起始晶粒度。

三、过冷奥氏体等温转变

冷却是热处理重要的工序,钢热处理后的组织和性能是由冷却过程决定的。因此,研究不同冷却条件下钢中奥氏体组织的转变规律,对于正确制订钢的热处理冷却工艺、获得预期的性能具有重要的实际意义。实际生产中采用的冷却方式主要有等温冷却(如等温淬火)和连续冷却(如炉冷、空冷、水冷等)。

当温度在临界转变温度 A_1 以上时,奥氏体是稳定的。当温度降到临界转变温度以下后,在热力学上处于不稳定状态,要发生转变,奥氏体即处于过冷状态,这种奥氏体称为过冷奥氏体。钢在冷却时的组织转变实质是过冷奥氏体的组织转变。

(一) 过冷奥氏体等温转变曲线

等温冷却是指把加热到奥氏体状态的钢快速冷却到 Ar_1 以下某一温度,并在此温度停留一段时间,使奥氏体发生转变,然后再冷却到室温。

在不同的过冷度下,反映过冷奥氏体转变产物与时间关系的曲线称为过冷奥氏体等温转变曲线,由于该曲线形状像字母 C,故称为 CCT 或 TTT 曲线,简称为 C 曲线。通常用金相硬度法、热分析法、磁性法、膨胀法等测定共析钢的等温转变曲线。图 1-2-36 所示为共析钢的 C 曲线,图中最左边的那条曲线是转变开始线,最右边的那条曲线是转变终止线, M_s 线所对应的温度为 230℃是马氏体转变开始线, M_f 线所对应的温度为 -50℃是马氏体转变结束线。位于 A_1 线以下,转变开始线以左的区域是过冷奥氏体区,位于转变终止线右边的区域是转变产物区,转变开始线和转变中止线之间的区域是转变过渡区。在此区域内既有转变产物,又有未转变的过冷奥氏体。

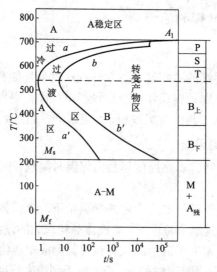

图 1-2-36　过共析钢过冷奥氏体等温转变曲线

(二) 过冷奥氏体等温转变产物组织和性能

从纵坐标至转变开始线之间的线条长度表示不同过冷度下奥氏体稳定存在的时间,即孕育期。孕育期的长短表示过冷奥氏体稳定性的高低,反映了过冷奥氏体的转变速度。由

C 曲线可知，共析钢约在 550℃ 左右孕育期最短，表示过冷奥氏体最不稳定转变速度最快，称为 C 曲线的"鼻子"。A_1 线至鼻温之间，随着过冷度增大，孕育期缩短，过冷奥氏体稳定性降低；鼻温至 M_s 线之间，随着过冷度增大，孕育期增大，过冷奥氏体稳定性提高。在靠近 A_1 点和 M_s 点附近温度，过冷奥氏体比较稳定，孕育期较长，转变速度很慢。

研究表明，根据转变温度和转变产物的不同，共析钢 C 曲线由上至下可分为三个区：A_1～550℃ 之间为珠光体转变区；550℃～M_s 之间为贝氏体转变区；M_s～M_f 之间为马氏体转变区。过冷奥氏体转变产物(共析钢)性能见表 1-2-5 所示。

表 1-2-5　过冷奥氏体转变产物(共析钢)性能

转变类型	转变产物	形成温度/℃	转变机制	显微组织特征	HRC	获得工艺
珠光体	P	A_1～650	扩散型	粗片状，F、Fe₃C 相间分布	5～20	退火
	S	650～600		细片状，F、Fe₃C 相间分布	20～30	正火
	T	600～550		极细片状，F、Fe₃C 相间分布	30～40	等温处理
贝氏体	B上	550～350	半扩散型	羽毛状，短棒状 Fe₃C 分布于过饱和 F 条之间	40～50	等温处理
	B下	350～M_s		竹叶状，细片状 Fe₃C 分布于过饱和 F 针上	50～60	等温淬火
马氏体	M针	M_s～M_f	非扩散型	针片状	60～65	淬火
	M板条	M_s～M_f		板条状	50	淬火

1. 珠光体转变

珠光体转变属于高温转变，其温度为 A_1～550℃，在该温度范围内，钢中的碳原子和铁原子都可以进行比较充分的扩散，所以该类型转变是一种扩散型转变，转变产物是铁素体和渗碳体所组成的机械混合物即珠光体，它的组织结构为片层状。

如果转变温度不同，那么过冷奥氏体转变所得到的珠光体中的铁素体和渗碳体的厚度以及片层间距也不同，根据此可将珠光体分为三种，即珠光体、索氏体和托氏体。

(1) 珠光体：其形成温度为 A_1～650℃，片层间距为 0.6～0.8 μm，片层较厚，一般在 500 倍的光学显微镜下才可分辨。用符号"P"表示。

(2) 索氏体：其形成温度为 650～600℃，片层间距为 0.25～0.4 μm，片层较薄，一般在 800～1000 倍光学显微镜下才可分辨。用符号"S"表示。

(3) 托氏体：其形成温度为 600～550℃，片层间距为 0.1～0.2 μm，片层极薄，只有在电子显微镜下才能分辨。用符号"T"表示。

2. 贝氏体转变

贝氏体转变属于中温转变，其温度为 550℃～M_s 之间。在该温度范围内，钢中的碳原子扩散而铁原子并不扩散，所以该类型转变是一种半扩散型转变，转变产物是贝氏体。根据组织和形状的不同，贝氏体又分为上贝氏体($B_上$)和下贝氏体($B_下$)。

(1) 上贝氏体：共析钢在 550～350℃ 温度区间，条状或片状铁素体从奥氏体晶界开始向晶内以同样方向平行生长。随着铁素体的变宽和伸长，其中的碳原子向条间的奥氏体中富集，最后在铁素体条之间析出渗碳体短棒，奥氏体逐渐消失，从而形成上贝氏体。在光学显微镜下，上贝氏体呈羽毛状，铁素体呈暗黑色，渗碳体呈白亮色。上贝氏体的特征是铁素体呈大致平行的条束状，不均匀分布，短杆状，渗碳体分布在铁素体条之间，使条间容易脆性断裂，强度和韧性较低。

(2) 下贝氏体：共析钢在 350℃～M_s 温度区间，由于温度较低，碳原子扩散较慢，铁素体在奥氏体的晶界或晶内的某些晶面上长成针状。在光学显微镜下，下贝氏体呈针叶状，含过饱和碳的铁素体呈针片状。下贝氏体中铁素体细小、分布均匀，在铁素体内又析出细小弥散的碳化物，加之铁素体内含有过饱和的碳以及高密度的位错，因而，下贝氏体不但韧性好，而且强度较高，具有较优良的综合力学性能，因此生产中常采用等温淬火来获得下贝氏体组织。

3. 马氏体转变

马氏体转变属于低温转变，其温度为 M_s～50℃之间，在该温度范围内，碳原子来不及扩散，全部滞留在 α-Fe 中，所以该过程是非扩散型转变过程。马氏体转变速度极快，瞬间完成；马氏体量随温度下降而增加，但总有一部分奥氏体残留下来，称为残余奥氏体，将降低钢的硬度，影响零件形状、尺寸的稳定性。马氏体的实质是碳溶于 α-Fe 中的过饱和的间隙固溶体，用符号"M"表示。

马氏体可分为针片状马氏体和板条状马氏体，含碳量大于 1.0% 的为针片状，其硬度高，脆性大；含碳量小于 0.2% 的为板条状马氏体，其强度、韧性较好；含碳量为 0.2%～1.0% 的为片状马氏体和板条状马氏体的复合组织。

(三) 影响过冷奥氏体等温转变的因素

影响过冷奥氏体等温转变的因素有含碳量、合金元素以及加热温度和保温时间。

(1) 含碳量。图 1-2-37 所示为亚共析碳钢、共析碳钢和过共析碳钢的 TTT 曲线比较。从图中可知，它们都具有奥氏体转变开始线与转变终止线，但在亚共析碳钢和过共析碳钢的 C 曲线上分别多出一条过冷奥氏体转变为铁素体和二次渗碳体的转变开始线。亚共析钢的过冷奥氏体等温转变曲线中，随着含碳量的减少，C 曲线位置往左移，同时 M_s、M_f 线往上移。亚共析钢的过冷奥氏体等温转变过程与共析钢类似，但在高温转变区过冷奥氏体有一部分将会先转变为铁素体，而剩余的过冷奥氏体再转变为珠光体型组织。例如 45 钢在 650～600℃ 等温转变后，形成的产物为 F+S。

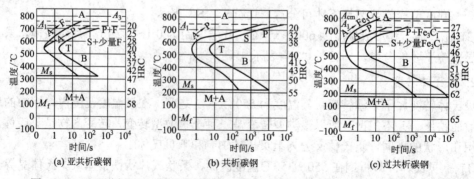

图 1-2-37　亚共析碳钢、共析碳钢和过共析碳钢过冷奥氏体等温转变曲线图的比较

过共析钢过冷奥氏体等温转变曲线的上部为过冷奥氏体析出二次渗碳体开始线。当加

热温度为 Ac_1 以上 30～50℃时，过共析钢随着含碳量的增加，C 曲线向左移动，与此同时 M_s、M_f 线向下移。在高温转变区，过共析钢的过冷奥氏体将先析出二次渗碳体，其余的过冷奥氏体再转变为珠光体型组织。如 T10 钢在 A_1～650℃等温转变后，其产物为 $Fe_3C_{II}+P$。

(2) 合金元素。除了 Co 和 Al 以外，所有溶于奥氏体中的合金元素都能使过冷奥氏体的稳定性增加，延缓了珠光体和贝氏体的相变，所以能够使 C 曲线向右移动；随着 C 曲线右移，钢的淬透性增加。需要说明的是，如果合金元素以碳化物的形式存在，而不是溶解到奥氏体中，那么它们会降低过冷奥氏体的稳定性，使 C 曲线左移。

(3) 加热温度和保温时间。随着加热温度的升高和保温时间的延长，过冷奥氏体的稳定性得到了增加，所以 C 曲线向右移。这是因为加热温度越高，保温时间越长，组织中的奥氏体成分更加均匀，参与转变的奥氏体晶核减少，同时还造成了奥氏体晶界面积减少、奥氏体晶粒长大。

四、过冷奥氏体连续冷却转变

(一) 过冷奥氏体连续冷却转变曲线

实际热处理生产中，过冷奥氏体的转变是在连续冷却过程中进行的。过冷奥氏体的转变是在一定温度范围内进行的，虽然可以利用等温转变曲线来定性分析连续冷却时过冷奥氏体的转变过程，但分析结果与实际结果往往存在误差，因而必须建立过冷奥氏体连续冷却转变曲线，又称 CCT(Continuous Cooling Transformation) 曲线。连续冷却是指把加热到奥氏体状态的钢，以不同的冷却速度(如随炉冷、空冷、油冷、水冷等)连续冷却到室温。

过冷奥氏体的连续冷却转变图是应用膨胀法、金相法和热分析法测定的。它是分析连续冷却过程中奥氏体转变过程及转变产物组织和性能的依据，也是制订钢的热处理工艺的重要参考资料。

图 1-2-38 中，P_s 线和 P_f 分别是过冷奥氏体向珠光体转变的开始线和终止线，两线之间为转变的过渡区，KK' 线为转变的终止线，当冷却到 KK' 线时，过冷奥氏体便终止向珠光体的转变，一直冷却到 M_s 线又开始发生马氏体转变。共析钢在连续冷却转变的过程中，不发生贝氏体转变。这是因为共析钢贝氏体转变的孕育期很长，当过冷奥氏体连续冷却尚未发生贝氏体转变时就已过冷到 M_s 线而发生马氏体转变，所以不会出现贝氏体转变。

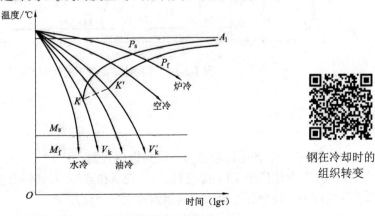

钢在冷却时的
组织转变

图 1-2-38　共析钢的连续冷却转变曲线

(二) 过冷奥氏体连续冷却转变产物

冷却速度决定了过冷奥氏体连续冷却转变时的转变过程和转变产物。V_k 线与 P_s 线相切，它是钢在淬火时可抑制非马氏体组织转变的最小冷却速度，称为淬火临界冷却速度或上临界冷却速度。V_k 值越小，钢在淬火时就越容易获得马氏体组织，即钢的淬火能力越强。V_k' 是获得全部珠光体组织的最大冷却速度，称为下临界冷却速度。当冷却速度大于 V_k 时，连续冷却转变所得到的产物为马氏体组织；当冷却速度小于 V_k' 时，连续冷却转变所得到的产物为珠光体组织；当冷却速度大于 V_k' 而小于 V_k 时，连续冷却转变的产物为珠光体和马氏体的混合物。

任务实施

根据 TTT 和 CCT 曲线知识，参照图 1-2-39 所示不同冷却条件下的转变产物，即可得出调质和高频感应加热表面淬火 + 低温回火下的组织：

调质处理是淬火 + 高温回火，淬火后得到细小均匀的马氏体组织，再经过高温回火得到回火索氏体组织，获得强度、硬度、塑性和韧性都较好的综合力学性能。

高频感应加热表面淬火 + 低温回火得到的是回火马氏体组织，保持了马氏体的高硬度和高耐磨性。

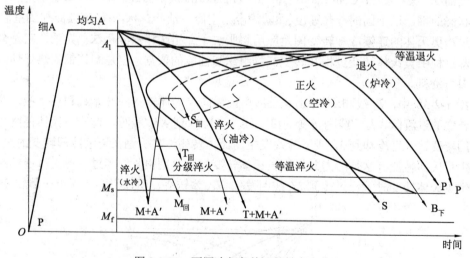

图 1-2-39　不同冷却条件下的转变产物

能力拓展

CCT 图与 TTT 图的比较分析，以共析钢为例：

(1) CCT 曲线位于 TTT 曲线右下方，表明在连续冷却转变过程中过冷奥氏体转变温度低于等温转变，且孕育期较长。其他钢种也有类似规律。

(2) TTT 图的临界冷却速度为 CCT 图的 1.5 倍：等温转变的产物为单一组织，而连续冷却转变的产物可能是混合组织，可以把连续转变看作无数个微小等温转变的总和。

(3) 共析钢与过共析钢的 CCT 图无贝氏体转变而 TTT 图有。这是由于奥氏体的碳浓度高，使贝氏体转变的孕育期延长，在连续冷却时贝氏体转变来不及进行便已冷却至室温。

(4) CCT 曲线获得困难，TTT 曲线容易测得。可用 TTT 曲线定性说明连续冷却时的组织转变情况。方法是将 CCT 曲线绘在 TTT 曲线上，依其与 TTT 曲线交点的位置来说明最终转变产物。若以炉冷时的冷却速度连续转变，与 C 曲线相交于 650～700℃，估计奥氏体转变为珠光体，硬度为(170～220)HBW；以空冷时的冷却速度连续转变，与 C 曲线相交于 600～650℃，估计奥氏体将转变为索氏体，硬度为(25～35)HRC；以油中淬火的速度冷却，大约在 570℃左右与 C 曲线相交，部分奥氏体转变为托氏体，剩余的奥氏体转变为马氏体，最终获得托氏体＋马氏体＋残余奥氏体的混合组织，硬度约为(45～55)HRC；以水淬时的速度冷却，它不与 C 曲线相交，奥氏体一直过冷到 M_s 以下转变为马氏体，最终组织为马氏体＋少量残留奥氏体，硬度为(55～65)HRC。

任务 3　机床齿轮材料普通热处理和表面热处理

任务要求

机床齿轮工作平稳，无强烈冲击，负荷不大，转速中等，对齿轮心部强度和韧性的要求不高，一般选用 40 钢或 45 钢制造。机床齿轮的加工工艺路线为：

下料→锻造→正火→粗加工→调质→半精加工→高频感应加热表面淬火＋低温回火→精磨→成品

经正火或调质处理后，再经高频感应加热表面淬火，齿面硬度可达 52HRC 左右，齿心硬度为(220～250)HBW，完全可以满足性能要求。试分析各个热处理的目的。

知识引入

在机器零件或模具等加工制造过程中，退火和正火作为预备热处理工序被安排在工件毛坯生产之后，切削(粗)加工之前，用以消除前一工序带来的某些缺陷，并为后一工序作好组织准备；而淬火和回火作为最终热处理，以保证其性能。

一、钢的退火

作为预备热处理，退火主要用于铸、锻、焊毛坯或半成品零件，退火后获得珠光体组织。退火可降低钢件的硬度，以利于切削加工，消除内应力，防止钢件变形与开裂；退火还可细化晶粒，改善组织，为零件的最终热处理做好组织准备。

常用的退火方法有完全退火、球化退火、去应力退火和均匀化退火等，各种退火方法的加热温度范围及工艺曲线如图 1-2-40 所示。

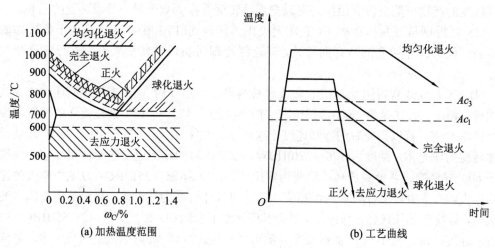

(a) 加热温度范围　　　　　　　　(b) 工艺曲线

图 1-2-40　退火与正火的加热温度范围及工艺曲线

(一) 完全退火

完全退火主要用于亚共析成分的各种碳钢、合金钢的铸件，锻件，热轧型材和焊接结构件的退火。

钢的退火

完全退火是将钢件加热到 Ac_3 以上 30～50℃，保温一定时间，随炉冷至 500℃ 以下，再出炉空冷的退火工艺。其目的是使热加工所造成的粗大、不均匀组织均匀细化，消除组织缺陷和内应力，降低硬度和改善切削加工性能。

完全退火所需时间较长，是一种费时的工艺。生产中常采用等温退火工艺。

(二) 等温退火

等温退火主要用于处理高碳钢、合金工具钢和高合金钢。

等温退火是将钢件加热到 Ac_3(或 Ac_1)温度以上，保温一定时间后，以较快的速度冷却到珠光体区域的某一温度并等温，使奥氏体转变为珠光体组织，然后再缓慢冷却的退火工艺。等温退火不仅可以大大缩短退火时间，而且由于组织转变时工件内外处于同一温度，故能得到均匀的组织和性能。亚共析钢的等温退火与完全退火的目的相同。

(三) 球化退火

球化退火是将过共析钢或共析钢加热至 Ac_1 以上 30～50℃，保温一定时间，然后随炉缓慢冷却到 600℃ 以下出炉空冷的退火工艺。在随炉冷却通过 Ac_1 温度时，其冷却速度应足够缓慢，以促使共析钢渗碳体球化。

球化退火的目的是使钢中的渗碳体球状化，以降低钢的硬度，改善切削加工性能，并为以后的热处理工序做好准备。为了便于球化过程的进行，对于原组织中网状渗碳体较严重的钢件，可在球化退火之前进行一次正火处理，以消除网状渗碳体。

(四) 去应力退火

去应力退火又称低温退火。它是将钢加热到 Ac_1 以下某一温度(一般为 500～600℃)，保持一定时间后缓慢冷却的工艺方法。

去应力退火过程中不发生组织的转变，其目的是消除由于形变加工、机械加工、铸造、锻造、热处理、焊接等所产生的残余应力。

(五) 均匀化退火

均匀化退火是将钢加热至 Ac_3 以上 150～200℃，长时间(10～15 h)保温，然后缓慢冷却以去除钢中化学成分偏析和组织不均匀的工艺方法。

其特点是耗能很大，烧损严重，成本很高，晶粒粗大。只适用于质量要求高的优质合金钢，特别是高合金钢的钢锭、铸件和锻坯。

二、钢的正火

(一) 正火的目的及工艺

钢的正火

正火是将钢材或钢件加热到 Ac_3(对于亚共析钢)和 Ac_{cm}(对于过共析钢)以上 30～50℃，保温适当时间后，使之完全奥氏体化，然后在自由流动的空气中均匀冷却，以得到珠光体组织的热处理工艺。

正火和退火的主要区别是冷却方式不同，正火的奥氏体化温度略高，冷却速度比退火快，过冷度较大，得到的组织更细，可以减少亚共析钢中的铁素体含量，使珠光体含量增加，从而提高钢的强度和硬度。正火不但力学性能高，而且操作简便，生产周期短，能量耗费少，故在可能的情况下，应优先考虑采用正火处理。

正火作为预先热处理，可改善低碳钢或低碳合金钢的切削加工性；还可以消除或破碎过共析钢中的网状渗碳体，为球化退火作好组织上的准备。

(二) 正火的应用

正火的应用主要在以下方面：

(1) 改善切削加工性能。低碳钢和低碳合金钢退火后一般硬度在 160HBS 以下，不利于切削加工。正火可提高其硬度，改善其切削加工性能。

(2) 作为预备热处理。中碳钢、合金结构钢在调质处理前都要进行正火处理，以获得均匀而细小的组织。

(3) 作为最终热处理。正火可以细化晶粒，提高力学性能，故对性能要求不高的普通铸件、焊接件及不重要的热加工件，可将正火作为最终热处理工序。对于一些大型或重型零件，当淬火有开裂危险时，也可以用正火作为最终热处理。

(三) 退火与正火的选用

退火与正火选用时，主要从以下方面考虑：

(1) 切削加工性。预备热处理时，对于低碳钢采用正火可以提高硬度，改善其切削加工性。而对于高碳钢则选用退火，因正火后硬度太高。

(2) 使用性能。对于亚共析钢选用正火，可使其有较好的力学性能。如果零件的性能要求不很高，则可用正火作为最终热处理；对于大型、重型零件采用正火作为最终热处理，因为淬火有开裂危险；对于形状复杂的零件选用退火为宜，因为正火冷却速度较快，也有引起开裂的危险。

(3) 经济性。从经济性上考虑，优先采用正火，因其生产周期短，耗能少，成本低，效率高，操作简便。

三、钢的淬火

(一) 淬火概述

钢的淬火

淬火是指将钢加热到 Ac_3(亚共析钢)或 Ac_1(过共析钢)以上温度，保温一段时间，使其全部或部分奥氏体化，然后以适当的速度冷却到 M_s 以下(或 M_s 附近等温)进行马氏体(或贝氏体)转变的热处理工艺。

碳在 α-Fe 中的过饱和固溶体称为马氏体，以符号 M 表示。

淬火的主要目的是获得马氏体或贝氏体组织，然后与适当的回火工艺相配合，以得到零件所要求的使用性能。淬火和回火是强化钢材的重要热处理工艺方法。

钢的淬火温度主要根据钢的临界温度来确定，如图 1-2-41 所示。一般情况下，亚共析钢($\omega_C<0.77\%$)的淬火加热温度在 A_3 以上 30~50℃，可得到全部晶粒的奥氏体组织，淬火后为均匀细小的马氏体组织。若加热温度过高，马氏体组织粗大，使力学性能恶化，同时也增加淬火应力，使变形和开裂的倾向增大；若加热温度在 A_1~A_3 之间，淬火后组织为铁素体和马氏体，不仅会降低硬度，而且回火后钢的强度也较低，故不宜采用。共析钢和过共析钢($\omega_C\geqslant0.77\%$)的淬火加热温度为 A_1 以上 30~50℃，此时的组织为奥氏体或奥氏体与渗碳体，淬火后得到细小的马氏体或马氏体与少量渗碳体。由于渗碳体的存在，提高了淬火钢的硬度和耐磨性。淬火温度过高或过低，均对淬火钢的组织有很大的影响。淬火温度过低，得到的是非马氏体组织，没有达到淬火的目的；淬火温度过高，渗碳体全部溶解于奥氏体中，提高了奥氏体碳浓度，使淬火后残余奥氏体量增多，硬度、耐磨性降低。

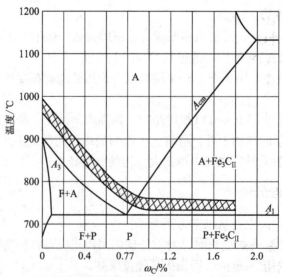

注：图中阴影区域淬火温度范围为 A_1、A_3 线以上 30~50℃

图 1-2-41　碳钢的淬火加热温度范围

淬火加热时间由两部分组成，即升温时间和保温时间。升温时间是指零件由室温达到淬火温度所需的时间；保温的目的是使钢件热透，使室温组织转变为奥氏体。其时间长短主要根据钢的成分、加热介质和零件尺寸来决定。

钢加热获得奥氏体后，需要用具有一定冷却速度的介质冷却，保证奥氏体转变为马氏体组织。如果介质的冷却速度太大，虽易于淬硬，但容易变形和开裂；而冷却速度太小，钢件又淬不硬。常用的冷却介质有油、水、盐水、碱水等，其冷却能力依次增加。

(二) 淬火方法

为保证淬火效果，减少淬火变形和开裂，根据钢的材料、大小和种类，合理选择淬火方法。常用的淬火方法有单介质淬火法、双介质淬火法、分级淬火法和等温淬火法四种，如图 1-2-42 所示。

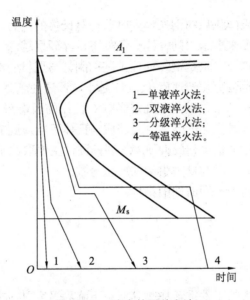

图 1-2-42 淬火的四种方法

1. 单液淬火法

将加热工件淬入一种介质中一直冷却到室温的淬火方法，叫单液淬火法，又称为单介质淬火法。该方法操作简单，易于实现机械化、自动化；但水淬易发生变形，开裂倾向大，油淬易产生硬度不足或不均的缺陷。单液淬火法适用于形状简单的工件或小型工件。

2. 双液淬火法

将淬火工件自淬火温度中取出，先在快速冷却剂中冷却，使其奥氏体以很快的速度过冷至接近于马氏体转变区域，然后再在冷却剂中缓慢冷却，一般是先水后油(称为水淬油冷)，叫双液淬火法，也称为双介质冷却法。此方法利用了两种介质的优点，减少了工件的变形和开裂；但操作困难，不易掌握，仅适用于复杂的工件。

3. 分级淬火法

将钢加热保温后快速冷却到 M_s 稍上的温度保温一段时间(发生贝氏体转变之前)，以空冷的速度进入马氏体转变区，进行马氏体转变的淬火方法，叫分级淬火法。通过在 M_s 点附近的保温，使工件的内外温差减小到最小，有效地减小了工件淬火的内应力，降低了工件变形和开裂的倾向，但盐浴或碱浴冷却能力较小。分级淬火法适用于尺寸较小、形状复杂或截面不均匀的工件。

4. 等温淬火法

将加热的工件放入温度稍高于 M_s 点的硝盐浴或碱浴中，保温足够长的时间，使其完成贝氏体转变，获得下贝氏体组织的淬火方法，叫等温淬火法。该方法得到下贝氏体组织，硬度不如马氏体组织，但具有较高的强度、硬度、韧性、耐磨性等，可显著地减少淬火应力和变形，避免了工件的淬火开裂。等温淬火法适用于形状复杂、精度要求较高的小型工件，如模具、成形刀具、小齿轮等。

(三) 淬透性和淬硬性

钢的淬透性是指奥氏体化后的钢在淬火时获得马氏体的能力。其大小通常用规定条件下淬火获得淬硬层的深度来表示。同样淬火条件下，淬硬层越深，表明钢的淬透性越好。淬透性是钢本身的固有属性，也是钢热处理工艺的制订与选材的重要依据。

影响淬透性的因素是临界冷却速度 V_k，V_k 越小，淬透性越高，而 V_k 取决于 C 曲线的位置，C 曲线越靠右，V_k 越小，因此，凡是影响 C 曲线的因素都是影响淬透性的因素。

淬硬性是指钢在淬火时硬化的能力，用淬成马氏体可能得到的最高硬度表示。钢在淬火后硬度会得到很大程度的提高，最大硬度值即淬硬性主要取决于钢在加热淬火时固溶于奥氏体中的碳的质量分数，即马氏体中碳的质量分数。

淬硬性和淬透性是两个不同的性能指标。

四、钢的回火

钢的回火

(一) 回火概述

回火是指将经过淬火的工件重新加热到低于下临界温度 Ac_1 的适当温度，保温一段时间后在空气或水、油等介质中冷却至室温的金属热处理工艺。

回火是淬火的后续工序，通常也是零件进行热处理的最后一道工序，所以对产品最后所要求的性能起决定性的作用。淬火和回火常作为零件的最终热处理。

回火的目的是降低零件的脆性，消除或减少内应力。一般情况下，淬火得到的马氏体组织脆而且内应力大，如果在室温放置，通常会使零件变形、开裂。因此，零件淬火后一般都要进行回火处理以消除内应力，提高韧性；工件经淬火后硬度高，但塑性和韧性都显著降低，因此通过调整回火温度，可使工件得到不同的回火组织来达到所需的硬度和强度、塑性和韧性；淬火工件得到的马氏体和残余奥氏体都是不稳定的组织，在室温下会自发发生分解，从而引起尺寸的变化和形状的改变，通过回火可得到稳定的回火组织，从而保证工件在以后的使用过程中不再发生尺寸和形状的改变。

(二) 回火种类和应用

根据零件性能要求不同，可将回火分为三种。

(1) 低温回火(150～250℃)。低温回火组织是回火马氏体。回火的目的是降低淬火应力和脆性，保持钢淬火后的高硬度和高耐磨性。回火后硬度一般为(58～64)HRC。低温回火主要用于各种工具(如刃具、模具和量具等)、滚动轴承和表面淬火件等。

(2) 中温回火(350～500℃)。中温回火组织是回火托氏体。中温回火的目的是使钢具有高弹性极限、屈服强度和一定的韧性。回火后硬度一般为(35～50)HRC。中温回火一般用于弹簧和模具等的热处理。

(3) 高温回火(500～650℃)。高温回火组织是回火索氏体。高温回火的目的是获得强度、硬度、塑性和韧性都较好的综合力学性能。回火后硬度为(25～35)HRC。高温回火广泛用于各种主要的结构零件，如轴、齿轮、连杆、高强度螺栓等。

通常将淬火和高温回火的复合热处理称为调质处理。调质处理一般作为最终热处理，也可作为表面热处理和化学热处理的预备热处理。

五、钢的表面淬火

对于一些承受扭转和弯曲交变载荷作用、在摩擦条件下工作的零件，如齿轮、凸轮、曲轴、活塞销等，要求零件表层必须有较高的强度、硬度、耐磨性和疲劳极限，而心部要有足够的塑性和韧性。在这种工作状态下，若采用前面所述的热处理方法很难满足要求，因而需要进行表面热处理。表面热处理包括表面淬火和化学热处理。

(一) 钢的表面淬火概述

钢的表面淬火是一种不改变钢的表面化学成分，但改变其组织的局部热处理方法，其将工件表面快速加热到临界点以上，使工件表层转变为奥氏体，冷却后表面得到马氏体组织，心部仍保持原有的塑性和韧性。

表面淬火的目的是使零件表面具有高的硬度、耐磨性和疲劳极限；心部在保持一定的强度、硬度的条件下，具有足够的塑性和韧性。一般适用于承受弯曲、扭转、摩擦和冲击的零件。

(二) 表面淬火加热方式及特点

表面淬火的加热方式分为：感应加热、火焰加热、电接触加热、激光加热和电子束加热几种，最常用的是前两者。

1. 感应加热表面淬火

感应加热是指利用交变电流在工件表面感应巨大涡流，使工件表面迅速加热的方法。感应加热分为三类：高频感应加热(频率为 250～300 kHz，淬硬层深度 0.5～2 mm)、中频感应加热(频率为 2500～8000 Hz，淬硬层深度 2～10 mm)、工频感应加热(频率为 50 Hz，淬硬层深度 10～15 mm)。

感应加热表面淬火具有以下特点：

(1) 加热时间短，零件表面氧化脱碳少，零件的废品率低。

(2) 加热速度快，热效率高。

(3) 感应加热淬火后零件表面的硬度高，心部保持较好的塑性和韧性，冲击韧性、疲劳强度和耐磨性等有很大的提高。

(4) 感应加热表面淬火的机械零件脆性小，同时还能提高零件的力学性能(如屈服点、抗拉强度、疲劳强度)，同样经过感应加热表面淬火的钢制零件的淬火硬度也高于普通加热炉的淬火硬度。

(5) 利用感应加热表面淬火，可用普通碳素结构钢代替合金结构钢及渗碳钢制作零件而不降低零件质量，所以在某些条件下可以代替工艺复杂的化学热处理。

(6) 生产过程清洁，无高温，劳动条件好。

(7) 感应加热不仅应用于零件的表面淬火，还可以用于零件的内孔淬火，这是传统热处理所不能达到的。

2. 火焰加热表面处理

火焰加热是利用乙炔火焰直接加热工件表面的方法。火焰加热表面处理成本低，但质量不易控制。

火焰加热表面处理具有以下特点：工艺设备简单，便于操作，生产成本比较低，但是产品质量难以得到有效的保证，生产效率低；通常用于单件小批量的生产模式，尤其适用于零件的局部修复工作。火焰加热表面处理表面淬火层的深度一般为 2～6 mm，适用于中碳钢、中碳合金钢和铸钢材质的大型零部件。

六、钢的化学热处理

(一) 钢的化学热处理概述

化学热处理是将钢件置入具有活性的介质中，通过加热和保温，使活性介质分解析出活性元素，渗入工件的表面，改变工件的化学成分、组织和性能的一种热处理工艺。化学热处理与其他热处理不同，它不仅改变了钢的组织，同时还改变了钢件表层的化学成分，有效地提高钢件表层的耐磨性、抗腐性、抗氧化性和疲劳强度等。

(二) 常用的化学热处理工艺

按钢件中渗入元素的不同，化学热处理可分为：渗碳、渗氮、碳氮共渗(氰化)、渗硼、渗铝、渗铬等。

目前生产中最常用的化学热处理工艺是：渗碳、渗氮和碳氮共渗。

1. 钢的渗碳

将工件置于渗碳介质中，加热并保温，使碳原子渗入工件表面的化学热处理工艺，称为渗碳。一般渗碳层深度可达 0.5～2 mm。渗碳主要用于低碳钢或低碳合金钢。

通常对低碳钢或低碳合金钢进行渗碳处理，然后进行淬火和低温回火，使表面具有高的硬度和耐磨性，而心部具有一定的强度和韧性。

渗碳的方法按渗碳剂的不同，可分为气体渗碳、固体渗碳和液体渗碳。目前，常用的是气体渗碳。低碳钢经渗碳淬火后，表层硬度高，可达(58～64)HRC，耐磨性较好；心部保持低的含碳量，韧性较好，疲劳强度高。这是因为表层为高碳马氏体，体积膨胀大，而心部为低碳马氏体或非马氏体组织，体积膨胀小，所以表层产生压应力，提高了零件的疲劳强度。

2. 钢的渗氮

渗氮是将工件置于一定温度下，使活性氮原子渗入工件表层的一种化学热处理工艺。

渗氮的目的是提高工件表层的硬度、耐磨性、耐蚀性和疲劳强度。常用的方法有气体渗氮、液体渗氮及离子渗氮等。

气体渗氮是将工件置于能通入氨气(NH_3)的炉中，加热至 500～550℃，使氨分解出活性氮元素渗入到工件表层，并向内部扩散，形成一定厚度的氮化层。与渗碳相比，渗氮工件的表层硬度较高，可达(1000～1200)HV(相当于(69～72)HRC)。渗氮温度较低，渗氮后一般不再进行其他热处理，因此工件变形较小。工件经渗氮后，其疲劳强度可提高 15%～35%。渗氮层耐腐蚀性能好。为了保证渗氮零件心部具有良好的综合力学性能，在渗氮前应进行调质处理。

与渗碳相比，渗氮工艺复杂、生产周期长、成本高、氮化层薄(一般为 0.1～0.5 mm)而脆，不宜承受集中的重载荷，并需要专用的渗氮钢(如 38CrMoAlA 等)，因此渗氮主要用于处理各种高速传动的精密齿轮、高精度机床主轴及重要的阀门等。

3. 碳氮共渗

向工件表面同时渗入氮、碳元素的工艺过程，称为氮碳共渗。碳氮共渗是以渗碳为主，同时渗入氮的化学热处理工艺。它在一定程度上克服了渗氮层硬度虽高但渗层较浅，而渗碳层虽硬化深度大，但表面硬度较低的缺点。

任务实施

正火处理可使组织均匀化，消除锻造应力，调整硬度，改善切削加工性。对于一般齿轮，正火也可作为高频感应加热表面淬火前的最后热处理工序。

调质处理可使齿轮具有较高的综合力学性能，提高齿轮心部的强度和韧性，使齿轮能承受较大的弯曲应力和冲击载荷，并减小淬火变形。

高频感应加热表面淬火可提高齿轮表面硬度和耐磨性，提高齿面接触疲劳强度。

低温回火可在不降低表面硬度的情况下消除淬火应力，防止产生磨削裂纹和提高齿轮抗冲击能力。

能力拓展

根据热处理的目的和工序位置的不同，热处理可分为预先热处理和最终热处理两大类。

(一) 预先热处理的工序位置

预先热处理包括退火、正火、调质等。

1. 退火、正火的工序位置

通常退火、正火都安排在毛坯生产之后、切削加工之前，以消除毛坯的内应力，均匀组织，改善切削加工性，并为最终热处理作组织准备。

对于精密零件，为了消除切削加工的残余应力，在切削加工工序之间还应安排去应力退火。

2. 调质处理的工序位置

调质工序一般安排在粗加工之后，精加工或半精加工之前。

调质的目的：获得良好的综合力学性能，或为以后的表面淬火或易变形的精密零件的整体淬火作好组织准备。

调质一般不安排在粗加工之前，是为了避免调质层在粗加工时大部分被切削掉，失去调质的作用。调质零件的工艺路线一般为：

下料→锻造→正火(退火)→切削粗加工→调质→切削精加工。

在实际生产中，灰铸铁件、铸钢件和某些钢轧件、钢锻件经退火、正火或调质后，往往不再进行其他热处理，这时上述热处理也就是最终热处理。

(二) 最终热处理的工序位置

最终热处理包括各种淬火、回火及表面热处理等。

零件经最终热处理后，获得所需的使用性能，因零件的硬度较高，除磨削加工外，不宜进行其他形式的切削加工，故最终热处理工序均安排在半精加工之后。

1. 淬火、回火的工序位置

整体淬火、回火与表面淬火的工序位置安排基本相同。

淬火件的变形及氧化、脱碳应在磨削中去除，故需留磨削余量。

表面淬火件的变形小，其磨削余量要比整体淬火件小。

(1) 整体淬火零件的工艺路线为：

下料→锻造→退火(正火)→粗切削加工、半精切削加工→淬火、回火(低、中温)→磨削。

(2) 感应加热表面淬火零件的工艺路线为：

下料→锻造→退火(正火)→粗切削加工→调质→半精切削加工→感应加热表面淬火、低温回火→磨削。

2. 渗碳的工序位置

渗碳分整体渗碳和局部渗碳两种。

整体渗碳中，当零件局部不允许渗碳处理时，该部位可镀铜以防渗碳，或采取多留余量的方法，待零件渗碳后，淬火前再切削掉该处渗碳层。

整体渗碳件的工艺路线一般为：

下料→锻造→正火→粗、半精切削加工→渗碳、淬火、低温回火→精切削加工(磨削)。

局部渗碳件的工艺路线为：

下料→锻造→正火→粗、半精切削加工→非渗碳部位镀铜(或留防渗余量) →

渗碳→去除非渗碳部位余量→淬火、低温回火→精加工(磨削)。

思 考 与 练 习

1. 解释下列名词：晶体、晶胞、合金、组元、相、组织、相图、固溶体、金属化合物、合金、组元、相、组织、相图、固溶体、金属化合物、铁素体、奥氏体、渗碳体、珠光体、莱氏体、Fe_3C_I、Fe_3C_{II}、Fe_3C_{III}、亚共析钢、共析钢、过共析钢。

2. 在实际生产中，如何控制液态金属的结晶过程，以获得细小晶粒？

3. 何谓同素异构转变？举例说明。

4. 根据简化的铁碳合金相图，描绘下列铁碳合金从高温液态缓冷至室温时的组织转变过程。

(1) $\omega_C = 0.77\%$；　　(2) $\omega_C = 1.5\%$；　　(3) $\omega_C = 3.5\%$；　　(4) $\omega_C = 4.3\%$

5. 试述共析钢奥氏体形成的几个阶段，并分析亚共析钢奥氏体和过共析钢奥氏体形成的主要特点。

6. 说明共析钢 C 曲线各个区、各条线的物理意义，在曲线上标注出各类转变产物的组织名称及其符号和性能，并指出影响 C 曲线形状和位置的主要因素。

7. 何谓淬透性？与淬硬性有何不同？

8. 正火和退火的主要区别是什么？

项目三　金属材料的工程应用

项目体系图

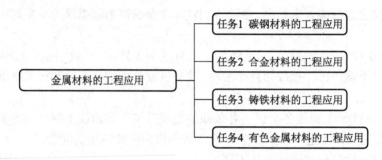

项目描述

本项目以碳钢、合金钢、铸铁及常用有色金属材料为任务对象，进行工程典型零件的材料确定。通过本项目的任务训练，学生可掌握各类工程材料的定义、分类及性能特点；熟悉各类工程材料牌号的含义；了解各类工程材料的应用范围。

任务工单

本项目共分为四个任务，如表 1-3-1 所示，分别为：碳钢材料的工程应用、合金材料的工程应用、铸铁材料的工程应用、有色金属材料的工程应用。学生需要根据工程常用零件的性能要求进行材料的选择。

表 1-3-1　金属材料的工程应用任务工单

任务 1	碳钢材料的工程应用			
任务描述	根据工程常用典型零件的性能要求，确定其碳钢牌号、材料类别及热处理方式			
任务内容	序号	零件名称	材料牌号	材料类别	热处理方式
	1	焊接钢管			
	2	汽车覆盖件			
	3	农用车板簧			
	4	变速箱传动轴			
	5	手工锯条			
	6	刮刀、锉刀			
	7	水压机工作缸			

续表

任务2	合金材料的工程应用			
任务描述	根据工程常用典型零件的性能要求，确定其合金钢牌号、材料类别及热处理方式			

序号	零件名称	材料牌号	材料类别	热处理方式
1	高压容器			
2	变速箱齿轮			
3	发动机涡轮轴			
4	火车减震螺旋弹簧			
5	内燃机轴瓦			
6	机用铰刀			
7	冲压模具凹模、凸模			
8	游标卡尺			
9	化工管道			

（任务内容）

任务3	铸铁材料的工程应用			
任务描述	根据工程常用典型零件的性能要求，确定其铸铁牌号、材料类别及热处理方式			

序号	零件名称	材料牌号	材料类别	热处理方式
1	重型机床床身			
2	机器连杆			
3	玻璃模具			
4	弯头管件、三通			
5	煤粉烧嘴			

任务4	有色金属材料的工程应用			
任务描述	根据工程常用典型零件的性能要求，确定其有色金属牌号、材料类别及热处理方式			

序号	零件名称	材料牌号	材料类别	热处理方式
1	飞机承重件			
2	热交换器			
3	飞行器铆钉			
4	仪表弹性元件			

考核项目	评价标准	分值
考勤	无迟到、旷课或缺勤现象	10
任务1	材料选择合理，热处理方法正确	25
任务2	材料选择合理，热处理方法正确	25
任务3	材料选择合理，热处理方法正确	20
任务4	材料选择合理，热处理方法正确	20
总分	100分	

（任务评价）

教学目标

知识目标：

(1) 掌握各类工程材料的定义、分类及性能特点；

(2) 熟悉各类工程材料牌号的含义；

(3) 了解各类工程材料的应用范围。

能力目标：

初步具备根据各类工程材料的性能特点，选择常用工程材料的能力。

素质目标：

(1) 锻炼学生的科学分析思维能力；

(2) 树立科技强国的理想。

 **知识链接**

一、钢内杂质元素对钢性能的影响

钢在其冶炼生产(炼铁、炼钢)过程中，因其原料(铁矿石、废钢铁、脱氧剂等)、燃料(如焦炭)、熔剂(如石灰石)和耐火材料等所带入或产生的又不可能完全除尽的少量杂质元素，如锰、硅、硫、磷、氢、氮、氧等，称为常存杂质元素。它们的必然存在显著地影响钢的性能。

(一) 锰和硅的影响

钢中的锰(Mn)来自炼钢生铁及脱氧剂锰铁。一般认为 Mn 在钢中是一种有益的元素，主要的作用是脱氧、去硫，提高钢的强度和硬度。碳钢中含锰量通常小于 0.80%；在含锰合金钢中，含锰量一般控制在 1.0%~1.2%。Mn 大部分溶于铁素体中，形成置换固溶体，并使铁素体强化；另一部分 Mn 溶于 Fe_3C 中，形成合金渗碳体，这都使钢的强度提高；Mn 与硫(S)化合生成硫化锰(MnS)，能减轻 S 的有害作用。

硅(Si)也是来自炼钢生铁和脱氧剂硅铁。一般认为 Si 在钢中是一种有益的元素，有很强的固溶强化作用，能脱氧。碳钢中含 Si 量通常小于 0.35%，Si 与 Mn 一样能溶于铁素体中，使铁素体强化，从而使钢的强度、硬度、弹性提高，而塑性、韧性降低。有一部分 Si 则存在于硅酸盐夹杂中。当 Si 含量不多，在碳钢中仅作为少量夹杂物存在时，它对钢的性能影响并不显著。

(二) 硫和磷的影响

硫是生铁中带来的而在炼钢时又未能除尽的有害元素。它能引起钢在热加工时或高温工作下变得极脆(热脆)。主要是由于硫不溶于铁(Fe)，而以硫化铁(FeS)形式存在，FeS 会与

Fe形成共晶,并分布于奥氏体的晶界上。当钢材在1000～1200℃压力加工时,由于FeS-Fe共晶(熔点只有989℃)已经熔化,并使晶粒脱开,钢材将变得极脆。为了避免热脆,钢中含硫量必须严格控制,普通钢中含S量应不大于0.055%,优质钢中含硫量应不大于0.040%,高级优质钢中含硫量应不大于0.030%。

磷(P)也是生铁中带来的而在炼钢时又未能除尽的有害元素。磷有很强的固溶强化作用,低温韧性差(冷脆)。主要原因是磷在钢中全部溶于铁素体中,虽可使铁素体的强度、硬度有所提高,但却使室温下钢的塑性、韧性急剧降低,并使钢的脆性转化温度有所升高,使钢变脆,这种现象称为"冷脆"。磷的存在还会使钢的焊接性能变坏,因此钢中含磷量应严格控制,普通钢含磷量应不大于0.045%,优质钢含磷量应不大于0.040%,高级优质钢含磷量应不大于0.035%。

(三) 气体元素的影响

钢在冶炼或加工时还会吸收或溶解一部分气体,这些气体元素,如氢(H)、氮(N)、氧(O),对钢性能的影响却往往被忽视。实际上它们有时会给钢材带来极大的危害作用。

氢在钢中含量甚微,但对钢的危害极大。微量的氢即可引起"氢脆",甚至在钢中产生大量的微裂纹(即"白点"或"发裂"缺陷),从而使零件在工作时出现灾难性的脆断。氢脆一般出现在合金钢的大型锻、轧件中,且钢的强度越高,氢脆倾向越大,如电站汽轮机主轴、钢轨、电镀刺刀等氢脆断裂。实际生产中,常通过锻后保温缓冷措施或预防白点退火工艺来降低钢件的氢脆倾向。

氮固溶于铁素体中将引起"应变时效",即冷塑性变形的低碳钢在室温放置(或加热)一定时间后,强度增加而塑性、韧性降低的现象。应变时效对锅炉、化工容器及深冲压零件极为不利,会增加零件脆性断裂的可能性。若钢含有与N亲和力大的铝(Al)、钒(V)、钛(Ti)、铌(Nb)等元素而形成细小弥散分布的氮化物,可细化晶粒,提高钢的强韧性,并能降低N的应变时效作用,此时N又变成了有益元素。

氧少部分溶于铁素体中,大部分以各种氧化物夹杂的形式存在,将使钢的强度、塑性与韧性,尤其是疲劳性能降低,故应对钢液进行脱氧。依据浇注前钢液脱氧程度不同,可将钢分为镇静钢(充分脱氧钢)、沸腾钢(不完全脱氧钢)和介于两者之间的半镇静钢。显然,镇静钢的质量和性能较佳,一般用于制造重要零件;而沸腾钢的成材率较高,适用于性能要求不高的零件。

二、钢的分类与牌号

(一) 钢的分类

依据分类标准不同,钢的分类方法有多种。按化学成分不同,分为碳钢和合金钢,其中碳钢按碳含量又可分为低碳钢($\omega_C \leq 0.25\%$)、中碳钢($\omega_C = 0.25\% \sim 0.6\%$)、高碳钢($\omega_C > 0.6\%$);合金钢按合金元素含量也可分为低合金钢($\omega_M \leq 5\%$)、中合金钢($\omega_M = 5\% \sim 10\%$)、高合金钢($\omega_M > 10\%$);

碳钢的定义及分类

按钢的质量等级分，有普通钢、优质钢和高级优质钢；按钢的主要用途分为结构钢(包括一般工程结构钢和机器零件结构钢)、工具钢(包括刀具、模具、量具)、特殊性能钢、专业用钢等。

我国关于钢分类的最新国家标准 GB/T 13304.1～2—2008，是参照国际标准 ISO 4948—1、ISO4948—2 而制定的。据此，钢的分类有两部分：第一部分按化学成分分类；第二部分按主要质量等级、主要性能或使用特性分类。图 1-3-1～图 1-3-3 摘要归纳了新国标钢分类的关系。图中采用"非合金钢"一词代替传统的"碳素钢"。但在 GB/T 13304—1991 以前有关的技术标准中，均采用"碳素钢"，故"碳素钢"名称仍将沿用一段时间。普通质量钢是指生产过程中不规定需要特别控制质量要求的钢；优质钢是指生产过程中需要特别控制质量(如降低硫、磷含量)的钢；特殊质量钢是指生产过程中需要特别严格控制质量和性能的钢。

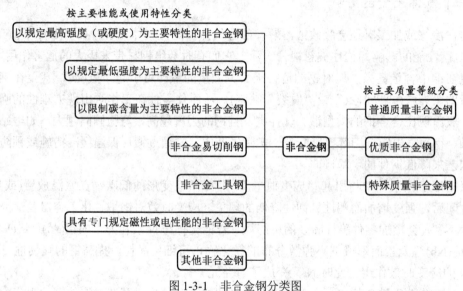

图 1-3-1　非合金钢分类图

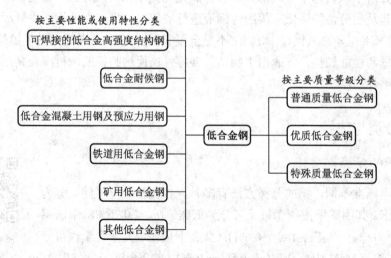

图 1-3-2　低合金钢分类图

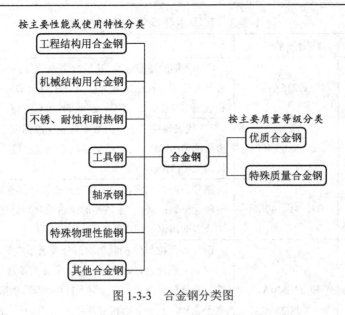

图 1-3-3　合金钢分类图

(二) 钢的牌号

我国钢号的表示方法，根据 GB/T 221—2008 规定，由三大部分相结合而组成：① 化学元素符号，用以表示钢中所含化学元素种类(采用国际化学元素符号)；② 汉语拼音字母，用以表示钢产品的名称、用途、冶炼方法等特点，常采用的缩写字母及含义见表 1-3-2；③ 阿拉伯数字，用以表示钢中主要化学元素含量(质量分数)或产品的主要性能参数或代号。

表 1-3-2　我国钢号所用汉语拼音(缩写)字母及含义

字母	代号中位置	代表含义	举例	字母	代号中位置	代表含义	举例
A、B C、D	尾	质量等级	Q235B 50CrVA	Q	首	屈服强度	Q235
				R	尾	锅炉和压力容器用钢	Q370R
b	尾	半镇静钢	08b	T	首	碳素工具钢	T10
DR	首	电工用热轧硅钢	DR400—50	U	首	钢轨钢	U71Mn
DR	首	低温压力容器用钢	16MnDR	H	首	焊接用钢	H08MnSi
DT	首	电磁纯铁	DT4A	L	尾	汽车大梁用钢	370L
F	尾	沸腾钢	08F	Y	首	易切削钢	Y15Pb
F	首	非调质机械结构钢	F45V	Z	尾	镇静钢	45AZ
G	首	滚动轴承钢	GCrl5	ZG	首	铸钢	ZG200—400
ML	首	铆螺钢	ML40	K	尾	矿用钢	20MnK

我国主要钢号的表示方法如表 1-3-3 所示，详细内容可参照相关标准。

表 1-3-3　我国主要钢号的表示方法

钢　类		钢号举例	表示方法说明
普通碳素结构钢		Q235AF	Q 代表钢的屈服强度,其后数字表示最小屈服强度值(MPa),必要时数字后标出质量等级(A、B、C、D)和脱氧方法(F、Z、TZ),Z 与 TZ 可以省略
碳素铸钢		ZG200—400	ZG 代表铸钢,第一组数字代表屈服强度值最低值(MPa),第二组数字代表抗拉强度值最低值(MPa)
结构钢	优质碳素结构钢	08、45、40Mn	钢号头两位数代表以平均万分数表示的碳的质量分数:Mn 含量较高的钢在数字后标出"Mn",脱氧方法或专业用钢也应在数字后标出
	合金结构钢	20Cr、40CrNiMoA、60Si2Mn	钢号头两位数代表以平均万分数表示碳的质量分数;其后为钢中主要合金元素符号,其质量分数以百分之几数字标出,若其质量分数小于 1.5%,则不标出,若其质量分数大于 1.5%,大于 2.5%,……,则相应数字为 2,3,。若为高级优质钢,则在钢号后标"A";若为特级优质钢,则在钢号后标"E"
	低合金高强度结构钢	Q390E、Q690	新标准(GB/T 1591—2008)表示方法同普通质量碳素结构钢(如 Q390E)
工具钢	碳素工具钢	T8、T8Mn、T8A	T 代表碳素工具钢,其后数字代表以名义千分数表示的碳的质量分数,含 Mn 量较高者在数字后标出"Mn",高级优质钢标出"A"
	合金工具钢	9SiCr、CrWMn	当平均 $\omega_C \geqslant 1.0\%$ 时不标出;当平均 $\omega_C < 1.0\%$ 时,以名义千分数标出碳的质量分数,合金元素及含量表示方法基本上与合金结构钢相同
	高速工具钢	W6Mo5Cr4V2、CW6Mo5Cr4V2	钢号中一般不标出碳含量,只标合金元素及含量,方法同合金工具钢。为了区别牌号,可在牌号头部加"C"表示高碳高速工具钢
轴承钢		GCr15、GCr15SiMn	G 代表(滚珠)轴承钢,碳含量不标出,Cr 的质量分数以千分之几数字标出,其他合金元素含量表示方法同合金结构钢
不锈钢		12 Cr18Ni9 06Cr19NI10	用两位或三位数字表示碳含量(以万分之几或十万分之几计),合金元素含量同合金结构钢。钢中有意加入的铌、钛、锆、氮等合金元素,虽含量很低,但也应在牌号中标出

合金钢的分类与牌号

任务 1　碳钢材料的工程应用

任务要求

确定表 1-3-1 所示任务 1 中各零件的材料牌号、材料类别及热处理方式。

知识引入

一、碳素结构钢

普通碳素结构钢简称为碳素结构钢，占钢总产量的 70% 左右，其含碳量较低(平均 ω_C 为 0.06%~0.38%)，对性能要求及硫、磷和其他残余元素含量的限制较宽。大多用作工程结构，一般是热轧成钢板或各种型材(如圆钢、方钢、工字钢、钢筋等)供应；少部分也用于要求不高的机械结构。该类钢多在供应状态下使用，必要时根据需要可进行锻造、焊接成形和热处理调整性能。根据现行的国家标准，表 1-3-4 列出了碳素结构钢的牌号、成分、力学性能及应用举例。

普通碳素结构钢的牌号用"Q+数字+质量级别+脱氧方法符号"表示，如图 1-3-4 所示。例如：Q195BTZ 表示的是屈服强度为 195 MPa 的 B 级特殊镇静钢。

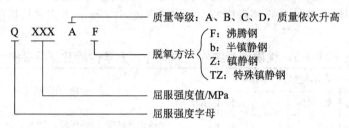

图 1-3-4　普通碳素结构钢的牌号表示方法

表 1-3-4　(普通)碳素结构钢的牌号、成分、力学性能及应用举例

牌号	等级	化学成分/%			脱氧方法	力学性能			应用举例
		C	S	P		R_{eL}/MPa	R_m/MPa	A/%	
Q195	—	≤0.12	≤0.04	≤0.035	F、Z	195	315~430	≥33	承受载荷不大的金属结构件、铆钉、垫圈、地脚螺栓、冲压件及焊接件
Q215	A	≤0.15	≤0.05	≤0.045	F、Z	215	335~450	≥31	
	B		≤0.045		F、Z				
Q235	A	≤0.22	≤0.05	≤0.045	F、Z	235	370~500	≥26	金属结构件、钢板、钢筋、型钢、螺栓、螺母、短轴、心轴，Q235C、Q235D 可用作重要焊接结构件
	B	≤0.20	≤0.045		F、Z				
	C	≤0.17	≤0.04	≤0.04	Z				
	D		≤0.035	≤0.035	TZ				
Q275	A	≤0.24	≤0.05	≤0.045	FZ	275	410~540	≥22	强度较高，用于制造承受中等载荷的零件，如键、销、转轴、拉杆、链轮、链环片等
	B	≤0.21	≤0.045	≤0.045	Z				
	C	≤0.22	≤0.04	≤0.04	Z				
	D	≤0.20	≤0.035	≤0.035	TZ				

注：表中 R_{eL} 为下屈服强度，R_m 为抗拉强度，A 为断后伸长率。

二、优质碳素结构钢

优质碳素结构钢必须同时保证成分和力学性能，其牌号体现成分组成。它的硫、磷含量较低(质量分数均不大于 0.035%)，夹杂物也较少，综合力学性能优于(普通)碳素结构钢，常以热轧材、冷轧(拉)材或锻材供应，主要作为机械制造用钢。为充分发挥其性能潜力，一般都需经热处理后使用。

优质碳素结构钢牌号用两位数字表示，两位数字是钢中平均含碳量的万分位数。例如，20 号钢表示平均含碳量为 0.20%的优质碳素钢。若钢中含锰量较高，则须将锰元素标出，如含 0.45%C、0.70%～1.00%Mn 的钢即 45Mn。

优质碳素结构钢详见国家标准 GB/T 699—2015，其基本性能和应用范围主要取决于钢的含碳量，另外钢中残余锰量也有一定的影响。根据钢中 Mn 含量不同，分为普通低锰含量钢(ω_{Mn}=0.35%～0.80%)和较高锰含量钢(ω_{Mn}=0.70%～1.2%)两组。由于锰能改善钢的淬透性，强化固溶体及抑制硫的热脆作用，因此较高锰含量钢的强度、硬度、耐磨性及淬透性较优，而其塑性、韧性几乎不受影响。表 1-3-5 列出了优质碳素结构钢的牌号、力学性能及应用举例。

表 1-3-5　优质碳素结构钢的牌号、力学性能及应用举例

牌号	力学性能(不小于)					应 用 举 例
	R_{eL}/MPa	R_m/MPa	A/%	Z/%	A_k/J	
08	195	325	33	60	—	低碳钢强度、硬度低，塑性、韧性高，冷塑性加工性和焊接性优良，可加工性欠佳，热处理强化效果不够显著。其中碳含量较低的钢(如 08、10)常轧制成薄钢板，广泛用于深冲压和深拉深制品；碳含量较高的钢(15 钢～25 钢)可用作渗碳钢，用于制造表硬心韧的中小尺寸的耐磨零件
15	225	375	27	55	—	
25	275	450	23	50	71	
45	355	600	16	40	39	中碳钢的综合力学性能较好，热塑性加工性和可加工性较佳，冷变形能力和焊接性中等。多在调质或正火状态下使用，还可用于表面淬火处理以提高零件的疲劳性能和表面耐磨性。其中 45 钢应用最广泛
50	375	630	14	40	31	
65	410	695	10	30	—	高碳钢具有较高的强度、硬度、耐磨性和良好的弹性，可加工性中等，焊接性能不佳，淬火开裂倾向较大。主要用于制造弹簧、轧辊和凸轮等耐磨件与钢丝绳等，其中 65 钢是一种常用的弹簧钢
80	930	1080	6	30	—	
15Mn	245	410	26	55	—	应用范围基本同相对应的普通锰含量钢，但因淬透性和强度较高，可用于制作截面尺寸较大或强度要求较高的零件，其中以 65Mn 最常用
35Mn	335	560	18	45	55	
65Mn	430	735	9	30	—	

注：表中 Z 为断面收缩率，A_k 为冲击吸收功。

优质碳素结构钢中的 08、10、15、20、25 等牌号属于低碳钢，塑性和韧性较好，并

且具有优良的冷成型性能和焊接性能，易于拉拔、冲压、挤压、锻造和焊接。其中，20钢用途最广，常用来制造螺钉、螺母、垫圈、小轴以及冲压件、焊接件，有时也用于制造渗碳件。

30、35、40、45、50、55、60等牌号属于中碳钢，因钢中珠光体含量较多，强度和硬度较高，淬火后的硬度可显著增加。其中以45钢最为典型，它的强度和塑性配合得比较好，综合性能比较优良，所以其在机械结构中用途最广，常用来制造轴、丝杠、齿轮、连杆、套筒、键、重要螺钉和螺母等。

65、70、75等钢属于高碳钢。它们经过淬火、回火后不仅强度、硬度提高，且弹性优良，常用来制造小弹簧、发条、钢丝绳、轧辊等零件。

三、碳素工具钢

碳素工具钢中碳的质量分数一般为0.65%～1.35%。根据钢中有害杂质硫、磷的含量，碳素工具钢分为普通碳素工具钢和优质碳素工具钢。

碳素工具钢牌号由"T+数字"组成，各部分表示的含义如图1-3-5所示。

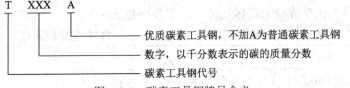

图1-3-5　碳素工具钢牌号含义

例如，T8A表示平均含碳量为0.8%的高级优质碳素工具钢。

碳素工具钢的牌号、化学成分和力学性能见表1-3-6。

表1-3-6　碳素工具钢的牌号、化学成分、力学性能和用途

牌号	化学成分/%			退火状态 HBS ≥	试样淬火硬度 ≥	用途举例
	C	Si	Mn			
T8 T8A	0.75～0.84	≤0.35	≤0.40	187	780～800℃ 水　62HRC	承受冲击、要求较高硬度的工具，如冲头、压缩空气工具、木工工具
T10 T10A	0.95～1.04	≤0.35	≤0.40	197	760～780℃ 水　62HRC	不受剧烈冲击、高硬度耐磨的工具，如车刀、刨刀、冲头、钻头、手锯条
T12 T12A	1.15～1.24	≤0.35	≤0.40	207	760～780℃ 水　62HRC	不受冲击、高硬度高耐磨的工具，如锉刀、刮刀、精车刀、丝锥、量具
T13 T13A	1.25～1.35	≤0.35	≤0.40	217	760～780℃ 水　62HRC	要求更耐磨的工具，如刮刀、剃刀

碳素工具钢的预备热处理一般为球化退火，其目的是降低硬度(<217HBW)，便于切削加工，并为淬火作组织准备。但若锻造组织不良(如出现网状碳化物缺陷)，则应在球化退火之前先进行正火处理，以消除网状碳化物。其最终热处理为淬火+低温回火(回火温度一般为180～200℃)，正常组织为隐晶回火马氏体+细粒状渗碳体及少量残留奥氏体。

碳素工具钢的优点是：成本低，冷热加工工艺性能好，在手用工具和机用低速切削工具上有较广泛的应用。但碳素工具钢的淬透性低，组织稳定性差且无热硬性，综合力学性

能(如耐磨性)欠佳，故一般只用作尺寸不大、形状简单、要求不高的低速切削工具。

四、铸钢

铸钢含碳量一般为 0.15%～0.60%，主要用于受冲击负荷作用的形状复杂件，如轧钢机机架，重载大型齿轮、飞轮等。这是因为对于许多形状复杂件，很难用锻压等方法成形，用铸铁又难以满足性能要求，这时常需选用铸钢件。铸钢件均需进行热处理。

铸钢的牌号组成及各部分所代表的意义如图 1-3-6 所示。

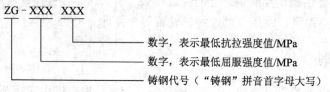

碳素铸钢

图 1-3-6　铸钢的牌号组成及含义

例如，ZG230—450 表示的是最低屈服强度为 230 MPa、最低抗拉强度值为 450 MPa 的铸钢。

铸钢的牌号、化学成分、机械性能及应用举例见表 1-3-7。

表 1-3-7　铸钢的牌号、化学成分、力学性能和用途

牌号	化学成分%				力学性能					用途举例
	C	Si	Mn	P、S	R_{eL}/MPa	R_m/MPa	A/%	Z/%	A_{KV}/J	
	不大于				不小于					
ZG200—400	0.2	0.5	0.8	0.04	200	400	25	40	30	良好的塑性、韧性和焊接性，用于受力不大的机械零件，如机座、变速箱壳等
ZG230—450	0.3	0.5	0.9	0.04	230	450	22	32	25	一定的强度和良好的塑性、韧性及焊接性。用于受力不大、韧性好的机械零件，如外壳、轴承盖等
ZG270—500	0.4	0.5	0.9	0.04	270	500	18	25	22	较高的强度和较好的塑性，铸造性良好，焊接性尚好，切削性好。用于轧钢机机架、箱体等
ZG310—570	0.5	0.6	0.9	0.04	310	570	15	21	15	强度和切削性良好，塑性、韧性较低。用于载荷较高的大齿轮、缸体等
ZG340—640	0.6	0.6	0.9	0.04	340	640	10	18	10	有高的强度和耐磨性，切削性好，焊接性较差，流动性好，裂纹敏感性较大。用作齿轮、棘轮等

注：表中 A_{KV} 为 V 型缺口冲击吸收功。

任务结论

任务 1 的结论如表 1-3-8 所示。

表 1-3-8　碳钢零件的材料牌号、类别及热处理

序号	零件名称	材料牌号	材料类别	热处理方式
1	焊接钢管	Q235	普通碳素结构钢	—
2	汽车覆盖件	10	优质碳素结构钢	—
3	农用车板簧	65	优质碳素结构钢	淬火+中温回火
4	变速箱传动轴	45	优质碳素结构钢	淬火+高温回火
5	手工锯条	T10A	碳素工具钢	正火+球化退火+淬火+低温回火
6	刮刀、锉刀	T12	碳素工具钢	正火+球化退火+淬火+低温回火
7	水压机工作缸	ZG270-500	铸钢	正火/退火

能力拓展

不锈钢同耐热钢、耐磨钢同属于特殊性能钢。特殊性能钢是指以某些特殊物理、化学或力学性能为主的钢种。

一、不锈钢

零件在各种腐蚀环境下造成的不同形态的表面腐蚀损害，是其失效的主要原因之一。为了提高工程材料在不同腐蚀条件下的耐蚀能力，开发了低合金耐蚀钢、不锈钢和耐蚀合金。不锈钢通常是不锈钢(耐大气、蒸汽和水等弱腐蚀介质腐蚀的钢)和耐酸钢(耐酸、碱、盐等强腐蚀介质腐蚀的钢)的统称，全称为不锈耐酸钢，广泛用于化工、石油、卫生、食品、建筑、航空、原子能等行业。

(一) 不锈钢的性能要求

(1) 优良的耐蚀性。耐蚀性是不锈钢的最重要性能。应指出的是，不锈钢的耐蚀性对介质具有选择性，即某种不锈钢在特定的介质中具有耐蚀性，而在另一种介质中则不一定耐蚀，故应根据零件的工作介质来选择不锈钢的类型。

(2) 合适的力学性能。

(3) 良好的工艺性能，如冷塑加工性、可加工性、焊接性等，

(二) 不锈钢的成分特点

1. 含碳量

不锈钢的碳含量很宽，$\omega_C = 0.03\% \sim 1.70\%$。从耐蚀性角度考虑，碳含量越低越好，因为碳易于与铬(Cr)生成碳化物(如 $Cr_{23}C_6$)，这样将降低基体的 Cr 含量进而降低了电极电位并增加微电池数量，从而降低了耐蚀性，故大多数不锈钢的 $\omega_C = 0.1\% \sim 0.2\%$；从力学性

能角度考虑，增加碳含量虽然损害了耐蚀性，但可提高钢的强度、硬度和耐磨性，可用于制造要求耐蚀的刀具、量具和滚动轴承。

2. 合金元素

不锈钢是高合金钢，合金元素的主要作用是提高钢基体电极电位，在基体表面形成钝化膜及影响基体组织类型等，这些是不锈钢具有高耐蚀性的根本原因。Cr 是不锈钢中最主要的元素，不锈钢的铬含量一般应超过 13%。

二、不锈钢的分类与常用牌号

不锈钢按其正火组织不同可分为马氏体型、铁素体型、奥氏体型、双相型及沉淀硬化型等五类，其中以奥氏体型不锈钢应用最广泛，它占不锈钢总产量的 70% 左右。

1. 马氏体不锈钢

马氏体不锈钢的碳含量范围较宽，$\omega_C = 0.1\% \sim 1.0\%$，铬含量 $\omega_{Cr} = 12\% \sim 18\%$。由于合金元素单一，故此类钢只在氧化性介质(如大气、海水、氧化性酸)中耐蚀，而在非氧化性介质(如盐酸、碱溶液等)中耐蚀性很低。钢的耐蚀性随铬含量的降低和碳含量的增加而受到损害，但钢的强度、硬度和耐磨性则随碳的增加而得以改善。实际应用时，应根据具体零件对耐蚀性和力学性能的不同要求，来选择不同 Cr、C 含量的不锈钢。

常见的马氏体不锈钢有低、中碳的 Cr13 型(如 12Cr13、20Cr13、30Cr13、40Cr13)和高碳的 Cr18 型(如 95Cr18、90Cr18MoV 等)。此类钢的淬透性良好，即空冷或油冷便可得到马氏体，锻造后须经退火处理来改善可加工性。工程上，一般将 12Cr13、20Cr13 调质处理，得到回火索氏体组织，作为结构钢使用(如汽轮机叶片、水压机阀等)，对 30Cr13、40Cr13 及 95Cr18 进行淬火+低温回火处理，获得回火马氏体组织，用以制造高硬度、高耐磨性和高耐蚀性结合的零件或工具(如医疗器械、量具、塑料模及滚动轴承等)。

马氏体不锈钢与其他类型不锈钢相比，具有价格最低，可热处理强化(即力学性较好)的优点，但其耐蚀性较低，塑性加工性和焊接性较差。

2. 铁素体不锈钢

铁素体不锈钢的碳含量较低($\omega_C < 0.15\%$)、铬量较高($\omega_{Cr} = 12\% \sim 30\%$)，故耐蚀性优于马氏体不锈钢。此外 Cr 是铁素体形成元素，致使此类钢从室温到高温(1000℃左右)均为单相铁素体，这一方面可进一步改善耐蚀性，另一方面说明它不可进行热处理强化，故强度与硬度低于马氏体不锈钢，而塑性加工性、切削加工性和焊接性较优。因此，铁素体不锈钢主要用于对力学性能要求不高，而对耐蚀性和抗氧化性有较高要求的零件，如耐硝酸、磷酸结构和抗氧化结构。

常见的铁素体不锈钢有 10Cr17、022Cr12、10Cr15 等。为了进一步提高其耐蚀性，也可加入钼(Mo)、钛(Ti)、铜(Cu)等其他合金元素(如 10Cr17Mo、06Cr11Ti)。铁素体不锈钢一般是在退火或正火状态使用，热处理或其他热加工如焊接与锻造过程中应注意的主要是其脆性问题。

3. 奥氏体不锈钢

奥氏体不锈钢原是在 Cr18—Ni8(简称 18—8)基础上发展起来的，具有低碳(绝大多数钢 $\omega_C < 0.12\%$)、高铬($\omega_{Cr} = 17\% \sim 25\%$)和较高镍($\omega_{Ni} = 8\% \sim 29\%$)的成分特点。此类钢具有

最佳的耐蚀性，但相应的价格也较高。镍(Ni)的存在使得钢在室温下为单相奥氏体组织，这不仅可进一步改善钢的耐蚀性，而且赋予了奥氏体不锈钢优良的低温韧性、高的加工硬化能力、耐热性和无磁性等特性，其冷塑性加工性和焊接性较好，但切削加工性稍差。

奥氏体不锈钢的品种很多，其中以 Cr18—Ni8 普通型奥氏体不锈钢用量最大，典型牌号有 12Cr18Ni9、06Cr19Ni10 等。加入 Mo、Cu、Si 等合金元素，可显著改善不锈钢在某些特殊腐蚀条件下的耐蚀性，如 06Cr17Ni12Mo2。奥氏体不锈钢的可加工性较差，为此还发展了改善可加工性的易切削不锈钢 Y12Cr18Ni9、Y12Cr18Ni9Se 等。

奥氏体不锈钢的主要缺点有：

(1) 强度低。奥氏体不锈钢退火组织为奥氏体＋碳化物(该组织不仅强度低，而且耐蚀性也有所下降)，其正常使用状态组织为单相奥氏体，即固溶处理(高温加热、快速冷却)组织，其强度很低(抗拉强度 $R_m \approx 600\,\mathrm{MPa}$)，限制了它作为结构材料使用。奥氏体不锈钢虽然不可热处理(淬火)强化，但因其具有强烈的加工硬化能力，故可通过冷变形方法使之显著强化(R_m升至 1200～1400 MPa)，随后必须进行去应力退火(300～350℃)，以防止应力腐蚀现象。

(2) 晶间腐蚀倾向大。奥氏体不锈钢的晶间腐蚀是指在 450～850℃ 范围内加热时，由于在晶界上析出了 $Cr_{23}C_6$ 碳化物，造成了晶界附近贫铬，当受到腐性介质作用时，便沿晶界贫铬区产生腐蚀现象。此时若稍许受力，就会导致突然的脆性断裂，危害极大。

4. 双相不锈钢

双相不锈钢主要指奥氏体—铁素体双相不锈钢。它是在 Cr18—Ni8 的基础上调整 Cr、Ni 含量，并加入适量的 Mn、Mo、W(钨)、Cu、N 等合金元素，通过合适的热处理而形成奥氏体—铁素体双相组织。双相不锈钢兼有奥氏体不锈钢和铁素体不锈钢的优点，如良好的韧性、焊接性，较高的屈服强度和优良的耐蚀性，使其成为近年来发展很快的钢种。常用典型双相不锈钢有 2Cr21Ni5Ti 等。

5. 沉淀硬化不锈钢

前述马氏体不锈钢虽然有较高的强度，但低碳型(12Cr13、20Cr13) 的强度仍不够高，而中、高碳型(30Cr13、 40Cr13、95Cr18) 的韧性又太低；奥氏体不锈钢虽可通过冷变形予以强化，但对尺寸较大、形状复杂的零件，冷变形强化的难度较大，效果欠佳。为了解决以上问题，在各类不锈钢中单独或复合加入硬化元素(如 Ti、Al、Mo、Nb、Cu 等)，并通过适当的热处理(固溶处理后时效处理) 而获得高的强度、韧性，并具有较好的耐蚀性，这就是沉淀硬化不锈钢，包括马氏体沉淀硬化不锈钢(由 Cr13 型不锈钢发展而来，如04Cr13Ni8Mo2Al)、马氏体时效不锈钢、奥氏体—马氏体沉淀硬化不锈钢(由 18—8 型不锈钢发展而来，如 07Cr17Ni7Al)。

任务 2 合金材料的工程应用

任务要求

确定表 1-3-1 所示任务 2 中各零件的材料牌号、材料类别及热处理方式。

所谓的合金钢，就是为了改善钢的性能，特意地加入一些合金元素的钢。由于碳钢存在淬透性低、回火抗力差及不能满足某些特殊性能要求的缺点，因此，在很多情况下需要采用合金钢。在合金钢中，经常加入的元素有铝、铜、锰、硅、铬、钼、钨、镍、钛、铌及稀土元素等。这些元素可以提高钢的力学性能及淬透性，改善钢的工艺性能。

一、合金结构钢

合金结构钢是在碳素结构钢的基础上加入一种或几种合金元素，以满足各种使用性能要求的结构钢，它是应用最广、用量最大的金属材料。

合金结构钢的牌号用"数字＋元素化学符号＋数字＋……"表示，牌号的前两位数字表示钢中平均含碳量的万分之几，化学元素符号表示钢中所含的合金元素，化学元素符号后面的数字则表示该合金元素的含量，一般以百分之几表示。含量小于或等于 1.5%，一般不标明含量，若为高级优质钢，则在牌号后面加"A"；当其平均质量分数为 1.5%～2.49%、2.5%～3.49% 时，分别标 2、3。如 55Si2Mn 钢，其含碳量为 0.55%，Si 含量为 1.5%～2.5%，Mn 含量小于或等于 1.5%。

合金结构钢按用途和热处理特点，可分为低合金高强度结构钢、渗碳钢、调质钢、弹簧钢和滚动轴承钢等。

(一) 低合金高强度结构钢

1. 成分特点

低合金高强度结构钢 $\omega_C \leqslant 0.2\%$，合金元素总量在 3% 以下，以 Mn 为主加元素，并含有少量的 V、Nb、Ti、Cu 等合金元素。加入 Mn、Si 等元素强化铁素体；加入少量的 V、Nb、Ti 等合金元素形成碳化物、氮化物，可起弥散强化并细晶强化的作用，提高钢的韧性；加入少量的 Cu、P 提高钢的耐蚀性。

合金结构钢
(低合金高强度
结构钢)

2. 性能特点

(1) 较高的强度、屈强比、塑性、韧性；

(2) 良好的焊接性和冷塑性加工性(低碳)；

(3) 含有耐大气和海水腐蚀的元素(Cu、P)。

3. 热处理特点

这类钢大多在热轧空冷状态下使用，考虑到零件加工特点，有时也可在正火、正火＋高温回火或冷塑性变形状态下使用。

4. 典型钢号

与普通碳素结构钢 Q235 相比，Q345 和 Q420 的屈服强度分别提高到 345 MPa 和 420 MPa。例如，武汉长江大桥采用 Q235 制造，其主跨跨度为 128 m；南京长江大桥采用 Q345 制造，其主跨跨度增加到 160 m；而九江长江大桥采用 Q420 制造，其主跨跨度提高到 216 m。

低合金高强度结构钢的牌号、力学性能及主要用途见表 1-3-9。

表 1-3-9　低合金高强度结构钢的牌号、力学性能及主要用途

牌号	力学性能(不小于)				主要用途
	R_{eL}/MPa	R_m/MPa	A/%	A_k/J	
Q345(A~E)	345	470~630	≥20	≥27	桥梁、车辆、压力容器、化工容器、船舶建筑结构
Q390(A~E)	390	490~650	≥20	≥34	桥梁、船舶、压力容器、电站设备、起重设备、管道
Q420(A~E)	420	520~680	≥19	≥34	大型桥梁、高压容器、大型船舶
Q460(A~E)	460	550~720	≥17	≥34	大型重要桥梁、大型船舶

(二) 渗碳钢

渗碳钢是指经渗碳(或碳氮共渗)淬火、低温回火后使用的钢，一般为低碳碳素结构钢(如 15 钢、20 钢)和低碳合金结构钢(如 20CrMnTi)。主要用于制造要求高耐磨性、承受高接触应力和冲击载荷的重要零件。

合金结构钢
(渗碳钢、渗氮钢)

1. 成分特点

渗碳钢的成分特点为：

(1) 低碳。一般 $\omega_C = 0.1\% \sim 0.25\%$，以保证零件心部有足够的塑性和韧性，抵抗冲击载荷。

(2) 合金元素。主加合金元素为 Cr、Mn、Ni、B(硼)等，以提高渗碳钢的淬透性，保证零件的心部为低碳马氏体，从而具有足够的心部强度；辅加合金元素为微量的 Mo、W、V、Ti 等强碳化物形成元素，以形成稳定的特殊合金碳化物，阻止渗碳时奥氏体晶粒长大。

2. 性能要求

渗碳钢的性能要求有：

(1) 表层高硬度(≥58HRC)和高耐磨性。

(2) 心部良好强韧性。

(3) 优良的热处理工艺性能。如较好的淬透性以保证渗碳件的心部性能，在高的渗碳温度(一般为 930℃)和长的渗碳时间下，奥氏体晶粒长大倾向小，以便于渗碳后直接淬火。

3. 热处理特点

渗碳钢的热处理是渗碳后直接淬火+低温回火，但对渗碳时晶粒长大倾向大的钢种(如 20 钢、25MnB 等)或渗碳性能要求较高的零件，也可采用渗碳缓冷后重新加热淬火工艺，但此举生产周期加长，成本增高。渗碳件热处理后其表层组织为细针状回火高碳马氏体+粒状碳化物+少量残留奥氏体，硬度一般为(58~64)HRC；心部组织依据钢的淬透性不同为铁素体+珠光体，或回火低碳马氏体+铁素体，硬度为(35~45)HRC。由于渗碳工艺的温度高、时间长，故渗碳件的变形较大，零件尺寸精度要求高时应进行磨削精加工。

4. 常用渗碳钢

渗碳钢按其淬透性(或强度等级)不同，可分为三大类：

(1) 低淬透性渗碳钢：即低强度渗碳钢(抗拉强度 $R_m <$ 800 MPa)，这类钢的水淬临界直径一般不超过 20~35 mm，典型钢种有 20 钢、20Cr、20Mn2、20MnV 等，只适合于制造对心部性能要求不高的、承受轻载的小尺寸耐磨件，如小齿轮、活塞销、链条等。

(2) 中淬透性渗碳钢：即中强度渗碳钢(抗拉强度 $R_m =$ 800~1200 MPa)，这类钢的油淬临界直径为 25~60 mm，典型钢种为 20CrMnTi、20CrMnMo 等。由于淬透性较高，力学性能和工艺性能良好，故而大量用于制造承受高速中载、冲击和剧烈摩擦条件下工作的零件，如汽车与拖拉机变速齿轮、离合器轴等。

(3) 高淬透性渗碳钢：即高强度渗碳钢(抗拉强度 $R_m >$ 1200 MPa)，这类钢的油淬临界直径在 100 mm 以上，典型钢种 18Cr2Ni4WA，主要用于制造大截面的、承受高载及要求高耐磨性与良好韧性的重要零件，如飞机、坦克的曲轴与齿轮。

(三) 渗氮钢

1. 渗氮钢的性能特点

与渗碳钢相比，渗碳钢的特点有：

(1) 极高的表面硬度与耐磨性，咬合与擦伤倾向小；

(2) 疲劳性能大幅提高，零件缺口敏感性大大降低；

(3) 有一定的耐热性(在低于渗氮温度下可保持较高的硬度和一定的耐蚀性)；

(4) 由于处理温度较低(470~570℃)，故热处理变形小，适合尺寸精度要求较高的零件，如机床丝杠、镗杆等。

2. 常用渗氮钢简介

试验研究与生产实践表明，通过渗氮处理来改善性能的钢种与零件很多(包括某些铸铁)：从碳钢到合金钢，从低碳钢到高碳钢，从结构钢到工具钢甚至特殊性能钢均可。但渗氮性能和质量优良的专用渗氮钢多为碳含量偏下限的中碳铬钢，典型的有 38CrMoAlA，表1-3-10 列举了几种主要的渗氮钢牌号与化学成分。

表 1-3-10　渗氮钢牌号与化学成分

牌号	化学成分 ω/%					
	C	Mn	Si	Cr	Mn	Al
38CrMoAlA	0.35~0.42	0.30~0.60	0.20~0.45	1.35~1.65	0.15~0.25	0.70~1.10
35CrMo	0.32~0.40	0.40~0.70	0.17~0.37	0.80~1.10	0.15~0.25	—
40CrV	0.37~0.44	0.50~0.80	0.17~0.37	0.80~1.10	—	—

(四) 表面淬火钢

传统上表面淬火钢采用的是中碳碳素结构钢(如 45 钢)和中碳合金结构钢(如 40Cr)等调质钢，其含碳量大多在 0.40%~0.50%，这对圆柱形或形状简单的零件可获得较均匀的表面硬化层。但对形状较复杂的零件(如齿轮)采用一般的调质钢表面淬火，其表面硬化层很难沿零件轮廓均匀分布；中小模数齿轮的整个心部硬度往往超过 50HRC，承受冲击载荷时轮齿常常脆性折断。为保证心部韧性，必须降低表面淬火钢的淬透性，为此研制的钢即为低淬透性钢。

低淬透性钢(如 55Tid)的成分特点是：降低钢中对淬透性有提高作用的常存杂质元素 Si、Mn 和残余元素 Cr、Ni 等含量，并适当加入强碳化物形成元素 Ti(ω_{Ti}=0.1%～0.3%)进一步降低淬透性并保证晶粒细小。用低淬透性钢表面淬火代替渗碳钢渗碳淬火，工艺过程简单，零件生产成本下降，且零件使用性能与寿命甚至有可能提高，在变速箱二、三速齿轮上已有成功的应用。

(五) 调质钢

经调质处理(淬火＋高温回火)得到回火索氏体组织，从而具有优良的综合力学性能(即强度和韧性的良好配合)的中碳钢(碳钢与合金钢)，即为调质钢，它主要用于制造受力复杂(交变应力、冲击载荷等)的重要零件，如发动机连杆、曲轴、机床主轴等。此类钢是机械制造用钢的主体。

1. 成分特点

调质钢的含碳量在 0.25%～0.5%中碳范围内，多为 0.4%左右，以保证调质处理后优良的强度和韧性的配合。

合金元素主要包括：

合金结构钢
(调质钢)

(1) 主加元素 Mn、Si、Cr、Ni、B 等，其主要作用是提高调质钢的淬透性，如 40 钢的水淬临界直径仅为 10～15 mm，而 40CrNiMo 钢的油淬临界直径便已超过了 70 mm；次要作用是溶入固溶体(铁素体)起固溶强化作用。

(2) 辅加元素为 Mo、W、V 等强碳化物形成元素，其中 Mo、W 的主要作用是抑制含 Cr、Ni、Mn、Si 等合金调质钢的第二类回火脆性；次要作用是进一步改善了淬透性。V 的主要作用是形成碳化物，阻碍奥氏体晶粒长大，起细晶强韧化和弥散强化作用。几乎所有的合金元素均提高了调质钢的耐回火性。

2. 热处理特点

调质钢预备热处理的主要目的是保证零件的可加工性，依据其碳含量和合金元素的种类、数量不同，可进行正火处理(碳及合金元素含量较低，如 40 钢)、退火处理(碳及合金元素含量较高，如 42CrMo)，甚至正火＋高温回火处理(淬透性高的调质钢，如 40CrNiMo)。

最终热处理即淬火＋高温回火，淬火冷却介质和淬火方法根据钢的淬透性和零件的形状尺寸选择确定。回火温度的选择取决于调质零件的硬度要求，由于零件硬度可间接反映强度与韧性，故技术文件上一般仅规定硬度数值，只有很重要的零件才规定其他力学性能指标；调质硬度的确定应考虑零件的工作条件、制造工艺要求、生产批量特点及形状尺寸等因素。当调质零件还有高耐磨性要求并希望进一步提高疲劳性能时，可在调质处理后进行渗氮处理、表面淬火强化和表面形变强化(如曲轴轴颈的滚压强化)。

3. 常用调质钢

GB/T 699—2015、GB/T 3077—2015 和 GB/T 5216—2014 中所列的中碳钢均可作为调质钢使用。表 1-3-11 为部分常用调质钢的牌号、热处理、力学性能和用途(成分见相应国家标准)。

表 1-3-11 常用调质钢的牌号、热处理、力学性能和用途

种类	牌号	热处理		力学性能(不小于)					用途举例
		淬火温度/℃	回火温度/℃	R_{eL} /MPa	R_m /MPa	A/%	Z/%	A_k /J	
低淬透性调质钢	45	840 水	600 空	355	600	16	40	39	形状简单、尺寸较小、中等韧性零件,如主轴、曲轴、齿轮
	40Mn	840 水	600 水、油	355	590	15	45	47	比 45 钢强韧性要求稍高的调质件
	40Cr	850 油	520 水、油	785	980	9	45	47	重要调质件,如轴类、连杆螺栓、齿轮
中淬透性调质钢	40CrNi	820 油	520 水、油	785	980	10	45	55	做较大截面和重要的曲轴、主轴、连杆
	40CrMn	840 油	550 水、油	835	980	9	45	47	代替 40CrNi 做冲击载荷不大的零件
	35CrMn	850 油	550 水、油	835	980	12	45	63	代替 40CrNi 做大截面的重要零件
高淬透性调质钢	37CrNi3	820 油	550 水、油	980	1130	10	50	47	高强韧性的大型重要零件
	40CrNiMoA	850 油	600 水、油	835	980	12	55	78	高强韧性的大型重要零件,如飞机起落架、航空发动机轴
	40CrMnMo	850 油	600 水、油	785	980	10	45	63	部分替代 40CrNiMoA

(六) 弹簧钢

弹簧钢是专门用来制造各种弹簧和弹性元件或类似性能要求的结构零件的主要材料。在各种机械系统中,弹簧的主要作用是通过弹性变形储存能量(即弹性变形功),从而传递力(或能)和机械运动,或缓和机械的振动与冲击,如汽车、火车上的各种板弹簧和螺旋弹簧,仪表弹簧等,通常是在长期的交变应力下承受拉压、扭转、弯曲和冲击等条件下工作。

1. 成分特点

一般地,碳素弹簧钢含碳量为 0.6%~0.9%,合金弹簧钢含碳量为 0.45%~0.70%,经淬火+中温回火后得到回火托氏体组织,能较好地保证弹簧的性能要求。近年来,又开发应用了综合性能优良的低碳马氏体弹簧钢,在淬火低温回火的板条马氏体组织下使用。

普通用途的合金弹簧钢一般是低合金钢。主加元素为 Si、Mn、Cr 等,其主要作用是提高淬透性,固溶强化基体并提高耐回火性;辅加元素为 Mo、W、V 等强碳化物形成元素,主要作用有防止 Si 引起的脱碳缺陷、Mn 引起的过热缺陷,并提高耐回火性及耐热性等。特殊用途的弹簧因耐高低温、耐蚀、抗磁等方面的特殊性能要求,必须选用特殊弹性材料,包括高合金钢和弹性合金。高合金弹簧钢包括不锈钢、耐热钢、高速工具钢等,其

中不锈钢应用最多、最广。

2. 性能特点

弹簧钢具有以下性能特点:

合金结构钢
(弹簧钢、轴承钢)

(1) 高的弹性极限和屈强比。可保证优良的弹性性能,即吸收大量的弹性能而不产生塑性变形。

(2) 高的疲劳极限。疲劳是弹簧的最主要破坏形式之一,疲劳性能除与钢的成分结构有关以外,还主要受到钢的冶金质量(如非金属夹杂物)和弹簧表面质量(如脱碳)的影响。

(3) 足够的塑性和韧性以防止冲击断裂。

(4) 其他性能。如良好的热处理和塑性加工性能,特殊条件下工作的耐热、耐蚀性等。

3. 常用弹簧钢

我国常用主要弹簧钢的牌号、性能特点和主要用途,其化学成分、热处理工艺和力学性能可参照有关国家标准(见 GB/T 1222—2016)。

(1) 碳素弹簧钢(即非合金弹簧钢)。其价格便宜但淬透性较差,适合于截面尺寸较小的非重要弹簧,其中以 65 钢、65Mn 钢最常用。

(2) 合金弹簧钢。根据主加合金元素种类不同可分为两大类:Si-Mn 系(即非 Cr 系)弹簧钢和 Cr 系弹簧钢。前者淬透性较碳钢高,价格不很昂贵,故应用最广,主要用于截面尺寸不大于 25 mm(直径)的各类弹簧,60Si2Mn 是其典型代表。后者的淬透性较好,综合力学性能高,弹簧表面不易脱碳,但价格相对较高,一般用于截面尺寸较大的重要弹簧,50CrVA 是其典型代表。

4. 热处理特点

弹簧钢的热处理取决于弹簧的加工成形方法,一般可分为热成形弹簧和冷成形弹簧两大类。

(1) 热成形弹簧。截面尺寸大于 10 mm 的各种大型和形状复杂的弹簧均采用热成形(如热轧、热卷),如汽车、拖拉机、火车的板簧和螺旋弹簧。其简明加工路线为:扁钢或圆钢下料→加热压弯或卷绕→淬火+中温回火→表面喷丸处理,使用状态组织为回火托氏体。喷丸可强化表面并提高弹簧表面质量,显著改善疲劳性能。近年来,热成形弹簧也可采用等温淬火获得下贝氏体,或形变热处理,对提高弹簧的性能和寿命也有较明显的作用。

(2) 冷成形弹簧。截面尺寸小于 10 mm 的各种小型弹簧可采用冷成形(如冷卷、冷轧),如仪表中的螺旋弹簧、发条及弹簧片等。这类弹簧在成形前先进行冷拉(冷轧)、淬火+中温回火或铅浴等温淬火后冷拉(轧)强化;然后再进行冷成形加工,此过程中将进一步强化金属,但也产生了较大的内应力和脆性,故在其后应进行低温去应力退火(一般为 200～400℃)。

(七) 轴承钢

轴承钢是用于制造各种(滚动)轴承的滚动体(滚珠、滚柱)和内外套圈的专用钢种,也可用于制作精密量具、冷冲模、机床丝杠及油泵油嘴的精密偶件如针阀体、柱塞等耐磨件。

由于滚动轴承要承受高达 3000～5000 MPa 的交变接触应力和极大的摩擦力,还将受到大气、水及润滑剂的侵蚀,其主要损坏形式有接触疲劳(麻点剥落)、磨损和腐蚀等。故对轴承钢提出的主要性能要求有:① 高的接触疲劳极限和弹性极限;② 高的硬度和耐磨性：③ 适当的韧性和耐蚀性。

1. 成分特点

传统的轴承钢是一种高碳低铬钢，它是轴承钢的主要材料，其成分特点如下：

(1) 高碳。一般含碳量为 0.75%～1.05%，用以保证轴承钢的高硬度和高耐磨性。

(2) 一般是低合金钢。其基本元素是铬，且含铬量为 1.30%～1.95%，它的主要作用是增加钢的淬透性，并形成合金渗碳体$(Fe、Cr)_3C$ 以提高接触疲劳极限和耐磨性。为了制造大型轴承，还需加入 Si、Mn、Mo 等元素以进一步提高淬透性和强度；对无铬轴承钢还应加入 V 元素，形成 VC 以保证耐磨性并细化钢基体晶粒。

(3) 高纯度、高均匀性。统计表明，因原材料质量问题而引起的轴承失效高达 65%，故轴承钢的杂质含量规定很低$(\omega_S < 0.020\%、\omega_P < 0.025\%)$，夹杂物级别应低，成分和组织均匀性(尤其是碳化物均匀性)应高，这样才能保证轴承钢的高接触疲劳极限和足够的韧性。

除传统的铬轴承钢外，生产中还发展了一些特殊用途的轴承钢，如为节省铬资源的无铬轴承钢、抗冲击载荷的渗碳轴承钢、耐蚀用途的不锈轴承钢、耐高温用途的高温轴承钢。

2. 热处理特点

高碳铬轴承钢(如 GCr15)是最常用的轴承钢，其主要热处理如下：

(1) 预备热处理：球化退火，目的是改善可加工性并为淬火做组织准备；

(2) 最终热处理：淬火＋低温回火，它是决定轴承钢性能的关键，目的是得到高硬度((62～66)HRC)和高耐磨性。为了较彻底地消除残留奥氏体与内应力，稳定组织，提高轴承的尺寸精度，还可在淬火后进行一次冷处理(-80～-60℃)，在磨削加工后进行低温时效处理等。

(八) 超高强度钢

超高强度钢是一种较新发展的结构材料。随着航天航空技术的飞速发展，对结构轻量化的要求越加突出，这意味着材料应有高的比强度和比刚度。超高强度钢就是在合金结构钢的基础上，通过严格控制冶金质量、成分和热处理工艺而发展起来的，以强度为首要要求辅以适当韧性的钢种。工程上一般将下屈服强度 R_{eL} 超过 1380 MPa 或抗拉强度 R_m 超过 1500 MPa 的钢称为超高强度钢，主要用于制造飞机起落架，机翼大梁，火箭及发动机壳体，武器的炮筒、枪筒、防弹板等。

1. 性能要求

(1) 很高的强度和比强度(其比强度与铝合金接近)。为了保证极高的强度要求，这类钢材充分利用了马氏体强化、细晶强化、化合物弥散强化与固溶强化等多种机制的复合强化作用。

(2) 足够的韧性。评价超高强度钢韧性的合适指标是断裂韧度，而改善韧性的关键是提高钢的纯净度(降低 S、P 杂质含量和非金属夹杂物含量)，细化晶粒(如采用形变热处理工艺)，并减少对碳的固溶强化的依赖程度(故超高强度钢一般是中低碳，甚至是超低碳钢)。

2. 常用牌号及热处理

按化学成分和强韧化机理不同，超高强度钢可分为低合金超高强度钢、二次硬化型超高强度钢、马氏体时效钢和超高强度不锈钢等四类。表 1-3-12 列举了部分常用超高强度钢的牌号、热处理工艺与力学性能(具体成分见相应国家标准)。

(1) 低合金超高强度钢。此类钢是在合金调质钢基础上发展起来的,其碳含量为0.30%~0.45%,合金元素总含量 $\omega_M < 5\%$,常加入 Ni、Cr、Si、Mn、Mo、V 等元素,其主要作用是提高淬透性、耐回火性和固溶强化。常经淬火(或等温淬火)、低温回火处理后,在回火马氏体(或下贝氏体+回火马氏体)组织状态使用。此类钢的生产成本较低,用途广泛,可制作飞机结构件、固体火箭发动机壳体、炮筒、高压气瓶和高强度螺栓。典型钢种为 30CrMnSiNi2A、40CrNi2MoA。

(2) 二次硬化型超高强度钢。此类钢是通过淬火、高温回火处理后,析出特殊合金碳化物而达到弥散强化(即二次硬化)的超高强度钢。主要包括两类: Cr-Mo-V 型中碳中合金马氏体热作模具钢(4Cr5MoSiV、5Cr5MoSiV1,相当于美国牌号 H11、H13 钢)和高韧性Ni-Co 型低碳高合金超高强度钢(如 20Ni9Co4Mo1V 钢)。由于是在高温回火状态下使用,故此类钢还具有良好的耐热性。

(3) 马氏体时效钢。此类钢是超低碳高合金(Ni、Co、Mo)超高强度钢,具有极佳的强韧性。先通过高温固溶处理(820℃左右)得到高合金的超低碳单相板条马氏体,再进行时效处理(480℃左右),析出金属间化合物(如 Ni,Mo)起弥散强化作用。这类钢不仅力学性能优良,而且工艺性能良好,但价格昂贵,主要用于固体火箭发动机壳体、高压气瓶等。

(4) 超高强度不锈钢。在不锈钢基础上发展起来的超高强度不锈钢,具有较高的强度和耐蚀性。依据其组织和强化机制不同,也可分为马氏体沉淀硬化不锈钢、半奥氏体沉淀硬化不锈钢和马氏体时效不锈钢等。由于其 C、Ni 合金元素含量较高,故价格也很昂贵,通常用于对强度和耐蚀性都有很高要求的零件。

表 1-3-12　部分常用超高强度钢的牌号、热处理工艺与力学性能

种　类	牌　号	热处理	力学性能(不小于)				
			$R_{p0.2}$ /MPa	R_m /MPa	$A\%$	$Z/\%$	K_{1C} /(MPa·m$^{1/2}$)
低合金 超高强度钢	40CrNi2MoA	840℃油淬 200℃回火	1605	1960	12	39.5	67.7
二次硬化型 超高强度钢	4Cr5MoSiV	850℃油淬 550℃回火	1570	1960	12	42	37
马氏体时效钢	00Ni18Co9Mo5TiAl	815℃固溶空冷 480℃时效	1400	1500	15	68	80~180
超高强度不锈钢	05Cr17Ni4Cu4Nb	1040℃水冷 480℃时效	1275	1375	14	50	—

注: 表中 K_{1C} 表示材料的断裂韧度。

二、合金工具钢

(一) 低合金刃具钢

为了弥补碳素工具钢的性能不足,在其基础上添加各种合金元素,如 Si、Mn、Cr、W、Mo、V 等,并对其碳含量做了适当调整,以提高工具钢的综合性能,这就是

合金刃具钢

合金工具钢。低合金刃具钢的合金元素总含量一般为 $\omega_M < 5\%$，其主要作用是提高钢的淬透性和耐回火性，进一步改善刀具的硬度和耐磨性。强碳化物形成元素(如 W、V 等)所形成的碳化物除对耐磨性有提高作用外，还可细化基体晶粒，改善刀具的强韧性。适用于刃具的高碳低合金工具钢种类很多，根据国家标准 GB/T 1299—2014，表 1-3-13 列出了部分常用低合金工具钢的牌号、热处理工艺、性能特点和用途举例。其中最典型的钢号有 9SiCr、CrWMn 等。

表 1-3-13　常用低合金工具钢的牌号、热处理工艺、性能特点和用途举例

牌号	热处理		退火状态硬度(HBW)	性能特点	用途举例
	淬火温度/℃	硬度不小于(HRC)			
Cr06	780～810 水	64	241～187	低合金铬工具钢，其差别在于 Cr、C 含量，Cr06 中 C 含量最高，Cr 含量最低，硬度、耐磨性高但较脆；9Cr2 中 C 含量较低，韧性好	Cr06 可用作锉刀、刮刀、刻刀、剃刀；9Cr2 除用作刀具外，还可用作量具、模具、轧辊等
9Cr2	820～850 油	62	217～179		
9SiCr	820～860 油	62	241～197	应用最广泛的低合金工具钢，其淬透性较高，耐回火性较好；8MnSi 可节省 Cr 资源	常用于制造形状复杂、切削速度不高的刀具，如板牙、梳刀、搓丝板、钻头及冷作模具
8MnSi	800～820 油	60	≤229		
CrWMn	800～830 油	62	255～207	淬透性高，变形小，尺寸稳定性好，是微变形钢。缺点是易形成网状碳化物	可用作尺寸精度要求较高的成形刀具，但主要适用于量具和冷作模具
9CrWMn	800～830 油	62	241～197		

低合金刃具钢的热处理特点基本上同碳素工具钢，只是由于合金元素的影响，其工艺参数(如加热温度、保温时间、冷却方式等)有所变化。低合金刃具钢的淬透性和综合力学性能优于碳素工具钢，故可用于制造尺寸较大，形状较复杂，受力要求较高的各种刀具。但由于其内的合金元素主要是淬透性元素，而不是强碳化物形成元素(W、Mo、V 等)，故仍不具备热硬性特点，刀具刃部的工作温度一般不超过 250℃，否则硬度和耐磨性迅速下降，甚至丧失切削能力，因此这类钢仍然属于低速切削刃具钢。

(二) 高速刃具钢

为了适应高速切削而发展起来的具有优良热硬性的工具钢就是高速刃具钢，它是金属切削刀具的主要材料，也可用作模具材料。

1. 成分特点

高速刃具钢的碳含量为 0.73%～1.6%，其主要作用是强化基体并形成各种碳化物来保证钢的硬度、耐磨性和热硬性。铬的含量大多为 4.0% 左右，其主要作用是提高淬透性(故称为淬透性元素)和耐回火性，增加钢的抗氧化、耐蚀性和耐磨性，并有微弱的二次硬化作用。钨、钼的作用主要是产生二次硬化而保证钢的热硬性(故称为热硬性元素)，此外也有提高淬透性和热稳定性，进一步改善钢的硬度和耐磨性的作用。由于 W 量过多会使钢的

脆性加大，故采用 Mo 来部分代替 W(一般 $1\%\omega_W \approx 1.6\%\sim2.0\%\omega_{mo}$)可改善钢的韧性，因此钨钼系高速刃具钢(W6Mo5Cr4V2)现已成为主要的常用高速刃具钢。钒的作用是形成细小稳定的 VC 来细化晶粒，同时也有加强热硬性，进一步提高硬度和耐磨性的作用。钴、铝是超硬高速刃具钢中的非碳化物形成元素，能进一步提高钢的热硬性和耐磨性，降低韧性。

2. 性能特点

高速刃具钢与其他工具钢相比，其最突出的性能特点是高的热硬性，它可使刀具在高速切削时，刃部温度上升到 600℃，其硬度仍然维持在(55～60)HRC。高速刃具钢还具有高硬度和高耐磨性，从而使切削时刀刃保持锋利(故也称为"锋钢")。高速刃具钢的淬透性优良，甚至在空气中冷却也可得到马氏体(故又称为"风钢")。因此，高速刃具钢广泛应用于制造尺寸大，形状复杂，负荷重，工作温度高的各种高速切削刀具。

3. 常用高速刃具钢

习惯上将高速刃具钢分为两大类：一类是通用型高速刃具钢(又称为普通高速刃具钢)，它以钨系 W18Cr4V(简称 TI，常以 18-4-1 表示)和钨钼系 W6Mo5Cr4V2(简称 M2，常以 6-5-4-2 表示)为代表，还包括成分稍做调整的高钒型 W6Mo5Cr4V3(6-5-4-3)和 W9Mo3Cr4V，目前 W6Mo5Cr4V2 应用最广泛，而 W18Cr4V 将逐步淘汰；另一类是高性能高速刃具钢，其中包括高碳高钒型(CW6MoSCr4V3)、超硬型(如含 Co 的 W6Mo5C4V2Co5、含 Al 的 W6Mo5Cr4V2Al)。

4. 加工及热处理

高速刃具钢的成分复杂，因此其加工及热处理工艺也相当复杂，与碳素工具钢和低合金工具钢相比，有较明显的不同。

(1) 锻造。由于高速刃具钢属于莱氏体钢，故铸态组织中有大量的不均匀分布的粗大共晶碳化物，其形状呈鱼骨状，难以通过热处理来改善，将显著降低钢的强度和韧性，引起工具的崩刃和脆断，故要求进行严格的锻造以改善碳化物的形态与分布。

(2) 普通热处理。锻造之后高速刃具钢的预备热处理为球化退火，其目的是降低硬度((207～255)HBW)，便于切削加工并为淬火做组织准备，组织为索氏体+细粒状碳化物，为节省工艺时间可采用等温退火工艺。高速刃具钢的最终热处理为淬火+高温回火。

(3) 表面强化处理。表面强化处理可有效地提高高速刃具钢刀具(包括模具)的切削效率和寿命，因而受到了普遍重视和广泛的应用。可进行的表面强化处理方法很多，常见的有表面化学热处理(如渗氮)、表面气相沉积(如物理气相沉积 TiN 涂层)和激光表面处理等。

(三) 冷作模具钢

模具是用于进行压力加工的工具，根据其工作条件及用途不同，常分为冷作模具、热作模具和成形模具(其中主要是塑料模)等三大类。模具品种繁多，性能要求也多种多样，可用于模具的钢种也很多，如碳素工具钢、(低)合金工具钢、高速工具钢、轴承钢、不锈钢和某些结构钢等。我国模具钢已基本形成系列。

合金模具钢

1. 工作特点及性能要求

冷作模具钢是指在常温下使金属材料变形成形的模具用钢，使用时其工作温度一般不超过 200～300℃。由于在冷态下被加工材料的变形抗力较大且存在加工硬化效应，故模具的工作部分承受很大的载荷及摩擦、冲击作用；模具类型不同，其工作条件也有差异。为使冷作模具耐磨损，不易开裂和变形，冷作模具钢应具有高硬度、高耐磨性、高强度和足够的韧性，这是与刃具钢相同之处；考虑到冷作模具与刃具在工作条件和形状尺寸上的差异，冷作模具对淬透性、耐磨性尤其是韧性方面的要求应高一些，而对热硬性的要求较低或基本上没有要求。据此，冷作模具钢应是高碳成分并多在回火马氏体状态下使用；鉴于下贝氏体的优良强韧性，冷作模具钢通过等温淬火以获得下贝氏体为主的组织，在防止模具崩刃、折断等脆性断裂失效方面的应用越来越受重视。

2. 分类及牌号

通常按化学成分将冷作模具钢分为碳素工具钢、低合金工具钢、高铬和中铬冷作模具钢及高速工具钢类冷作模具钢等。

(1) 碳素工具钢。一般选用高级优质钢如 TI0A，以改善模具的韧性。根据模具的种类和具体工作条件不同，对耐磨性要求较高，不受或受冲击较小的模具可选用 TI3A、T12A；对受冲击要求较高的模具则应选择 T7A、T8A；而对耐磨性和韧性均有一定要求的模具(如冷镦模)可选择 T10A。这类钢的主要优点是加工性能好，成本低，突出缺点是淬透性低、耐磨性欠佳，淬火变形大，使用寿命低，故一般只适合制造尺寸小、形状简单、精度低的轻负荷模具。其热处理特点同碳素刃具钢。

(2) 低合金工具钢。国家标准 GB/T 1299—2014 所列的低合金工具钢均可制造冷作模具，其中应用较广泛的钢号有 9Mn2V、9SiCr、CrWMn。与碳素工具钢相比，低合金工具钢具有较高的淬透性、较好的耐磨性和较小的淬火变形，因其耐回火性较好而可在稍高的温度下回火，故综合力学性能较佳，常用来制造尺寸较大，形状较复杂，精度较高的低中负荷模具。由于低合金工具钢的网状碳化物形成倾向较大，其韧性不足而可能导致模具的崩刃或折断等早期失效，现已开发了一些高强韧性的低合金模具专用钢，如 6CrMnNiMoSiV (代号 GD 钢)，来代替常用的低合金工具钢 CrWMn、9SiCr 及部分高铬模具钢 Cr12 型钢，已取得了较明显的效果。

(3) 高铬和中铬冷作模具钢。相对于碳素工具钢和低合金工具钢，这类钢具有更高的淬透性、耐磨性和承载强度，且淬火变形小，广泛用于尺寸大、形状复杂、精度高的重载冷作模具。这是一种重要的专用冷作模具钢，其牌号和具体成分详见 GB/T 1299—2014。高铬模具钢 Cr12 型常用的有两个牌号：Cr12 和 Cr12MoV。Cr12 的碳含量高达 2.00%～2.30%，属于莱氏体钢，具有优良的淬透性和耐磨性，但韧性较差，其应用正逐步减少；Cr12MoV 的碳含量降至 1.45%～1.70%，在保持 Cr12 钢优点的基础上，其韧性得以改善，还具有一定的热硬性，在用于对韧性不足而易于开裂、崩刃的模具上，已取代 Cr12 钢。

中铬模具钢是针对 Cr12 型高铬模具钢的硬化物多而粗大且分布不均匀的缺点发展起来的，典型的钢种有 Cr4W2MoV、Cr5Mo1V，其中 Cr4W2MoV 最重要。此类钢的碳含量进一步降至 1.12%～1.25%，突出的优点是韧性明显改善，综合力学性能较佳。中铬模具钢代替 Cr12 型钢用于制造易崩刃、开裂与折断的冷作模具，模具寿命大幅度提高。

(4) 高速工具钢类冷作模具钢。与 Cr12 型钢一样，高速工具钢也可用于制造大尺寸、复杂形状、高精度的重载冷作模具，但其耐磨性、承载能力更优，故特别适合于制造工作条件极为恶劣的钢铁材料冷挤压模。但冷作模具一般对热硬性无特别要求，而必须具备比刃具更高的强韧性。

在 W6Mo5Cr4V2 的基础上研制的低碳高速工具钢(如 6W6Mo5Cr4V，代号 6W6)和低合金高速工具钢(如代号 301、F205 和 D101)，由于其碳含量或合金元素含量下降，碳化物数量减少且均匀性提高，故钢的强韧性明显改善。代替通用高速工具钢或 Crl2 型钢制作易折断或劈裂的冷挤压冲头或冷镦冲头，其寿命将成倍地提高；若能再进行渗氮等表面强化处理来弥补耐磨性的损失，则使用效果更佳。

从工艺上，可对高速工具钢采用低温淬火或等温淬火来提高钢的强韧性，尤其是等温淬火获得强韧性优良的下贝氏体组织的工艺，对其他类型的模具钢也同样适用，在解决因韧性不足而导致的崩刃、折断或开裂的模具早期失效问题时，有明显的效果。

(四) 热作模具钢

1. 工作特点及性能要求

热作模具钢是使热态金属(固态或液态)成形的模具用钢。热作模具在工作时，因与热态金属相接触，其工作部分的温度会升高到 300～400℃(热锻模，接触时间短)、500～900℃(热挤压模，接触时间长)，甚至近 1000℃(钢铁材料压铸模，与高温液态金属接触时间长)，并因交替加热冷却的温度循环产生交变热应力；此外还有使工件变形的机械应力和与工件间的强烈摩擦作用。故热作模具常见的失效形式有变形、磨损、开裂和热疲劳等，由此要求模具钢应具有良好的高温强韧性、高的热疲劳和热磨损抗力、一定的抗氧化性和耐蚀性等。

热作模具钢的成分与组织应保证以上性能要求，其碳含量一般在 0.30%～0.60%的中碳范围内，过高则韧性降低、导热性变差损坏疲劳抗力，过低则强度、硬度及耐磨性不够。常加入 Cr、W、Mo、V、Ni、Si、Mn 等合金元素，提高钢的淬透性和耐回火性，保证钢的高温强度、硬度、耐磨性和热疲劳抗力。热作模具的使用状态组织可以是强韧性较好的回火索氏体或回火托氏体，也可以是高硬度、高耐磨性的回火马氏体基体。

2. 常用热作模具钢

按模具种类不同，热作模具钢可分为热锻模用钢、热挤压模用钢和压铸模用钢三大类。

(1) 热锻模。常用钢种有 5CrMnMo 和 5CrNiMo。5CrMnMo 适用于制作形状简单、载荷较轻的中小型模具，而 5CrNiMo 则用于制作形状复杂、重载的大型或特大型锻模。热锻模淬火后，根据需要可在中温或高温下回火，得到回火托氏体组织或回火索氏体组织，硬度可在(34～48)HRC 之间选择，以保证模具对强度和韧性的不同要求。

(2) 热挤压模。热挤压模因与工件接触时间长或工件温度较高，其工作部位的温度较高(低则达 500℃，如铝合金挤压模；高则可达 900℃，如钢铁材料热挤压模)，故它应采用高耐热性热作模具钢制造，较常用的有 3Cr2W8V 和 4Cr5MoSiV。3Cr2W8V 的耐热性虽好，但韧性和热疲劳抗力较差，现已应用较少；4Cr5MoSiV 的韧性和热疲劳性优良，故应用最广。

(3) 压铸模。压铸模的工作温度最高，故压铸模用钢应以耐热性要求为主，应用最广的是 3Cr2W8V 钢。但实际生产中常根据压铸对象材料的不同来选择压铸模用钢，如对熔点低的 Zn 合金压铸模，可选 40Cr、40CrMo、30CrMnSi 等；对 Al、Mg(镁)合金压铸模，则多选用 4Cr5MoSiV；而对 Cu 合金压铸模，则多采用 3Cr2W8V，或采用热疲劳性能更佳的 Cr-Mo 系热作模具钢如 3Cr3Mo3V 制造，其寿命将大幅度提高。

(五) 塑料模具用钢

1. 工作特点及性能要求

无论是热塑性塑料还是热固性塑料，其成型过程都是在加热加压条件下完成的。但一般加热温度不高(150～250℃)，成型压力也不大(大多为 40～200 MPa)，故与冷、热模具相比，塑料模具用钢的常规力学性能要求不高。然而塑料制品形状复杂，尺寸精密，表面光洁，成型加热过程中还可能产生某些腐蚀性气体，因此要求塑料模具用钢具有优良的工艺性能(可加工性、冷挤成形性和表面抛光性)，较高的硬度(45HRC)和耐磨耐蚀性以及足够的强韧性。

2. 塑料模具用钢种类

常用的塑料模具用钢包括工具钢、结构钢、不锈钢和耐热钢等。发达国家工业已有适应于各种用途的塑料模具用钢系列，我国机械行业标准 JB/T 6057—2017 推荐了普通的、常用的一部分塑料模具用钢，但尚不够齐全。塑料模具用钢通常按模具制造方法分为两大类：切削成形塑料模具用钢和冷挤压成形塑料模具用钢。

(1) 切削成形塑料模具用钢。这类模具主要是通过切削加工成形，故对钢的切削加工性能有较高的要求。它包括三小类：① 调质钢，其碳含量在 0.30%～0.60%，典型钢种有 3Cr2Mo (美国牌号 P20)；② 易切削预硬钢，典型牌号 5CrNiMnMoVSCa (代号 5NiSCa)、8Cr2MnWMoS (代号 8Cr2S)；③ 时效硬化型钢，典型牌号有马氏体时效钢(如 18Ni)和低镍时效钢(如 10Ni3MoCuAl，代号 PMS)。

(2) 冷挤压成形塑料模具用钢。此类钢是低碳、超低碳或无碳的，以保证高的冷挤压成形性，经渗碳淬火后获得较高的表面硬度和耐磨性。典型牌号有工业纯铁、低碳钢或低碳合金钢以及专用钢 LJ08Cr3NiMoV(代号 LJ)等，这类钢适合于制造形状复杂的塑料模。

由于塑料模具用钢涉及面广，它几乎包括了所有的钢材：从纯铁到高碳钢，从普通钢到专用钢，甚至还可用有色金属(如铜合金、铝合金、锌合金等)。实际生产中应根据塑料制品的种类、形状、尺寸大小与精度以及模具使用寿命和制造周期来选用钢材。例如，塑料成型时若有腐蚀性气体放出，则多用不锈钢(30Cr13、40Cr13)制模，若用普通钢材则需进行表面镀铬；若对添加有玻璃纤维或石英粉等增强物质的塑料成型，则应选硬度与耐磨性较好的钢材(如碳素工具钢或合金工具钢)，若采用低、中碳钢则需进行表面渗碳或渗氮处理；塑料制品产量小时，可采用一般结构钢(如 45、40Cr 钢)，甚至铝、锌合金制造模具。

(六) 量具钢

1. 工作条件与性能要求

量具是度量工件尺寸形状的工具，是计量的基准，如卡尺、量块、塞规及千分尺等。由于量具使用过程中常受到工件的摩擦与碰撞，且本身必须具备极高的尺寸精度和稳定性，故量具钢应具备以下性能。

(1) 高硬度(一般为(58～64)HRC)和高耐磨性。

(2) 高的尺寸稳定性(这就要求组织稳定性高)。

(3) 一定的韧性(防撞击与折断)和特殊环境下的耐蚀性。

2. 常用量具钢

量具并无专用钢种，根据量具的种类及精度要求，可选用不同的钢种来制造。

(1) 低合金工具钢是量具最常用的钢种，典型钢号有 CrWMn。CrWMn 是一种微变形钢，而 GCr15 的尺寸稳定性及抛光性能优良。此类钢常用于制造精度要求高、形状较复杂的量具。

(2) 碳素工具钢。T10A、TI2A 等碳素工具钢的淬透性小、淬火变形大，故只适合于制造精度低、形状简单、尺寸较小的量具。

(3) 表面硬化钢。表面硬化钢经热处理后可获得高表面硬度和高耐磨性，心部高韧性，适合于制造使用过程中易受冲击、折断的量具。常用的表面硬化钢包括渗碳钢(如 20Cr)渗碳、调质钢(如 55 钢)表面淬火及专用渗氮钢(38CrMoAlA)渗氮等，其中 38CMoAlA 钢渗氮后具有极高的表面硬度和耐磨性、尺寸稳定性和一定的耐蚀性，适合于制造高质量的量具。

(4) 不锈钢。40Cr13 或 95Cr18 具有极佳的耐蚀性和较高的耐磨性，适合于制造在腐蚀条件下工作的量具。

3. 热处理特点

量具钢的热处理基本上可依照其相应钢种的热处理规范进行。但由于量具对尺寸稳定性要求很高，这就要求量具在热处理过程中应尽量减小变形，在使用过程中组织稳定(组织稳定方可保证尺寸稳定)，因此热处理时应采取一些附加措施。

(1) 淬火加热时进行预热，以减小变形，这对形状复杂的量具更为重要。

(2) 在保证力学性能的前提条件下降低淬火温度，尽量不采用等温淬火或分级淬火工艺，减少残留奥氏体的量。

(3) 淬火后立即进行冷处理以减小残留奥氏体量，延长回火时间，回火或磨削之后进行长时间的低温时效处理等。

任务结论

任务 2 的结论如表 1-3-14 所示。

表 1-3-14　合金钢零件的材料牌号、类别及热处理

序号	零件名称	材料牌号	材料类别	热处理方式
1	高压容器	Q460	低合金高强度钢	正火
2	变速箱齿轮	20CrMnTi	合金渗碳钢	渗碳+淬火+低温回火
3	发动机涡轮轴	40CrNiMoA	合金调质钢	淬火+高温回火
4	火车减震螺旋弹簧	55Si2Mn	合金弹簧钢	淬火+中温回火
5	内燃机轴瓦	ZSnSb12Pb10Cu4	轴承钢	淬火+低温回火
6	机用铰刀	9SiCr	合金工具钢	正火+球化退火+淬火+低温回火
7	冲压模具凹模、凸模	Cr12MoV	合金模具钢	等温淬火+高温回火
8	游标卡尺	CrWMn	合金量具钢	淬火+冷处理+低温回火+时效处理
9	化工管道	1Cr17	不锈钢	固溶处理

能力拓展

一、耐热钢

在高温下具有高的热化学稳定性和热强性的特殊钢称为耐热钢，它广泛用于制造工业加热炉、热工动力机械(如内燃机)、石油及化工机械与设备等高温条件工作的零件。

(一) 性能要求

1. 高的热化学稳定性

热化学稳定性是指钢在高温下对各类介质的化学腐蚀抗力，其中最基本且最重要的是抗氧化性。所谓抗氧化性，是指材料表面在高温下迅速氧化后能形成连续而致密的牢固的氧化膜，以保护其内部金属不再继续被氧化。

2. 高的热强性(高温强度)

热强性是指钢在高温下抵抗塑性变形和断裂的能力。高温下零件长时间承受载荷时，一般而言强度将大大下降。与室温力学性能相比，高温力学性能还要受温度和时间的影响。

(二) 耐热钢的分类与常用钢号

按使用特性不同，耐热钢分为抗氧化钢和热强钢；按组织不同，耐热钢又可分为铁素体类耐热钢(又称为 α-Fe 基耐热钢，包括珠光体钢、马氏体钢和铁素体钢)和奥氏体类耐热钢(又称为 γ-Fe 基耐热钢)。

1. 抗氧化钢

抗氧化钢又称为不起皮钢，是指高温下有较好的抗氧化性并有适当强度的耐热钢，主要用于制作在高温下长期工作且承受载荷不大的零件，如热交换器和炉用构件等。包括如下两类：

(1) 铁素体型抗氧化钢。这类钢是在铁素体不锈钢的基础上加入了适量的 Si、Al 而发展起来的。其特点是抗氧化性强，但高温强度低、焊接性差、脆性大。常用铁素体型抗氧化钢有 06Cr13Al、10Cr17、16Cr25N 等。

(2) 奥氏体型抗氧化钢。这类钢是在奥氏体不锈钢的基础上加入了适量的 Si、Al 等元素而发展起来的。其特点是比铁素体型抗氧化钢的热强性高，工艺性能改善，因而可在高温下承受一定的载荷。奥氏体型钢有 Cr-Ni 型(如 12Cr16Ni35、16Cr25Ni20Si2 等)、Cr-Mn-C-N 型(如 26Cr18Mn12Si2N 等)。

2. 热强钢

热强钢指高温下不仅具有较好的抗氧化性(包括其他耐蚀性)，还应有较高的强度(即热强性)的耐热钢。一般情况下，耐热钢多是指热强钢，主要用于制造热工动力机械的转子、叶片、气缸、进气阀与排气阀等，既要求抗氧化性能又要求高温强度的零件。热强钢包括以下三类：

(1) 珠光体热强钢。此类钢在正火状态下的组织为细片珠光体+铁素体，广泛用于在 600℃以下工作的热工动力机械和石油化工设备。其碳含量为低中碳，$\omega_C=0.10\%\sim0.40\%$；常加入耐热性合金元素 Cr、Mo、W、V、Ti、Nb 等，其主要作用是强化铁素体并防止碳化物的球化、聚集长大乃至石墨化现象，以保证热强性。典型钢种有：① 低碳珠光体钢，如 12CrMo、15CrMo，具有优良的冷热加工性能，主要用作锅炉管线等(故又称为锅炉管子用钢)，常在正火状态下使用；② 中碳珠光体钢，如 35CrM、35CrMoV 等，在调质状态下使用，具有优良的高温综合力学性能，主要用作耐热的紧固件和汽轮机转子(主轴、叶轮等)，故又称为紧固件及汽轮机转子用钢。

(2) 马氏体热强钢。此类钢淬透性良好，空冷即可形成马氏体，常在淬火+高温回火状态下使用。包括两小类：① 低碳高铬型，常用牌号有 14Cr11MoV、15Cr12WMoV 等，因这种钢还有优良的消振性，最适宜制造工作温度在 600℃以下的汽轮机叶片，故又称为叶片钢；② 中碳铬硅钢，常用牌号有 42Cr9Si2、40Cr10Si2Mo 等，这种钢既有良好的高温抗氧化性和热强性，还有较高的硬度和耐磨性，最适合于制造工作温度在 750℃以下的发动机排气阀，故又称为气阀钢。

(3) 奥氏体热强钢。此类钢具有比珠光体热强钢和马氏体热强钢更高的热强性和抗氧化性，此外还有高的塑性、韧性及良好的焊接性、冷塑性成形性。常用牌号有 06Cr18Ni11Ti、45Cr14Ni14W2Mo 等，主要用于工作温度高达 800℃的各类紧固件与汽轮机叶片、发动机气阀，使用状态为固溶处理状态或时效处理状态。

二、耐热合金(高温合金)

耐热钢在较高载荷下的最高使用温度一般是在 800℃以下。而航空、航天工业的某些耐热结构件(如喷气式发动机)必须在 800℃以上的高温下长期承受一定的工作载荷，耐热钢已不能满足抗氧化性尤其是热强性要求，此时便应采用高温合金。高温合金包括铁基、镍基、钴基和难熔金属(如钽、铝、铌等)基。以下介绍铁基和镍基两类高温合金。

1. 铁基高温合金

铁基高温合金是在奥氏体不锈钢的基础上增加了 Cr 或 Ni 的含量并加入了 W、Mo、Ti、V、Nb、Al 等合金元素而形成的。铁基高温合金具有更高的抗氧化性和热强性，并有良好的冷塑性加工性和焊接性，用于制造形状复杂、需经冷压和焊接成形、工作温度高达 800~900℃的零件，使用状态为固溶或固溶+时效。常用牌号如 GH1131，其主要合金元素含量为：$\omega_{Cr}=20\%$、$\omega_{Ni}=28\%$、$\omega_W=5\%$、$\omega_{Mo}=4\%$左右。

2. 镍基高温合金

镍基高温合金是以 Ni 为基，加入 Cr、W、Mo、Co、V、Ti、Nb、Al 等耐热合金元素形成以 Ni 为基的面心立方晶格的固溶体(也称为奥氏体)。其基本性能与热处理类似于铁基高温合金，但热强性和组织稳定性稍优；其缺点是价格昂贵。典型牌号如 GH3030，含有高达 20%的 Cr，微量的 Ti、Al 等元素。

常用铁基高温合金、镍基高温合金的牌号、化学成分、力学性能及用途可参见国家标准 GB/T 14992—2005。

任务 3　铸铁材料的工程应用

任务要求

确定表 1-3-1 所示任务 3 中各零件的材料牌号、材料类别及热处理方式。

知识引入

　　铸铁是应用广泛的一种铁碳合金材料,基本上以铸件形式使用,但近年来铸铁板材、棒材的应用也日益增多。除了铁和碳以外,铸铁中还含有硅、锰、磷、硫及其他合金元素($\omega > 0.1\%$)和微量元素($\omega < 0.1\%$)。碳除极少量固溶于铁素体中外,还因铸铁成分、熔炼处理工艺和结晶条件的不同,或以游离状态(即石墨,常用 GR 表示),或以化合物形态(即渗碳体或其他碳化物)存在,也可以两者共存。铸铁的使用价值与铸铁中碳的存在形式有着密切的关系。一般来说,铸铁中的碳以石墨形态存在时,才能被广泛地应用。当碳主要以渗碳体等化合物形式存在时,铸铁断口呈银白色,此为白口铸铁。白口铸铁具有硬而脆的基本特性,生产中主要用作炼钢原料和生产可锻铸铁的毛坯;在冲击载荷不大的情况下,可作为耐磨材料使用。当碳主要以石墨形式存在时,铸铁断口呈暗灰色,此为灰铸铁,这是工业上广泛应用的铸铁。当碳部分以石墨、部分以渗碳体存在时,即为麻口铸铁,工业用途不大。

　　与钢比较,铸铁的强度、塑性、韧性等力学性能较低。由于存在石墨,铸铁具有以下特殊性能:

(1) 因石墨能造成脆性断屑,铸铁的可切削性优异。

(2) 铸铁的铸造性能良好。

(3) 因石墨有良好的润滑作用,并能储存润滑油,故铸铁具有较好的减摩、耐磨性。

(4) 因石墨对振动的传递起削弱作用,故铸铁具有良好的减振性能。

(5) 大量石墨对基体组织的割裂作用,使铸铁对缺口不敏感,具有低的缺口敏感性。

一、灰铸铁

(一) 成分、组织、性能特点及应用

　　灰铸铁是价格便宜、应用最广泛的铸铁材料,占铸铁总量的 80% 以上。它的化学成分一般为:$\omega_C = 2.7\% \sim 4.0\%$,$\omega_{Si} = 1.0\% \sim 3.0\%$,$\omega_{Mn} = 0.25\% \sim 1.0\%$,$\omega_P = 0.05\% \sim 0.50\%$,$\omega_S = 0.02\% \sim 0.2\%$,其中 Mn、P、S 总含量一般不超过 2.0%。在灰铸铁中,将近 80% 的碳以片状石墨析出。

　　我国灰铸铁的牌号中"HT"表示"灰铁"二字的汉语拼音首字母,而后面的数字为最低抗拉强度。灰铸铁牌号共六种,其中 HT100、HT150、HT200 为普通灰铸铁;HT250、

HT300、HT350 为孕育铸铁,经过了孕育处理。灰铸铁的基体有三种:铁素体基体、珠光体基体和铁素体+珠光体基体。HT100 主要用于低载荷和不重要零件,如盖、外罩、手轮、支架、重锤等;HT150 适用于中等载荷的零件,如支柱、底座、齿轮箱、刀架、阀体、管路附件等;HT200、HT250 适用于较大载荷和重要零件,如气缸体、齿轮、飞轮、缸套、活塞、联轴器、轴承座等;HT300、HT350 适用于承受高载荷的重要零件,如齿轮、凸轮、高压油缸、滑阀壳体等。

(二) 灰铸铁热处理

灰铸铁可以进行热处理,但热处理不会改变石墨的形状、大小和分布,对提高灰铸铁件的力学性能作用不大。因此,生产中热处理主要用来消除内应力,稳定铸件尺寸和改善可加工性,提高铸件的表面硬度和耐磨性等。通常多采用以下三种处理。

1. 去应力退火

铸件在铸造冷却过程中容易产生内应力而引发变形和裂纹,因此一些大型、复杂的铸件或精度要求较高的铸件,如机床床身、柴油机气缸体,在铸件开箱前或切削加工前,通常都要进行一次去应力退火。其工艺是:加热温度为 500~550℃,温度不宜过高,以免发生共析渗碳体的球化和石墨化;保温时间则取决于加热温度和铸件壁厚;炉冷至 150~220℃后出炉空冷。因其温度低于共析温度,此工艺又称为低温退火,也称为人工时效。

2. 改善可加工性的退火

灰铸铁件的表层及一些薄壁处,由于冷速较快(特别是用金属型浇注时),可能会出现白口,致使切削加工难以进行,需要退火降低硬度。工艺是:加热到 850~900℃,保温 2~5 h,然后随炉冷却至 250~400℃后出炉空冷。因其温度高于共析温度,此工艺又称为高温退火。高温退火后铸件的硬度可下降(20~40)HBW。

3. 表面淬火

有些铸件,如机床导轨、缸体内壁,工作表面需要有较高的硬度和耐磨性,可进行表面淬火处理,如高频表面淬火、火焰表面淬火、接触电阻加热表面淬火等。淬火后表面硬度可达(50~55)HRC。

二、球墨铸铁

球墨铸铁是 20 世纪 50 年代发展起来的一种高强度铸铁材料,其综合性能接近于钢,正是基于其优异的性能,球墨铸铁已迅速发展为仅次于灰铸铁的、应用十分广泛的铸铁材料。所谓"以铁代钢",主要就是指球墨铸铁。

球墨铸铁

(一) 成分、牌号、性能及应用

球墨铸铁的成分要求比较严格,一般范围是:$\omega_C = 3.6\% \sim 3.9\%$,$\omega_{Si} = 2.0\% \sim 2.8\%$,$\omega_{Mn} = 0.6\% \sim 0.8\%$,$\omega_S < 0.07\%$,$\omega_P \leqslant 0.1\%$。与灰铸铁相比,球墨铸铁的碳含量较高,一般为过共晶成分,通常在 4.5%~4.7%内变动,以利于石墨球化。

球墨铸铁的球化处理必须伴随以孕育处理,通常是在铁液中加入一定量的球化剂和孕育剂。国外使用的球化剂主要是金属镁。实践证明,铁液中 $\omega_{Mg}=0.04\%\sim0.08\%$ 时,石墨就能完全球化。我国普遍使用稀土镁球化剂。球墨铸铁中石墨的体积分数约为10%,其形态大部分近似球状。

我国球墨铸铁的牌号、力学性能与应用举例见表1-3-15。牌号中"QT"表示"球铁"二字的汉语拼音首字母,其后两组数字分别表示最低抗拉强度和最小断后伸长率。

表 1-3-15　我国球墨铸铁的牌号、力学性能与应用举例(摘自 GB/T 1348—2009)

牌号	力学性能				应 用 举 例
	R_m /MPa	$R_{p0.2}$ /MPa	A /%	硬度 (HBW)	
	不小于				
QT400-18	400	250	18	120～175	农机具(如收割机上的导架),汽车、拖拉机零件(如离合器壳、拨叉),通用机械(阀体、阀盖),其他(电动机机壳、齿轮箱)
QT400-15	400	250	15	120～180	
QT450-10	450	310	10	160～210	
QT500-7	500	320	7	170～230	机油泵齿轮,铁路机车车辆轴瓦,机器传动轴、飞轮,电动机架
QT600-3	600	370	3	190～270	柴油机、汽油机曲轴,部分磨床、车床、铣床主轴,空压机、冷冻机缸体与缸套,桥式起重机大小滚轮
QT700-2	700	420	2	225～305	
QT800-2	800	480	2	245～335	
QT900-2	900	600	2	280～360	汽车与拖拉机传动齿轮、曲轴、凸轮轴、连杆,农机上的犁铧

球墨铸铁的性能主要有以下几个特点:

(1) 高的抗拉强度和接近于钢的弹性模量,特别是倔强比高,为 0.7～0.8,而正火 45 钢的屈强比才为 0.59～0.60;

(2) 基体为铁素体时,具有良好的塑性和韧性,退火状态下延伸率达 18%以上;

(3) 铸造性能优于铸钢,可铸成轮廓清晰、表面光洁的铸件;

(4) 耐磨性优于碳钢,适于制造运动速度较高、载荷较大的摩擦零件;

(5) 可加工性良好,接近于灰铸铁;

(6) 铸件的尺寸和重量几乎不受限制,数十吨乃至一百多吨的重型球墨铸铁件已经问世,可锻铸铁无法与之比拟;

(7) 可靠性良好,在重载、低温、剧烈振动、高粉末等严酷的运行条件下(如汽车底盘),均表现出足够的安全可靠性。

(8) 高合金球墨铸铁还有耐磨、耐热、耐蚀等特殊性能。

球墨铸铁在管道、汽车、机车、机床、动力机械、工程机械、冶金机械、机械工具等方面用途广泛。例如,在机械制造业中,球墨铸铁成功地代替了不少碳钢、合金钢和可锻铸铁,用来制造一些受力复杂,强度、韧性和耐磨性要求高的零件,如具有高强度与高耐磨性的珠光体球墨铸铁，常用来制造拖拉机或柴油机中的曲轴、连杆、凸轮轴、各种齿轮、机床的主轴、蜗杆、蜗轮，轧钢机的轧辊、大齿轮及大型水压机的工作缸、缸套、活塞等；具有高的韧性和塑性的铁素体球墨铸铁，常用来制造受压阀门、机器底座、汽车的后桥壳等。

(二) 热处理

球墨铸铁的热处理主要有退火、正火、淬火+回火、等温淬火等。

1. 退火

退火的目的是使球墨铸铁得到铁素体，获得高韧性。

2. 正火

正火的目的是得到珠光体基体(占基体 75%以上)并细化组织，提高强度和耐磨性。根据加热温度不同，分高温正火(完全奥氏体化)和低温正火(不完全奥氏体化)两种。

3. 淬火+回火

淬火+回火的目的是获得回火马氏体或回火索氏体组织，以便提高强度、硬度和耐磨性。其工艺为：加热到 860～920℃，保温 20～60 min，出炉油淬后进行不同温度的回火。

4. 等温淬火

等温淬火的目的是获得最佳的综合力学性能。例如，为了获得奥-贝球墨铸铁，即得到贝氏体型铁素体+奥氏体基体组织，保证高的硬度和高的韧性，宜采用等温淬火。

此外，为提高球墨铸件的表面硬度和耐磨性，还可以采用表面淬火、碳氮共渗等工艺。应该说，碳钢的热处理工艺对于球墨铸铁基本上均是适用的。

三、可锻铸铁

可锻铸铁

可锻铸铁是由白口铸铁坯件经石墨化退火而得到的一种铸铁材料，其强度和韧性近似于球墨铸铁，而减振性和可加工性则优于球墨铸铁。因可锻铸铁中的石墨呈团絮状，大大减轻了石墨对基体组织的割裂作用，故可锻铸铁不但比灰铸铁有较高的强度，而且具有较高的塑性和韧性，但可锻铸铁仍然不可锻造。可锻铸铁分为黑心可锻铸铁(即铁素体可锻铸铁)、珠光体可锻铸铁和白心可锻铸铁。白心可锻铸铁的生产周期长，性能较差，应用较少。目前使用的大多是黑心可锻铸铁和珠光体可锻铸铁。常用可锻铸铁的牌号、力学性能与应用举例见表 1-3-16。黑心可锻铸铁因其断口为黑绒状而得名，以 KTH 表示，其基体为铁素体；珠光体可锻铸铁以 KTZ 表示，基体为珠光体。其中"KT"表示"可锻"的拼音首字母，"H"和"Z"分别表示"黑"和"珠"的拼音首字，代号后的第一组数字表示最低抗拉强度值，第二组数字表示最小断后伸长率。

可锻铸铁的性能远优于灰铸铁，适用于大量生产的形状比较复杂、壁厚在 30 mm 以下的中小零件。例如，在制造尺寸很小、形状复杂和壁厚特别薄的零件时，若用铸钢或球墨铸铁则生产上会十分困难；若用灰铸铁则强度和韧性不足，还有形成白口的可能；若用焊接则很难大量生产，成本又高，因此还是选用可锻铸铁件比较合适。在特殊情况下，通过工艺上的适当调控，也可生产壁厚达 80 mm 或重达 150 kg 以上的可锻铸铁件。

表 1-3-16　常用可锻铸铁的牌号、力学性能与应用举例(摘自 GB/T 9440—2010)

牌号	力学性能				应用举例
	R_m/MPa	$R_{p0.2}$/MPa	A/%	硬度(HBW)	
	不小于				
KTH300-06	300	—	6	≤150	一定强韧性，气密性好，做弯头、三通等管件
KTH330-08	330	—	8		农机犁刀、犁柱，螺纹扳手，铁道扣板等
KTH350-10	350	200	10		汽车与拖拉机前后轮壳、制动器，弹簧钢板支座，船用电动机壳等
KTH370-12	370	—	12		
KTZ450-06	450	270	6	150～200	承受较高的动载荷和静载荷，在磨损条件下工作，要求有较高冲击抗力、强度和耐磨性的零件，如曲轴、凸轮轴、连杆、齿轮
KTZ550-04	550	340	4	180～230	
KTZ700-02	700	530	2	240～290	

四、蠕墨铸铁

蠕墨铸铁是 20 世纪 60 年代开始发展并逐步受到重视的一种新的铸铁材料，因其石墨呈蠕虫状而得名，又称为 C/V 铸铁。

蠕墨铸铁的石墨呈蛹虫状，其牌号、力学性能及主要基体组织见表 1-3-17。牌号中"RuT"是"蠕"字的汉语拼音与"铁"字的汉语拼音首字母的组合，其后的数字表示最低抗拉强度。蠕墨铸铁的显微组织由蠕虫状石墨＋基体组织组成，其基体组织与球墨铸铁相似，在铸态下一般是珠光体和铁素体的混合基体，经过热处理或合金化才能获得铁素体或珠光体基体。通过退火可使蠕墨铸铁获得 85%以上的铁素体基体或消除薄壁处的游离渗碳体。通过正火可增加珠光体量，从而提高强度和耐磨性。蠕墨铸铁是一种综合性能良好的铸铁材料，其力学性能介于球墨铸铁与灰铸铁之间，如抗拉强度、屈服强度、断后伸长率、弯曲疲劳极限均优于灰铸铁，接近于铁素体球墨铸铁；而导热性、可加工性均优于球墨铸铁，与灰铸铁相近。

蠕墨铸铁

表 1-3-17　蠕墨铸铁的牌号、力学性能及主要基体组织

牌号	力学性能				主要基体组织
	R_m/MPa	$R_{p0.2}$/MPa	A/%	硬度(HBW)	
	不小于				
RuT300	300	210	2.0	140～210	铁素体
RuT350	350	245	1.5	160～220	铁素体＋珠光体
RuT400	400	280	1.0	180～240	珠光体＋铁素体
RuT450	450	315	1.0	200～250	珠光体
RuT500	500	350	0.5	220～260	珠光体

任务结论

任务 3 的结论如表 1-3-18 所示。

表 1-3-18 铸铁零件的材料牌号、类别及热处理

序号	零件名称	材料牌号	材料类别	热处理方式
1	重型机床床身	HT350	灰铸铁	去应力退火
2	机器连杆	QT600-3	球墨铸铁	退火/正火
3	玻璃模具	RuT350	蠕墨铸铁	硬环化处理
4	弯头管件、三通	KT300-06	可锻铸铁	退火
5	煤粉烧嘴	RTSi5	耐热铸铁	退火

能力拓展

除一般的力学性能以外，工业上还常要求铸铁具有良好的耐磨性、耐蚀性或耐热性等特殊性能。为此，在铸铁中加入某些合金元素，就得到了一些具有各种特殊性能的合金铸铁，又称为特殊性能铸铁。特殊性能铸铁主要分为三类：抗磨铸铁、耐热铸铁和耐蚀铸铁。

一、抗磨铸铁

在干摩擦条件下，工作时要求耐磨性能的铸铁称为抗磨铸铁。抗磨铸铁往往受严重磨损且承受很大负荷，它应具有均匀的高硬度组织。

冷硬铸铁也称为激冷铸铁，是一种抗磨铸铁，用于制造具有高硬度、高抗压强度及耐磨性的工作表面，同时需要有高的强度和韧性的零件，如轧辊、车轮等。

白口铸铁硬度高，具有很高的耐磨性，可制造承受干摩擦及在磨粒磨损条件下工作的零件。但白口铸铁由于脆性较大，应用受到一定的限制，不能用于承受大的动载荷或冲击载荷的零件。抗磨白口铸铁的成分、组织、性能与应用范围可参见 GB/T 8263—2010，典型牌号有 BTMCr9Ni5、BTMCr2、BTMCr26 等。

中锰球墨铸铁也是一种抗磨铸铁，其基体以马氏体和奥氏体为主，并有块状或断续网状渗碳体，可用于制造矿山、水泥、煤炭加工设备和农机的一些耐磨零件。

奥-贝球墨铸铁经等温淬火，可获得由贝氏体型铁素体和体积分数为 20%～40%的奥氏体组成的基体，有高韧性兼有高强度，抗拉强度可达 1000 MPa，断后伸长率能接近 10%，其在磨损条件下也能取得满意的使用效果。

二、耐热铸铁

耐热铸铁具有良好的耐热性，可代替耐热钢用作加热炉底板、马弗罐、坩埚、废气管道、换热器及钢锭模等，长期在高温下工作。所谓铸铁的耐热性是指其在高温下抗氧化，

抗生长，保持较高的强度、硬度及抗蠕变的能力。由于一般铸铁的高温强度比较低，耐热性主要是指抗氧化和抗生长的能力。

目前，耐热铸铁大都采用单相铁素体基体铸铁，以免出现渗碳体分解；并且最好采用球墨铸铁，其球状石墨呈孤立分布，互不相连，不至构成氧化通道。按所加合金元素种类不同，耐热铸铁主要有硅系、铝系、铝硅系、铬系、高镍系等。耐热铸铁的成分、力学性能与应用可参见 GB/T 9437—2009，典型牌号有 HTRCr2、QTRSi4、QTRAl22 等。

三、耐蚀铸铁

当铸铁受周围介质的作用时，会发生化学腐蚀和电化学腐蚀。铸铁的耐蚀性主要是指铸铁在酸、碱条件下耐腐蚀的能力。

耐蚀铸铁的成分、力学性能与应用可参见相关标准，典型牌号有 HTSSi15R、HTS-Si15Cr4R 等。在我国应用最多的是高硅耐蚀铸铁，当 $\omega_{si}=14.20\%\sim14.75\%$ 时，其耐蚀性最佳。

任务4　有色金属材料的工程应用

任务要求

确定表 1-3-1 所示任务 4 中各零件的材料牌号、料料类别及热处理方式。

知识引入

铁碳合金以外的其他金属及合金，如铝、铜、镁、钛、锡、铅、锌等金属及其合金统称为有色金属。有色金属具有许多特殊性能，在机电、仪表，特别是在航空、航天及航海等工业中具有重要的应用。

铝是地壳中储量最多的一种元素，约占地壳总质量的 8.2%。为了满足工业迅速发展的需要，铝及其合金是我国优先发展的重要有色金属。

一、铝及铝合金

(一) 纯铝

纯铝是一种银白色的轻金属，熔点为 660℃，具有面心立方晶格，没有同素异构转变。它的密度(2.72 g/cm^3)小，除镁和铍外，铝在工程金属中最轻，具有很高的比强度和比刚度；导电性、导热性好，仅次于金、铜和银。室温时，铝的导电能力约为铜的 62%；若按单位质量材料的导电能力计算，铝的导电能力为铜的 2 倍。纯铝的化学性质活泼，在大气中极易氧化，在表面形成一层牢固致密的氧化膜，有效地隔绝铝和氧的接触，从而阻止铝表面的进一步氧化，使它在大气和淡水中具有良好的耐蚀性。纯铝在低温下，甚至在超低温下都具有良好的塑性(断后伸长率 $A=80\%$)和韧性，这与铝具有面心立方晶格结构有关。铝的强度(抗拉强度 R_m=80～100 MPa)低，冷变形加工硬化后强度可提高到 R_m=150～250 MPa，但其塑性却降低到 A=50%～60%。

纯铝具有许多优良的工艺性能，易于铸造、切削，也易于通过压力加工。上述这些特性决定了纯铝适合制造电缆以及要求具有导热性和抗大气腐蚀性而对强度要求不高的一些用品。

纯铝按纯度可分为三类。

(1) 工业纯铝。工业纯铝中铝的质量分数为 98.0%～99.0%，牌号有 1070、1060、1050、1035、1200 等。1070A、1060、1050A 用于高导电体、电缆、导电机件和防腐机械，1035、1200、8A06 用于器皿、管材、棒材、型材和铆钉等。

(2) 工业高纯铝。工业高纯铝中铝的质量分数为 98.85%～99.90%，用于制造铝箔、包铝及冶炼铝合金的原料。

(3) 高纯铝。高纯铝中铝的质量分数为 99.93%～99.99%，主要用于制造特殊化学机械、电容器片和科学研究等。

(二) 铝合金

纯铝的强度和硬度很低，不适宜作为工程结构材料使用。向铝中加入适量 Si、Cu、Zn、Mn 等主加元素和 Cr、Ti、Zr、B、Ni 等辅加元素组成铝合金，可提高强度并保持纯铝的特性。

铝合金

1. 铝合金的分类

铝合金一般具有图 1-3-7 所示的相图。从图中可以看出，以 D 点成分为界可将铝合金分为变形铝合金和铸造铝合金两大类。D 点以左的合金为变形铝合金，其特点是加热到固溶线 DF 以上时为单相α固溶体，具有塑性好的特点，适用于压力加工；D 点以右的合金为铸造铝合金，其组织中存在共晶体，适用于铸造。在变形铝合金中，成分在 F 点以左的合金其固溶体成分不随温度变化而变化，不能通过热处理强化，为不可热处理强化的铝合金；在 F、D 两点之间的合金其固溶体成分随温度变化而变化，可通过热处理强化，为可热处理强化的铝合金。

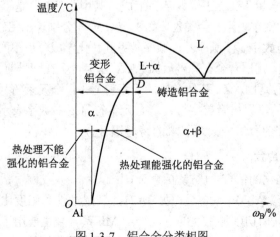

图 1-3-7　铝合金分类相图

2. 铝合金的代号及牌号

(1) 变形铝合金的分类和牌号。按性能特点和用途不同,变形铝合金可分为防锈铝合金、硬铝合金、超硬铝合金及锻铝合金。

根据国家标准 GB/T 16475—2008《变形铝及铝合金牌号表示方法》中的规定,变形铝合金命名有两种体系牌号,即国际四位数字体系牌号和四位字符体系牌号。国际四位数字体系牌号是由四位数字或四位数字后及英文大写字母 A、B 或其他数字组成的,如 3004、2017A、6101B 等;四位字符体系牌号表示法的第一、三、四位是数字,第二位是大写英文字母 A、B 或其他字母,如 7C04,2D70 等。

两种表示方法中,第一位数字均表示变形铝合金的组别,具体见表 1-3-19。第二位的数字或字母表示铝合金的改型情况,字母 A 或数字 0 表示原始合金,B～Y 或 1～9 表示原始合金改型情况。牌号最后两位数字用以标识同一组中不同的铝合金,纯铝则表示铝的最低百分含量。

表 1-3-19　变形铝合金的组别

组　　别	牌号系列
纯铝(铝含量不小于 99.00%)	1XXX
以铜为主要合金元素的铝合金	2XXX
以锰为主要合金元素的铝合金	3XXX
以硅为主要合金元素的铝合金	4XXX
以镁为主要合金元素的铝合金	5XXX
以铁和硅为主要合金元素并以 Mg、Si 相为强化相的铝合金	6XXX
以锌为主要合金元素的铝合金	7XXX
以其他合金元素为主要合金元素的铝合金	8XXX
备用合金组	9XXX

(2) 铸造铝合金的分类和牌号。按主加元素的不同,铸造铝合金可分为 Al-Si 系铸造铝合金、Al-Cu 系铸造铝合金、Al-Mg 系铸造铝合金和 Al-Zn 系铸造铝合金。

铸造铝合金的代号由"ZL＋三位数字"组成。其中,"ZL"是"铸铝"二字的汉语拼音首字母,其后第一位数字表示合金类别,如 1、2、3、4 分别表示铝硅、铝铜、铝镁、铝锌系列合金;第二、三位数字表示顺序号,顺序号不同,化学成分也不同。例如,ZL102 表示 2 号铝硅系铸造铝合金。优质合金在牌号后加"A",压铸合金在牌号前面用字母"YZ"表示。

铸造铝合金的牌号是由"Z＋基体金属的元素符号＋合金元素符号＋数字"组成的。其中,"Z"是"铸"字的汉语拼音首字母,合金元素符号后的数字表示该元素的质量分数。例如,ZAlSi12 表示硅的质量分数为 12%的铸造铝合金。

3. 常用的变形铝合金

(1) 不可热处理强化的铝合金(防锈铝合金)。

① Al-Mn 系合金。Al-Mn 系合金,如 3A21,其耐蚀性和强度比纯铝高,有良好的塑性和焊接性,但因太软而切削加工性能不良。Al-Mn 系合金主要用于焊接件、容器、管道或需用深延伸、弯曲等方法制造的低载荷零件、制品以及铆钉等。

② Al-Mg 系合金。Al-Mg 系合金，如 5A05、5A11，其密度比纯铝小，强度比 Al-Mn 系合金高。具有高的耐蚀性和良好的塑性，焊接性良好，但切削加工性能差。Al-Mg 系合金主要用于焊接容器、管道以及承受中等载荷的零件及制品，也可用于制作铆钉。

③ Al-Zn-Mg-Cu 系合金。Al-Zn-Mg-Cu 系合金抗拉强度较高，具有优良的耐海水腐蚀性、较高的断裂韧度及良好的成形工艺性能，适于制造水上飞机蒙皮及其他要求耐腐蚀的高强度钣金零件。

(2) 可热处理强化的铝合金。

① 硬铝合金(Al-Cu-Mg 系)。Cu 和 Mg 的时效强化可使抗拉强度达到 420 MPa。铆钉用硬铝合金典型牌号为 2A01、2A10，淬火后冷态下塑性极好，时效强化速度慢，时效后切削加工性能也较好，可利用孕育期进行铆接，主要用于制作铆钉。

标准硬铝的典型牌号为 2A11，强度较高，塑性较好，退火后冲压性能好，主要用于形状较复杂，载荷较轻的结构件。

高强度硬铝的典型牌号为 2A12，强度、硬度高，塑性及焊接性较差，主要用于高强度结构件，如飞机翼肋、翼梁等。

硬铝合金的耐蚀性差，尤其不耐海水腐蚀，所以硬铝板材的表面常包有一层纯铝，以提高其耐蚀性。包铝板材在热处理后强度降低。

② 超硬铝合金(Al-Zn-Mg-Cu 系)。超硬铝合金是工业上使用的室温力学性能最高的变形铝合金，抗拉强度可达 600 MPa，既可通过热处理强化，又可采用冷变形强化，其时效强化效果最好。其强度、硬度高于硬铝合金，故称为超硬铝合金，但其耐蚀性、耐热性较差。超硬铝合金主要用于要求质量轻、受力较大的结构件，如飞机大梁起落架、柁架等。

③ 锻铝合金(Al-Cu-Mg-Si 系)。锻铝合金的力学性能与硬铝合金相近，但热塑性及耐蚀性较高，适于锻造，故称为锻铝合金。锻铝合金主要用于制造形状复杂并能承受中等载荷的各类大型锻件和模锻件，如叶轮框架、支架、活塞、气缸头等。

4. 常用的铸造铝合金

(1) 铝硅合金(Al-Si 系)。铝硅合金密度小，有优良的铸造性(如流动性好，收缩及热裂倾向小)，一定的强度和良好的耐蚀性，但塑性较差。在生产中对它采用变质处理，可显著改善其塑性和强度。例如，ZAlSi12 是一种典型的铝硅合金，属于共晶成分，通常称为简单硅铝明，致密性较差，且不能热处理强化。若在铸造铝合金中加入 Cu、Mg、Mn 等合金元素，可获得多元铝硅合金(也称为特殊硅铝明)，经固溶时效处理后强化效果更为显著。铝硅合金适于制造质轻耐蚀、形状复杂且有一定力学性能要求的铸件或薄壁零件。

(2) 铝铜合金(Al-Cu 系)。铝铜合金的优点是室温、高温下力学性能都很高，加工性能好，表面粗糙度小；耐热性好，可进行时效硬化。在铸铝中，铝铜合金的强度最高，但铸造性和耐蚀性差，主要用来制造要求较高强度或高温下不受冲击的零件。

(3) 铝镁合金(Al-Mg 系)。铝镁合金密度小，强度和塑性均高，耐蚀性优良，但铸造性差，耐热性低，时效硬化效果甚微。主要用于制造在腐蚀性介质中工作的零件。

(4) 铝锌合金(Al-Zn 系)。铝锌合金铸造性好，经变质处理和时效处理后强度较高，价格便宜，但耐蚀性、耐热性差。铝锌合金主要用于制造工作温度不超过 200℃、结构形状复杂的汽车仪表、飞机零件等。

5. 铝合金的强化

铝合金的强化方式主要有固溶强化和时效强化两种。

(1) 固溶强化。纯铝中加入合金元素形成铝基固溶体，造成晶格畸变，以阻碍位错的运动，起到固溶强化的作用，可使其强度提高。根据合金化的一般规律，形成无限固溶体或高浓度的固溶体型合金时，不仅能获得高的强度，还能获得优良的塑性与良好的压力加工性能。Al-Cu、Al-Mg、Al-Si、Al-Zn、Al-Mn 等二元合金一般都能形成有限固溶体，并且均有较大的溶解度，因此具有较明显的固溶强化效果。

(2) 时效强化。经过固溶处理的过饱和铝合金在室温下或加热到某一温度后放置一段时间，其强度和硬度随时间的延长而增高，但塑性、韧性则降低，这个过程称为时效。在室温下进行的时效称为自然时效，在加热条件下进行的时效称为人工时效。时效过程使铝合金的强度、硬度增高的现象称为时效强化或时效硬化。

二、铜及铜合金

在有色金属中铜的产量仅次于铝。铜及铜合金在我国有着悠久的使用历史，并且使用范围很广。

(一) 纯铜

纯铜呈玫瑰红色，但容易与氧反应，在表面形成氧化铜薄膜，外观呈紫红色。纯铜具有面心立方晶格，无同素异构转变，密度为 8.96 g/cm^3，熔点为 1 083 ℃；纯铜具有优良的导电、导热性，其导电性仅次于银，故主要用做导电材料。铜是逆磁性物质，用纯铜制作的各种仪器和机件不受外磁场的干扰，故纯铜适合制作磁导仪器、定向仪器和防磁器械等。

纯铜的强度很低，软态铜的抗拉强度不超过 240 MPa，但是具有极好的塑性，可以承受各种形式的冷热压力加工。因此，铜制品多是经过适当形式的压力加工制成的。在冷变形过程中，铜有明显的加工硬化现象，并且导电性略微降低。加工硬化是纯铜的唯一强化方式。冷变形铜材退火时，也和其他金属一样产生再结晶。再结晶的程度和晶粒的大小显著影响铜的性能，再结晶软化退火温度一般为 500～700 ℃。

纯铜的化学性能比较稳定，在大气、水、水蒸气、热水中基本上不会被腐蚀。工业纯铜中常含有微量的杂质元素，降低了纯铜的导电性，使铜出现热脆性和冷脆性。

纯铜中还有无氧铜，牌号有 TU1、TU2，它们的含氧量极低，不大于 0.003%，其他杂质也很少，主要用于制作电真空器件及高导电性铜线。无氧铜制作的导线能抵抗氢的作用，不发生氢脆现象。

(二) 铜合金的分类

纯铜的强度不高，用加工硬化的方法虽可提高铜的强度，但却会使其塑性大大降低，因此，常用合金化的方法来获得强度较高的铜合金。常用的铜合金可分为黄铜、青铜、白铜三类。

铜合金

1. 黄铜

以锌为唯一或主要合金元素的铜合金称为黄铜。黄铜具有良好的塑性、耐蚀性、变形加工性和铸造性，在工业中有很好的应用价值。按化学成分的不同，黄铜可分为普通黄铜和特种黄铜。

(1) 普通黄铜。铜锌二元合金称为普通黄铜，其牌号由"H+数字"组成。其中，"H"是"黄"字的汉语拼音首字母，数字表示铜的平均质量分数。

(2) 特殊黄铜。为了获得更高的强度、耐蚀性和某些良好的工艺性能，在铜锌合金中加入铅、锡铝、铁、硅锰镍等元素，形成各种特殊黄铜。

特殊黄铜的牌号由"H+主加元素符号(锌除外)+铜的平均质量分数+主加元素的平均质量分数"组成。特殊黄铜可分为压力加工黄铜(以黄铜加工产品供应)和铸造黄铜两类，其中铸造黄铜在牌号前加"Z"。例如 HSn70-1 表示铜的质量分数为 69.0%～71.0%，锡的质量分数为 1.0%～1.5%，其余为 Zn 的锡黄铜；ZHPb59-1 表示铜的质量分数为 57.0%～61.0%，铅的质量分数为 0.8%～1.9%，其余为 Zn 的铸造铅黄铜。

2. 青铜

青铜是人类历史上应用最早的合金，它是 Cu-Sn 合金，因合金中有 δ 相，呈青白色而得名。它在铸造时体积收缩量很小，充模能力强，耐蚀性好，有极高的耐磨性，故得到广泛的应用。近几十年来采用了大量的含 Al、Si、Be、Pb 和 Mn 的铜合金，习惯上也将其称为青铜。为了区别起见，把 Cu-Sn 合金称为锡青铜，而其他铜合金分别称为铝青铜、硅青铜、铍青铜、铅青铜和锰青铜等。

青铜按生产方式分为压力加工青铜和铸造青铜两类。其牌号是用"Q+主加元素符号+主加元素平均含量(或+其他元素平均含量)"表示，"Q"是"青"字的汉语拼音首字母，例如，QAl15 表示铝的平均质量分数为 5%的铝青铜，QSn4-3 表示锡的平均质量分数为 4%、锌的平均质量分数为 3%的锡青铜。铸造青铜的牌号前加"Z"，如 ZQSn10-5 表示 Sn(锡)的平均质量分数为 10%，Pb(铅)的平均质量分数为 5%，其余为 Cu 的铸造锡青铜。此外，青铜还可以合金成分的名义百分含量命名。例如，ZCuSn10Pb5 表示锡的平均质量分数为 10%，铅的平均质量分数为 5%的铸造锡青铜。

3. 白铜

以镍为主要添加元素的铜基合金呈银白色，故称为白铜。白铜根据加入的合金元素种类不同，可分为普通白铜和复杂白铜。铜镍二元合金(即二元白铜)称为普通白铜。加有锰、铁、锌、铝等元素的白铜合金称为复杂白铜(即三元以上的白铜)，包括铁白铜、锰白铜、锌白铜和铝白铜等。

普通白铜的代号以"B+数字"表示，数字表示镍的百分含量，如 B5 表示镍的含量约为 5%，其余为铜的含量。复杂白铜的代号以"B+元素符号+数字数字"表示，第一个数字表示镍的含量，第二个数字表示第二主加元素的含量，如 BMn3-12 表示镍的含量约为 3%，锰的含量约为 12%。

由于镍和铜能形成无限互溶的固溶体，在铜中加入镍元素可以显著提高其强度、硬度、电阻和热电性，并降低电阻率、温度系数，因此白铜较其他铜合金的力学性能、物理性能都异常良好，延展性好，硬度高，色泽美观，耐腐蚀，深冲性能好，被广泛用于造船、石油化工、电器、仪表、医疗器械、日用品、工艺品等领域，白铜还是重要的电阻及热电偶合金。白铜的缺点是主加元素镍属于稀缺的战略物资，价格比较昂贵。

任务结论

任务 4 的结论如表 1-3-20 所示。

表 1-3-20　有色金属零件的材料牌号、类别及热处理

序号	零件名称	材料牌号	材料类别	热处理方式
1	飞机承重件	LC4	超硬铝合金	时效处理
2	热交换器	H96	黄铜	去应力退火
3	飞行器铆钉	LF5	防锈铝合金	—
4	仪表弹性元件	青铜	QSn4-3	退火

能力拓展

一、镁及镁合金

（一）纯镁

镁是地壳中储量最丰富的金属之一，约占地壳质量的 2.5%。纯镁呈银白色，密度仅为 1.74 g/cm³，是常用结构材料中最轻的金属。镁的熔点为 651℃，具有密排六方结构，塑性较低，冷变形能力差。但当温度升高至 150～225℃时，滑移可以在次滑移系上进行，高温塑性好，可进行各种热加工。

镁的电极电位很低，耐蚀能力差，在大气、淡水及大多数酸、盐介质中易受腐蚀。但在氢氟酸水溶液和碱类以及石油产品中具有比较高的耐蚀性。镁的化学活性很高，在空气中极易氧化，形成的氧化膜疏松多孔，不能起到保护作用。

纯镁强度低，不能直接用作结构材料，主要用于制造镁合金的原料、化工和冶金生产的还原剂以及烟火工业。根据 GB/T 5153—2016《变形镁及镁合金牌号和化学成分》，纯镁牌号以 Mg 加数字的形式表示，Mg 后的数字表示 Mg 的质量分数。

（二）镁合金

纯镁强度低，无法在工程上使用，常加入铝、锌、锰、锆和稀土元素等合金元素制成镁合金。由于合金元素加入产生的固溶强化、细晶强化、沉淀强化等作用，使镁合金的力学性能、耐蚀性能及耐热性能得到提高。镁合金的密度小，比强度、比刚度高，尺寸稳定性和热导率高，机械加工性能好，产品易回收利用，使得镁合金成为 21 世纪重要的商用轻质结构材料。

工业用镁合金按成形工艺可分为变形镁合金和铸造镁合金两大类。

1. 变形镁合金

变形镁合金主要有 Mg-Al 系、Mg-Zn 系、Mg-Mn 系、Mg-Re 系、Mg-Gd 系、Mg-Y 系和 Mg-Li 系。变形镁合金的牌号以英文字母加数字再加英文字母的形式表示，前面的英文字母是其最主要的合金组成元素代号(见表 1-3-21)，其后的数字表示其最主要的合金组成元素的大致含量，最后的英文字母为标识代号，用以标识各具体组成元素相异或元素含量有微小差别的不同合金(见 GB/T 5153—2016《变形镁及镁合金牌号和化学成分》)。例如，AZ41M 表示 Al 和 Zn 含量大致分别为 4%和 1%的镁铝合金。常用变形镁合金的牌号和化学成分见表 1-3-22。其中，以 Mg-Al 和 Mg-Zn 为基础的 Mg-Al-Zn 和 Mg-Zn-Zr 三元系镁合金，即人们通常所说的 AZ 和 ZK 系列最为常见。

表 1-3-21　常见化学元素名称及其代号

元素名称	元素代号	元素名称	元素代号	元素名称	元素代号
铝	A	锂	L	钙	G
锰	M	锶	J	锡	T
镍	N	锆	K	锑	Y
硅	S	铜	C	铅	P
钇	W	镉	D		
锌	Z	稀土	E		

表 1-3-22　常用变形镁合金的牌号和化学成分

合金组别	牌号	主要化学成分/%			
		Al	Zn	Mn	Re
MgAl	AZ61A	5.8～7.2	0.40～1.5	0.15～0.50	—
	AZ61M	5.5～7.0	0.50～1.5	0.15～0.50	—
	AM41M	3.0～5.0	—	0.50～1.50	—
	AT5IM	4.5～5.5	—	0.20～0.50	—
MgZn	ZM21N	0.02	1.3～2.4	0.3～0.9	0.10～0.60Ce
	ZW62M	0.01	5.0～6.5	0.20～0.80	0.12～0.25Ce
	ZK60A	—	4.8～6.2	—	
MgMn	M2M	0.20	0.30	1.3～2.5	
MgRE	EZ22M	0.001	1.2～2.0	0.01	2.0～3.0Er
MgGd	VW83M	0.02	0.10	0.05	
MgY	WE83M	0.01		0.10	2.4～3.4Nd
MgLi	LA43M	2.5～3.5	2.5～3.5	—	

(1) Mg-Al 系镁合金。

Mg-Al 系镁合金中主要合金元素为铝，铝的加入可改善合金的铸造性能，有效提高合金的强度和硬度。因此，Mg-Al 系镁合金具有良好的力学性能、铸造性能和抗大气腐蚀性能，是室温下应用最广的镁合金，典型牌号如 AZ61A、AZ31B、AZ80A 等，其中铝含量为 8%的 AZ80 是唯一可进行淬火时效强化的高强度合金，但应力腐蚀倾向严重，已被 Mg-Zn-Zr 合金代替。

(2) Mg-Zn 系镁合金。

Mg-Zn 系镁合金中主要合金元素为锌，锌除了起固溶强化作用外，还可消除镁合金中铁、镍等杂质元素对腐蚀性能的不利影响。因此，Mg-Zn 二元合金具有较强的固溶强化、时效强化效应，并且具有较好的耐腐蚀性能，但其晶粒粗大，合金中易产生微孔洞，力学性能差，在生产实际中很少应用。

2. 铸造镁合金

铸造铁合金牌号由"Z+镁及主要合金元素的化学符号+数字"组成(见 GB/T 177—2018《铸造镁合金》)，主要合金元素后面跟有表示其名义百分含量的数字，若合金元素的含量低于 1%，则一般不标数字，如 ZMgZn5Zr。铸造镁合金代号由"ZM+数字"组成，数字表示合金的顺序号，如 ZM1，即为 ZMgZnS5Zr。

常用的高强度铸造镁合金主要有 ZM1、ZM2 和 ZM5，这些合金具有较高的强度，良好的塑性和铸造工艺性能，适于铸造各种类型的零部件。但由于耐热性不足，一般使用温度低于 150℃。其中，ZM5 合金是航空航天工业中应用最广的铸造镁合金，一般在淬火或淬火加人工时效下使用，可用于飞机、卫星、仪表等承受较高载荷的结构件或壳体等，如飞机轮毂、方向舵的摇臂支架等。

二、钛及钛合金

(一) 纯钛

纯钛是灰白色金属，密度为 4.507 g/cm^3，熔点高达 1688℃，在 882.5℃化发生 α-Ti 向 β-Ti 的同素异构转变，α-Ti 具有密排六方结构，存在于 882.5℃以下，而 β-TI 具有体心立方结构，存在于 8825℃以上。

纯钛的强度低，塑性好，易于冷加工成形，其退火状态的力学性能与纯铁相近。但钛的比强度高，低温韧性好，在 −235℃下仍具有较好的综合力学性能。钛的耐蚀性好，其抗氧化能力优于大多数奥氏体不锈钢。

钛的性能受杂质的影响很大，少量的杂质就会使钛的强度激增，塑性显著下降。工业纯钛中常存杂质有 N、H、O、Fe、Mg 等，常用于制作 350℃以下工作，强度要求不高的零件及冲压件，如热交换器、海水净化装置、石油工业中的阀门等。工业纯钛牌号共有 13个，其化学成分详见 GB/T 3620.1—2016《钛及钛合金牌号和化学成分》。

(二) 钛合金

纯钛的塑性高，但强度低，因而限制了它在工业上的应用。在钛中加入合金元素形成钛合金，可使纯钛的强度明显提高。不同合金元素对钛的强化作用、同素异构转变温度及相稳定性的影响都不同。有些元素在 α-Ti 中固溶度较大，形成 α 固溶体，并使钛的同素异构转变温度升高，这类元素称为 α 稳定元素，如 Al、C、N、O、B 等；有些元素在 β-Ti 中固溶度较大，形成 β 固溶体，并使钛的同素异构转变温度降低，这类元素称为 β 稳定元素，如 Fe、Mo、Mg、Mn、V 等；有些元素在 α-Ti 和 β-Ti 中固溶度都很大，对钛的同素异构转变温度影响不大，这类元素称为中性元素，如 Sn、Zr 等。

钛合金的牌号、品种很多，分类方法也很多，常根据退火状态的组织将钛合金分为三类：α 型钛合金(用 TA 表示)、β 型钛合金(用 TB 表示)和(α+β)型钛合金(用 TC 表示)，合金牌号在 TA、TB、TC 后加上顺序号，如 TA5、TB2、TC4 等。

1. α 型钛合金

α 型钛合金中加入了 Al、B 等 α 稳定元素及中性元素 Sn、Zr(锆)等，有时还加入少量 β 相稳定元素 Cu、Mo、V、Nb 等，退火状态下的室温组织为单相 α 固溶体或 α 固溶体加微量金属间化合物。α 型钛合金不能热处理强化，只能进行退火处理，室温强度中等。由于合金中含 Al、Sn 量较高，因此耐热性较高，600℃以下具有良好的热强性和抗氧化能力。α 型钛合金还有优良的焊接性能，并可用高温锻造的方法进行热成形加工。

TA7(名义化学成分为 Ti-5Al-2.5Sn)是常用的 α 型钛合金。该合金具有较高的室温强度、高温强度及优越的抗氧化和耐蚀性，还具有优良的低温性能，在 −253℃下 R_m=1575 MPa、$R_{p0.2}$=1505 MPa、A=12%，主要用于制造使用温度不超过 500℃的零件，如航空发动机压气机叶片和管道，导弹的燃料缸，超音速飞机的涡轮机匣及火箭、飞机的高压低温容器等。TA5（名义化学成分为 Ti-4Al-0.005B)、TA6(名义化学成分为 Ti-5A1)主要用作钛合金的焊丝材料。

2. β 型钛合金

β 型钛合金中加入了大量的 β 稳定元素，如 Mo、Cr、V、Mn 等，同时还加入一定量的 Al 等 α 稳定元素。此类合金淬火后的强度不高(R_m=850～950 MPa)，塑性好(A=18%～20%)，具有良好的成形性，主要用于制造使用温度在 350℃以下的结构零件和紧固件，如空气压缩机叶片、轮盘、轴类等重载荷旋转件以及飞机构件。

3. (α+β)型钛合金

(α+β)型钛合金是目前最重要的一类钛合金，也是低温和超低温的重要结构材料。合金中同时加入 α 稳定元素和 β 稳定元素，如 Al、V、Mn 等，合金退火组织为 α+β，且以 α 相为主，β 相的数量通常不超过 30%。此类合金强度高、塑性好，耐热强度高，耐蚀性和耐低温性好，具有良好的压力加工性能，并可通过淬火时效强化大幅度提高合金强度，但热稳定性较差，焊接性能不如 α 型钛合金。

TC4(名义化学成分为 Ti-6Al-4V)是用途最广、使用量最大(占钛总用量的 50%以上)的(α+B)型钛合金。由于 Al 对 α 相的固溶强化及 V 对 β 相的固溶强化，TC4 在退火状态就具有较高的强度和良好的塑性(R_m=950 MPa，A=30%)，经 930℃加热淬火和 540℃时效2 h 后，其 R_m 可达 1274 MPa，A>13%，并有较高的蠕变抗力，良好的低温韧性和耐蚀性，适于制造 400℃以下和低温下工作的零件，如火箭发动机外壳、火箭和导弹的液氢燃料箱部件等。

思考与练习

1. 说明硫在钢中的存在形式，分析它在钢中的可能作用。
2. 分析 15CrMo、40CrNiMo、W6Mo5SCr4V2 和 10Cr17Mo 钢中 Mo 元素的主要作用。

3. 为普通自行车的下列零件选择其合适材料：① 链条；② 座位弹簧；③ 大梁；④ 链条罩；⑤ 前轴。

4. 某厂原用 40Cr 生产高强韧性螺栓。现该厂无此钢，但库房尚有 15 钢、20Cr、60CrMn、9Cr2。试问这四种钢中有无可代替上述 40Cr 螺栓的材料？若有，应怎样进行热处理？其代用的理论依据是什么？

5. 试比较 T9、9SiCr、W6Mo5Cr4V2 作为切削刀具材料的热处理、力学性能特点及适用范围，并由此得出一般性结论。

6. 高速工具钢冷作模具有哪些特点？其主要缺点是什么？并对此提出可能的解决措施。

7. 灰铸铁具有低缺口敏感性，试说明这一特性的工程应用意义。

8. "以铸代锻、以铁代钢"可适用于哪些场合？试举两例说明。

9. 为什么铸造生产中，化学成分如具有三低(碳、硅、锰的含量低)一高(硫含量高)特点的铸铁易形成白口？

10. 现有形状和尺寸完全相同的白口铸铁、灰铸铁和低碳钢棒料各一根，如何用最简便的方法将它们迅速区分出来？

11. 机床的床身、床脚和箱体为什么宜采用灰铸铁铸造？能否用钢板焊接制造？试就两者的实用性和经济性做简要的比较。

12. 为什么可锻铸铁适宜制造整厚较薄的零件？而球墨铸铁却不宜制造壁厚较薄的零件？

13. 为下列零件或构件确定主要性能要求，适用材料及简明工艺：
① 机床丝杠；② 大型桥梁；③ 载重汽车连杆；④ 特种汽车连杆锻模；⑤ 机床床身；⑥ 加热炉底板；⑦ 汽轮机叶片；⑧ 铝合金门窗挤压模；⑨ 汽车外壳；⑩ 手表外壳。

14. 柴油机活塞常采用铝合金制造，试选用合适的铝合金。

15. 试选用合适的材料制造内燃机的曲轴轴承及连杆轴承。

16. 试选用合适的材料制造音响用塑料外壳的模具。

17. 试选用合适的材料制造在高速、中载、无冲击条件下工作的磨床砂轮箱齿轮。

18. 简述轻合金在汽车上的主要应用。

模块二　典型零件制造及工艺规程

项目一　法兰盘的砂型铸造

 项目体系图

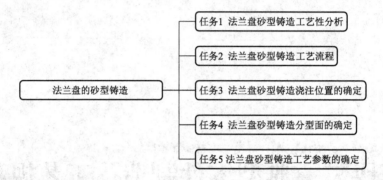

法兰盘的砂型铸造 —— 任务1 法兰盘砂型铸造工艺性分析
　　　　　　　　　　 —— 任务2 法兰盘砂型铸造工艺流程
　　　　　　　　　　 —— 任务3 法兰盘砂型铸造浇注位置的确定
　　　　　　　　　　 —— 任务4 法兰盘砂型铸造分型面的确定
　　　　　　　　　　 —— 任务5 法兰盘砂型铸造工艺参数的确定

 项目描述

　　本项目以法兰盘为典型案例，进行法兰盘砂型铸造工艺性分析，工艺流程的制定，浇注位置、分型面及工艺参数的确定，并最终完成法兰盘铸造工艺图的绘制。通过本项目的任务训练，同学们可初步掌握砂型铸造的使用范围与工艺流程。

 任务工单

　　本项目以法兰盘为研究对象，如表 2-1-1 所示，分为五个任务进行法兰盘铸造工艺性分析、工艺流程确定、浇注位置确定、分型面的确定及工艺参数的确定。法兰盘的加工要求如图 2-1-1 所示。

表 2-1-1　法兰盘砂型铸造任务工单

任务 1	法兰盘砂型铸造工艺性分析
任务描述	法兰盘材料为 HT200，采用砂型铸造的方式，产量为 200 件，分析其铸造工艺性
加工要求	 图 2-1-1　法兰盘

续表

任务要求	从合金的铸造性能、应力应变、结构等方面进行铸造性能工艺性分析
任务2	**法兰盘砂型铸造工艺流程**
任务描述	确定法兰盘砂型铸造的工艺流程
加工要求	(1) 确定砂型的造型方法； (2) 确定型芯的造型方法
任务要求	绘制法兰盘砂型铸造的工艺流程图
任务3	**法兰盘砂型铸造浇注位置的确定**
任务描述	确定法兰盘砂型铸造的浇注位置
加工要求	根据"三下一上"原则确定浇注位置
任务要求	确定法兰盘砂型铸造的浇注位置，保证重要平面的质量
任务4	**法兰盘砂型铸造分型面的确定**
任务描述	确定法兰盘砂型铸造的分型面
加工要求	便于脱模
任务要求	确定法兰盘砂型铸造的分型面
任务5	**法兰盘砂型铸造工艺参数的确定**
任务描述	确定法兰盘砂型铸造的工艺参数
加工要求	确定尺寸公差、机械加工余量、最小铸出孔、铸造收缩率、起模斜度等工艺参数
任务要求	确定法兰盘砂型铸造的工艺参数，完成铸造工艺图的绘制。

任务评价	考核项目	评价标准	分值
	考勤	无迟到、旷课或缺勤现象	10
	任务一	分析合理，结论正确	20
	任务二	工艺流程合理，可实施	20
	任务三	浇注位置合理，可保证重要平面	5
	任务四	分型面选择合理，利于脱模	5
	任务五	工艺参数选择合理	20
	铸造工艺图	工艺图信息完整，符合国家标准	20
	总分	100 分	

 教学目标

知识目标：

(1) 掌握砂型铸造的定义及适用范围；

(2) 理解砂型铸造工艺设计内容及原则；

(3) 了解特种铸造的分类、产品特点及适用条件。

能力目标：

(1) 能够针对中等复杂零件进行砂型铸造的工艺性分析；

(2) 能够根据简单零件的结构特性和加工要求，确定砂型铸造的浇注位置、分型面、加工余量及起模斜度。

素质目标：

(1) 锻炼学生的逻辑分析能力；

(2) 提升学生的团队合作意识。

 **知识链接**

铸造是由液态金属直接成型的一种毛坯生产方法，是将液态金属浇注到与零件形状相适应的铸型型腔中，使其冷却凝固，从而获得铸件的方法。铸造概述

铸造主要分为砂型铸造和特种铸造。除了砂型铸造以外的其他方法称为特种铸造，包括熔模铸造、金属型铸造、压力铸造和离心铸造等。

一、砂型铸造

砂型铸造分为手工造型和机器造型。全部由手工或手动工具完成的造型工序称为手工造型。手工造型时，填砂、紧实和起模都用手工来完成。手工造型操作方便灵活、适应性强、模样生产准备时间短，但生产率低、劳动强度大、铸件质量不易保证。故手工造型只适用于单件或小批量生产。

如图 2-1-2 所示，以带有空心的套筒零件为例说明砂型铸造过程。首先，需要制造模型和型芯盒，并且要配置型砂和芯砂。模型是用来造型的，型芯盒用来造芯，把型芯安放到模型中后合箱；之后，熔化金属，把高温的液态金属浇注到合箱以后的铸型，待其冷却凝固以后，再进行落砂、清理，检验，最后得到一个中空的圆柱体铸件。

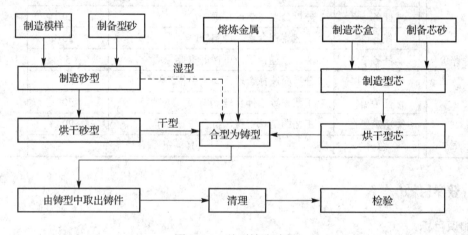

图 2-1-2　砂型铸造过程

二、熔模铸造

熔模铸造是在易熔模样表面包覆数层耐火涂料，待其硬化干燥后，将模样熔去而制成型壳，经浇注而获得铸件的一种方法，其工艺流程如图 2-1-3 所示。

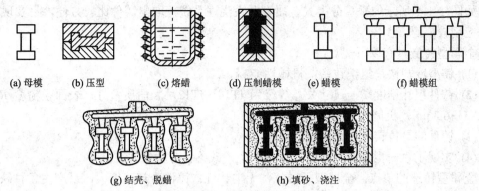

(a) 母模　　(b) 压型　　(c) 熔蜡　　(d) 压制蜡模　　(e) 蜡模　　　　(f) 蜡模组

(g) 结壳、脱蜡　　　　　　(h) 填砂、浇注

图 2-1-3　熔模铸造过程

熔模铸造具有以下特点：

(1) 熔模铸造的铸型无分型面，不需要起模斜度，也不必另装型芯，型腔光滑，所以铸件精度高(IT14～IT11)，表面粗糙度低(Ra 为 12.5～1.6 μm)，熔模铸造是重要的无切削加工方法。

(2) 可制造形状复杂的铸件。铸出孔最小直径为 0.5 mm，最小壁厚可达 0.3 mm。

(3) 型壳经过硬化、焙烧后发气性小，透气性、退让性和出砂性较好，铸件废品率低。

(4) 熔模铸造可用于铸造各种合金铸件，包括铝、铜等有色金属、合金钢及熔点高、难加工的特种合金等。对于耐热合金的复杂件铸造，熔模铸造几乎是唯一的生产方法。

(5) 生产批量不受限制。从单件到大批量生产都能实现机械化流水作业。

(6) 工艺过程复杂。生产周期长，铸件成本较高，铸件重量不超过 25 kg。

熔模铸造主要用于生产形状复杂、精度要求高、熔点高和难切削加工的小型零件，如汽轮机叶片、切削刀具、风动工具、变速箱拨叉和枪支零件以及汽车、拖拉机、机床上的小零件等。

三、金属型铸造

金属型铸造是指在重力下将金属液浇入金属铸型中，以获得铸件的方法，如图 2-1-4 所示。

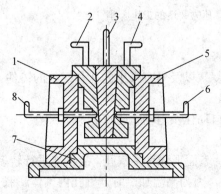

1、5—左右半型；
2、3、4—分块金属型芯；
6、8—销孔金属型芯；
7—底座。

图 2-1-4　铸造铝合金活塞用的垂直分型式金属型

根据分型面位置不同，金属型可分为整体式、垂直分型式、水平分型式和复合分型式，

其中如图 2-1-4 所示的垂直分型式金属型开设浇注系统，取出铸件比较方便，易实现机械化，应用较广泛。

金属型铸造具有以下优点：

(1) 铸型冷却快，组织致密，机械性能高。

(2) 铸件尺寸精度高，尺寸公差等级为 IT14～IT12，表面质量好，表面粗糙度 Ra 值为 12.5～6.3 μm，机械加工余量小。

(3) 铸件的晶粒较细，力学性能好。

(4) 实现了"一型多铸"，提高了生产率，改善了劳动条件。

金属型铸造的缺点：金属型不透气，无退让性，铸件冷却速度大，易产生各种缺陷，因此，对铸造工艺要严格控制。必须采用机械化和自动化，否则劳动条件差。

金属型铸造适用于大批生产的有色金属铸件，如铝合金的活塞、汽缸体、汽缸盖，铜合金的轴瓦、轴套等。对黑色金属铸件只限于形状简单的中小铸件。生产中常根据铸造合金的种类选择金属型材料。浇注低熔点合金(锡、锌、镁等)可选用灰铸铁；浇注铝合金、铜合金可选用合金铸铁；浇注铸铁和钢可选用球墨铸铁、碳素钢和合金钢等。

四、压力铸造

熔融金属在高压下迅速充型并凝固而获得铸件的方法称为压力铸造，简称压铸。常用压射比压为 30～70 MPa，压射速度为 0.5～50 m/s，有时高达 120 m/s，充型时间为 0.01～0.2 s。高压、高速充填铸型是压铸的重要特征。

压力铸造的工作原理如图 2-1-5 所示。

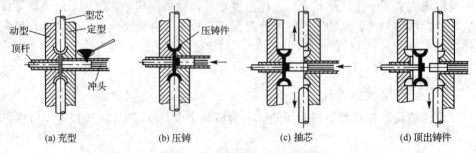

(a) 充型　　　　(b) 压铸　　　　(c) 抽芯　　　　(d) 顶出铸件

图 2-1-5　压力铸造的工作原理

压力铸造的优点如下：

(1) 压铸件尺寸精度高，表面质量好。

(2) 压力铸造可以压铸壁薄、形状复杂以及具有很小的孔和螺纹的铸件。

(3) 压铸件的强度和表面硬度较高。

(4) 压力铸造生产率高，可实现半自动化及自动化生产。

压力铸造的缺点如下：

(1) 高速液流会包住大量气体，铸件表面形成许多气孔，故不能进行较多的切削加工，以免气孔暴露出来；也不能进行热处理，因为高温加热时，气孔内气体膨胀会使铸件表面鼓泡或变形。

(2) 压铸黑色金属时铸型寿命很低，困难大。

(3) 设备投资大，生产准备时间长，只有大量生产时才合算。

目前压力铸造主要用于有色金属铸件。应用最多的是汽车、拖拉机制造业；其次是仪表制造和电子仪器工业、农业机械、国防工业、计算机等。生产的零件如发动机汽缸体、汽缸盖等。重量从几克到几十千克。

五、低压铸造

低压铸造是将液态合金在压力作用下，由下而上压入铸型型腔，并在压力作用下凝固，获得铸件的铸造方法。低压铸造的原理如图 2-1-6 所示，密封的坩埚内通入干燥的压缩空气或惰性气体，借助作用于金属液面上的压力，使金属液沿升液管自下而上通过浇道平稳地充满铸型，充型压力一般为 20～60 kPa。当铸件完全凝固后，解除液面上的气体压力，使升液管和浇道中没有凝固的金属液，靠自重流回坩埚中，然后打开铸型，取出铸件。

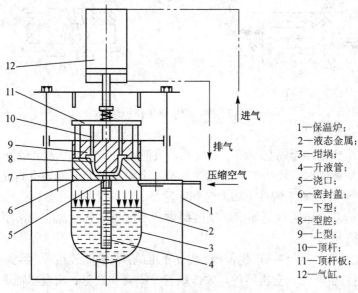

1—保温炉；
2—液态金属；
3—坩埚；
4—升液管；
5—浇口；
6—密封盖；
7—下型；
8—型腔；
9—上型；
10—顶杆；
11—顶杆板；
12—气缸。

图 2-1-6 低压铸造原理图

低压铸造生产工艺过程包括以下四道基本工序：

(1) 金属熔炼及模具或铸型的准备。

(2) 浇注前的准备：包括坩埚密封(装配密封盖)，升液管中的扒渣，测量液面高度，密封性试验，配模，紧固模具或铸型等。

(3) 浇注：包括升液、充型、增压、凝固、卸压和冷却等。

(4) 脱模：包括松型脱模和取出铸件。

低压铸造的优点如下：

(1) 低压铸造在浇注时液态金属的上升速度和凝固压力可以调节，故可用于各种不同铸型(如金属型、砂型等)铸造各种合金及各种大小的铸件。

(2) 低压铸造采用底注式充型，液态金属充型平稳，无飞溅现象，可避免卷入气体及造成对型壁和型芯的冲刷，铸件的气孔、夹渣等缺陷少，提高了铸件的合格率。

(3) 低压铸件在压力下结晶，铸件组织致密、轮廓清晰、表面光洁、力学性能较高，尤其适合大型薄壁件的铸造。

(4) 低压铸造可减少或省去冒口，使金属的收缩率大大提高。

(5) 低压铸造劳动条件好，设备简单，易实现机械化和自动化。

六、离心铸造

离心铸造是将金属液浇入旋转的铸型中，在离心力作用下，成型并凝固的铸造方法。离心铸造机的工作示意图如图 2-1-7 所示。卧式离心铸造的铸型绕水平轴旋转，见图 2-1-7(a)，适合浇注长径比较大的各种管件；立式离心铸造的铸型绕垂直轴旋转，见图 2-1-7(b)，适合浇注各种盘、环类铸件。

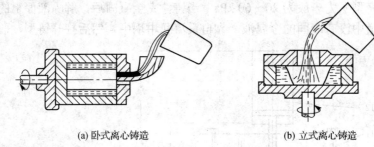

(a) 卧式离心铸造   (b) 立式离心铸造

图 2-1-7 离心铸造机工作示意图

离心铸造的优点如下：

(1) 铸件组织致密，无缩孔、缩松、气孔、夹渣等缺陷；力学性能较好。

(2) 铸造中空铸件时，不用型芯和浇注系统。金属液的充型能力得到提高，可浇注流动性较差的合金铸件和薄壁铸件，如涡轮和叶轮等。

(3) 便于铸造双金属铸件。如钢件镶铸铜衬，不仅表面强度高、内部耐磨性好，还可以节约贵重金属。

离心铸造的缺点为：铸件易产生偏析，内孔不准确，内表面较粗糙，需要增大加工余量。

离心铸造适宜生产管、套类零件，如铸铁管、铜套、缸套、双金属轴承等。也可生产耐热钢管道、特殊钢无缝钢管毛坯等。铸件内径从 $\phi 7$ mm～$\phi 3$ m，长 8 m，可重达十几吨。

任务 1 法兰盘砂型铸造工艺性分析

任务要求

(1) 完成 HT200 铸造性能分析；

(2) 完成表 2-1-1 中图 2-1-1 所示法兰盘砂型铸造工艺性分析。

知识引入

砂型铸造的工艺性分析包含材料的铸造性能分析、铸造内应力及铸件的变形、裂纹分析、结构工艺性分析等四方面。

一、常用铸造合金

(一) 铸铁

1. 灰口铸铁

灰口铸铁中的碳全部或大部分以片状石墨形态存在，断口呈灰暗色。灰口铸铁多用冲天炉熔炼，但随着环保要求的提升，近年来已有不少工厂用工频感应炉来熔炼灰口铸铁，可获得洁净、高温、成分准确的优质铁水。灰口铸铁件主要用砂型铸造。

为了改善灰口铸铁的组织，提高灰口铸铁的强度和其他性能，生产中常进行孕育处理。孕育处理就是在浇注前往铁液中加入孕育剂，使石墨细化，基体组织细密(珠光体基体)。生产中常用的孕育剂是含硅量为 75%的硅铁，加入量为铁水质量的 0.25%～0.6%。

2. 球墨铸铁

球墨铸铁的化学成分与灰口铸铁基本相同，但要求高碳(ω_C=3.6%～4.0%)和高硅，低硫(ω_S<0.006%)，低磷。

球墨铸铁在冶炼过程中需要进行球化处理和孕育处理。球化剂的作用是使石墨呈球状析出，常使用的是稀土镁合金。孕育剂的作用主要是进一步促进铸铁石墨球化，防止球化衰退和球化元素所造成的白口倾向。同时，通过孕育处理还可使石墨圆整、细化，改善球墨铸铁的力学性能。

球墨铸铁含碳量高，接近共晶成分，其流动性与灰铸铁相近，可生产壁厚为 3～4 mm 的铸件。常常增设冒口和冷铁，采用顺序凝固；同时使用干型或快干型水玻璃等措施增大铸型刚度，以防止上述缺陷的产生。

3. 可锻铸铁

可锻铸铁是用低碳、低硅的铁水浇注出白口组织的铸件毛坯，然后经高温(900～950℃)石墨化退火，使白口铸件中的渗碳体分解为团絮状石墨，从而得到由团絮状石墨和不同基体组织而成的铸铁。

4. 蠕墨铸铁

蠕墨铸铁的石墨形态介于片状和球状石墨之间，石墨形态在光学显微镜下看起来像片状，但不同于灰口铸铁的是其片较短而厚、头部较圆(形似蠕虫)。所以可以认为蠕虫状石墨是一种过渡型石墨。蠕墨铸铁件的生产过程与球墨铸铁件相似，主要包括熔炼铁液、蠕化、孕育处理和浇注等。但一般不进行热处理，而以铸态使用。

蠕墨铸铁在充分蠕化的条件下，其铸造性能与灰口铸铁相近。它具有比灰口铸铁更高的流动性(因除气和净化好)，可浇注复杂铸件及薄壁铸件；收缩性介于灰口铸铁和球墨铸铁之间，倾向于形成集中缩孔；因具有共晶成分或接近于共晶成分，故热裂倾向小；有一定的塑性，不易产生冷裂纹。

(二) 铸钢

铸钢是重要的铸造合金。按照化学成分，铸钢可分为铸造碳钢和铸造合金钢两大类。

铸造碳钢应用最广，占总产量的 80% 以上。目前在铸钢生产中应用最普遍的炼钢设备是三相电弧炉。近年来，感应电炉炼钢发展得很快。

铸钢的熔点高(约 1500℃)、流动性差、收缩率大(达 2%)，在熔炼过程中，易吸气和氧化，在浇注过程中易产生黏砂、浇不足、冷隔、缩孔、变形、裂纹、夹渣和气孔等缺陷。因此，在工艺上必须采取相应措施来防止上述缺陷。

铸钢主要用于一些形状复杂，用其他方法难以制造，而又要求有较高力学性能的零件。如高压阀门壳体、轧钢机的机架、某些齿轮等。

二、合金的铸造性能分析

合金的铸造性能分析

合金的铸造性能指的是合金在铸造时的难易程度。如果合金在熔化的时候不易氧化，不易吸气，浇注的时候容易充满型腔，凝固的时候不易产生缩孔，化学成分均匀，在冷却的时候不易变形和开裂，那么这种合金铸造性能就比较好。

铸造性能的衡量指标主要有两个，一个是合金的流动性，另一个是合金的收缩。

(一) 合金的流动性

合金的流动性指的是液态金属填充铸型的能力。铁碳合金的流动性与碳的质量分数之间的关系如图 2-1-8 所示。

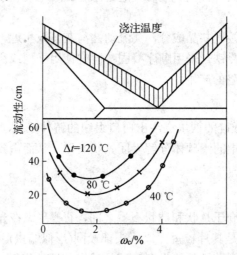

图 2-1-8　铁碳合金的流动性与碳的质量分数的关系

如果合金的流动性好，有利于非金属夹杂物和气体的上浮以及排除，易于补铸，就容易形成轮廓清晰的薄壁复杂件。但液态金属在浇入铸型以后，它的散热伴随着结晶现象，同时，铸型对金属液也会产生一定的阻力，型腔中的气体还会产生反压力，这些都会使得液态金属在流动过程当中造成一定的阻力。如果合金的流动性不好，就会产生浇不足和冷隔等缺陷。

液态金属加入到铸型当中以后，会形成两股金属流，若在凝固之前，两股金属流没有汇合，那么就会形成铸造缺陷，这种缺陷称为浇不足，如图 2-1-9 所示。

浇不足

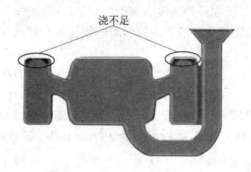

图 2-1-9　铸铁浇不足

冷隔是液态金属在凝固之前,两股金属流已经汇合了,但这两股金属流没有完全融合,因此在它们汇合之处形成了冷隔层。一旦形成冷隔,就会严重影响铸件在这个位置的力学性能,如图 2-1-10 所示。

图 2-1-10　铸铝件冷隔缺陷

(二) 合金的收缩

在生产实际当中,铸件的凝固方式分为三种,就是逐层凝固、体积凝固或糊状凝固、中间凝固。

(1) 逐层凝固。当液态金属浇入铸型以后,它由表及里不是固相就是液相。合金在共晶范围内,浇注以后只有两相区,在熔点以上就是液相,凝固点以下就是固相,所以逐层凝固,即由表及里、一层一层结晶凝固。纯金属或共晶成分的合金一般是此种凝固方式。

(2) 糊状凝固。假定液态金属浇入到这个型腔以后,都是属于两相区,在液态当中存在晶核。结晶温度范围很宽的合金的凝固是此种方式。

(3) 中间凝固形式介于逐层凝固和糊状凝固之间,液态中存在固相区、液相区,在固相区和液相区之间还有两相区。大多数合金为此种凝固方式。

1. 收缩的概念

合金从液态冷却至室温的过程中,其体积或尺寸缩小的现象,称为收缩。收缩是铸造合金本身的物理性质,它是铸件产生缩孔、缩松、热应力、变形及裂纹等铸造缺陷的基本原因。

液态金属注入铸型以后,从浇注温度冷却到室温要经历三个互相联系的收缩阶段:

(1) 液态收缩:是指液态金属由浇注温度冷却到凝固开始温度(液相线温度)之间的收缩。

(2) 凝固收缩：是指从凝固开始温度到凝固终了温度(固相线温度)之间的收缩。合金结晶的范围越大，则凝固收缩越大。液态收缩和凝固收缩使金属液体积缩小，一般表现为型腔内液面降低。

(3) 固态收缩：是指合金从凝固终了温度冷却到室温之间的收缩，这是处于固态下的收缩。

铸件收缩的大小主要取决于合金成分、浇注温度、铸件结构和铸型条件。常用铸造合金中，灰铸铁的体收缩率约为 7%，线收缩率为 0.7%～1.0%；碳素铸钢的体收缩率为 12%，线收缩率为 1.5%～2.0%。

2. 铸件中的缩孔和缩松

在铸件的凝固过程中，由于合金的液态收缩和凝固收缩，使铸件的最后凝固部位出现孔洞，容积较大而集中的孔洞称为缩孔，细小而分散的孔洞称为缩松。

(1) 缩孔。缩孔通常隐藏在铸件上部或最后凝固部位。缩孔的外形特征是：多近于倒锥形，内表面不光滑。缩孔的形成过程如图 2-1-11 所示。

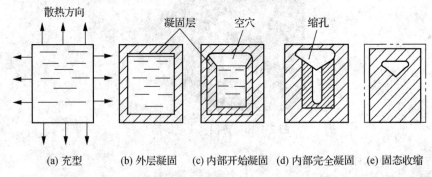

(a) 充型　　(b) 外层凝固　　(c) 内部开始凝固　　(d) 内部完全凝固　　(e) 固态收缩

图 2-1-11　缩孔的形成过程

(2) 缩松。缩松多分布于铸件的轴线区域、内浇口附近甚至厚大铸件的整个断面。

如图 2-1-12 所示，具有较宽凝固温度范围的合金在铸件的断面上温度梯度又较小的条件下凝固时，合金液最后在心部较宽的区域内同时凝固(见图 2-1-12(a))，初生的树枝晶把液体分隔成许多小的封闭区(见图 2-1-12(b))。这些小封闭区液体的收缩得不到外界金属液的补充，便形成细小分散的孔洞(见图 2-1-12(c))，即缩松。

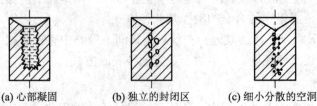

(a) 心部凝固　　　　(b) 独立的封闭区　　　　(c) 细小分散的空洞

图 2-1-12　缩松的形成过程

3. 防止铸件产生缩孔的方法

虽然收缩是铸造合金的物理本性，但铸件中的缩孔并不是不可避免的。在进行铸造工艺设计时，只要采取一定的工艺措施，就能有效地防止铸件中产生缩孔。

在实际生产中，通常遵循顺序凝固原则。所谓顺序凝固，是指在铸件可能出现缩孔的厚大部位,通过安放冒口(为避免铸件出现缺陷而附加在铸件上方或侧面的补充部分)等工艺措施来防止缩孔。如图 2-1-13 所示,使铸件上远离冒口的部位最先凝固(图 2-1-13 中的Ⅰ区),接着是靠近冒口的部位凝固(图 2-1-13 中的Ⅱ区、Ⅲ区),冒口本身最后凝固,落砂之后冒口需要切除掉。

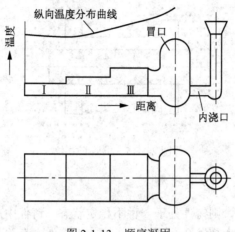

图 2-1-13 顺序凝固

4. 缩孔位置的确定

在生产中,确定缩孔位置的常用方法有"凝固等温线法""内切圆法""计算机凝固模拟法"等。

三、铸造内应力及铸件的变形、裂纹

铸件凝固后在冷却至室温的过程中还会继续收缩,有些合金甚至会发生固态相变而引起收缩或膨胀,这些收缩或膨胀如果受到阻碍或因铸件各部分互相牵制,都将使铸件内部产生应力。内应力是铸件产生变形及裂纹的主要原因。

(一) 热应力

铸件在凝固和其后的冷却过程中,因壁厚不均,各部分冷却速度不同,便会造成同一时刻各部分收缩量不同,因此在铸件内彼此相互制约而产生应力,如图 2-1-14 所示。

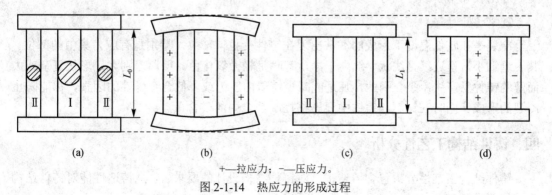

+—拉应力; —压应力。

图 2-1-14 热应力的形成过程

(二) 机械应力

如图 2-1-15 所示，铸件收缩受到铸型、型芯及浇注系统的机械阻碍而产生的应力，称为机械阻碍应力，简称机械应力。

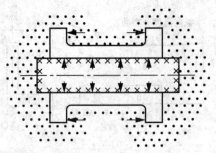

图 2-1-15　机械应力

(三) 铸件的变形及其防止措施

如果铸件存在内应力，则铸件处于一种不稳定状态。铸件中厚的部分受拉应力，薄的部分受压应力。如果内应力超过合金的屈服点时，则铸件本身总是力图通过变形来减缓内应力。因此细长或又大又薄的铸件易发生变形。

为了防止铸件变形，设计时应使铸件各部分壁厚尽可能均匀或形状对称。在铸造工艺上可采取同时凝固原则。此外，还可在制模时采用反变形法；有时也在薄壁处附加工艺筋。

(四) 铸件的裂纹及防止

如果铸造内应力超过合金的强度极限，则会产生裂纹。裂纹分为热裂和冷裂两种。

1. 热裂

热裂是在凝固后期高温下形成的，主要是由于收缩受到机械阻碍作用而产生的。它具有裂纹短、形状曲折、缝隙宽、断面有严重氧化、无金属光泽、裂纹沿晶界产生和发展等特征，常见于铸钢和铝合金铸件中。

防止热裂的主要措施除合理设计铸件结构外，还应合理选用型砂或芯砂的黏结剂，以改善其退让性；大的型芯可采用中空结构或内部填以焦炭；严格限制铸钢和铸铁中硫的含量；选用收缩率小的合金等。

2. 冷裂

冷裂是在较低温度下形成的，常出现在铸件受拉伸部位，特别是有应力集中的部位。其裂缝细小，呈连续直线状，缝内干净，有时呈轻微氧化色。壁厚差别大，形状复杂或大而薄的铸件易产生冷裂。因此，凡是能减少铸造内应力或降低合金脆性的因素，都能防止冷裂的形成。同时在铸钢和铸铁中要严格控制合金中的磷含量。

四、铸件结构工艺性分析

铸件结构工艺性分析包含铸造工艺对铸件结构设计的要求、合金铸造性能对铸件结构设计的要求两部分。

(一) 铸造工艺对铸件结构设计的要求

1. 避免外部侧凹

铸件在起模方向上若有侧凹，必将增加分型面的数量，增加砂箱数量和造型工时，而且铸件也容易产生错型，影响铸件的外形和尺寸精度。如图 2-1-16(a)所示的端盖，由于上下法兰的存在，使铸件产生侧凹，铸件具有两个分型面，所以必须采用三箱造型，或增加环状外型芯，造型工艺复杂。若改为如图 2-1-16(b)所示的结构，取消上部法兰，使铸件只有一个分型面，则可采用两箱造型，可以显著提高造型效率。

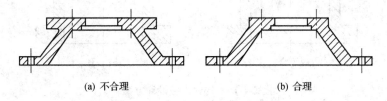

(a) 不合理　　　　　　　　(b) 合理

图 2-1-16　端盖的设计

2. 凸台、肋板的设计

设计铸件侧壁上的凸台、肋板时，考虑起模方便，应尽量避免使用活块和型芯。如图 2-1-17(a)、(b)所示的凸台均妨碍起模，应将相近的凸台连成一片，并延长到分型面。如图 2-1-17(c)、(d)所示凸台就不需要活块和型芯，便于起模。

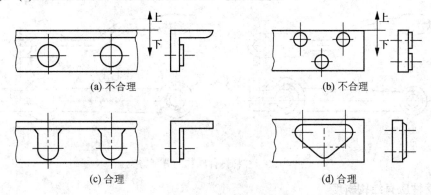

(a) 不合理　　　　　　　　(b) 不合理

(c) 合理　　　　　　　　(d) 合理

图 2-1-17　凸台的设计

3. 合理设计铸件内腔

(1) 尽量避免或减少型芯。如图 2-1-18(a)所示，悬臂支架采用方形中空截面，为形成其内腔，必须采用悬臂型芯，而型芯的固定、排气和出砂都很困难。若改为如图 2-1-18(b)所示"工"字形开式截面，则可省去型芯。

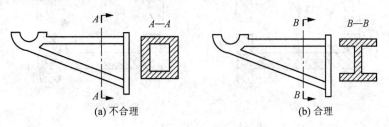

(a) 不合理　　　　　　　　(b) 合理

图 2-1-18　悬臂支架

　　(2) 型芯要便于固定、排气和清理。型芯在铸型中的支承必须牢固，否则型芯会因无法承受浇注时液态金属的冲击而产生偏心缺陷，造成废品。

　　(3) 应避免出现封闭空腔。如图 2-1-19(a)所示铸件为封闭的空腔结构，其型芯安放困难、排气不畅、无法清砂、结构工艺性极差。若改为如图 2-1-19(b)所示结构，该结构设计合理，则可避免上述问题。

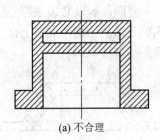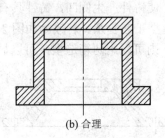

(a) 不合理　　　　　　　　　　　　(b) 合理

图 2-1-19　铸件内腔设计方案

4. 分型面尽量平直

　　分型面如果不平直，造型时必须采用挖砂造型或假箱造型，导致生产率很低。如将图 2-1-20(a)所示的杠杆铸件改为图 2-1-20(b)所示的结构，则分型面变为平面，方便了制模和造型，故图 2-1-20(b)的分型方案更合理。

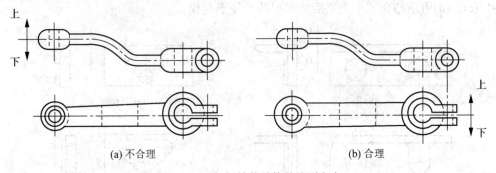

(a) 不合理　　　　　　　　　　　　(b) 合理

图 2-1-20　杠杆铸件结构的分型方案

5. 铸件应有结构斜度

　　铸件垂直于分型面的非加工表面应设计出结构斜度，如图 2-1-21(b)所示的结构在造型时容易起模，不易损坏型腔，这样的设计是合理的。而图 2-1-21(a)为无结构斜度的不合理结构。

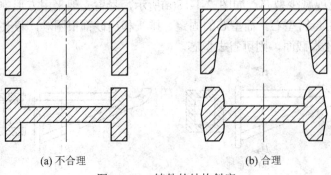

(a) 不合理　　　　　　　　　　　　(b) 合理

图 2-1-21　铸件的结构斜度

(二) 合金铸造性对铸件结构设计的要求

1. 合理设计铸件的壁厚

若铸件壁厚过小,易出现冷隔、浇不足。砂型铸造方法生产铸件的最小壁厚见表2-1-2。

表2-1-2 砂型铸造铸件最小壁厚　　　　　其余单位: mm

铸件尺寸 /(mm×mm)	合 金 种 类					
	铸钢	灰铸铁	球墨铸铁	可锻铸铁	铝合金	铜合金
< 200 × 200	6~8	5~6	6	5	3	3~5
200 × 200~500 × 500	10~12	6~10	12	8	4	6~8
> 500 × 500	15~20	15~20	15~20	10~12	6	10~12

当铸件壁厚不能满足铸件力学性能要求时,可采用加强肋结构,而不是用单纯增加壁厚的方法,如图2-1-22所示。

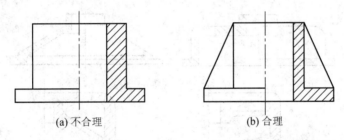

(a) 不合理　　　　　(b) 合理

图 2-1-22　采用加强肋减小铸件壁厚

2. 壁厚应尽可能均匀

若铸件壁厚不均匀,则会形成热节而产生缩孔、缩松、晶粒粗大;还会产生铸造热应力、变形和裂纹。将图2-1-23(a)所示结构改为图2-1-23(b)所示结构后可避免此种问题。

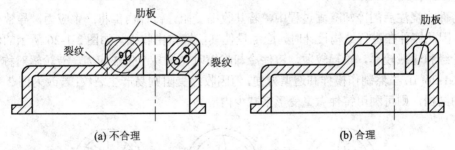

(a) 不合理　　　　　(b) 合理

图 2-1-23　铸件壁厚控制均匀

3. 铸件壁的连接方式要合理

直角连接引起的热节和应力集中,易出现缩孔和裂纹,可采用铸造圆角来控制。交叉和锐角、壁厚不同接头处热量聚集和应力集中,可采用圆弧连接、大角度过渡、逐渐过渡的方式来控制,如图2-1-24所示。

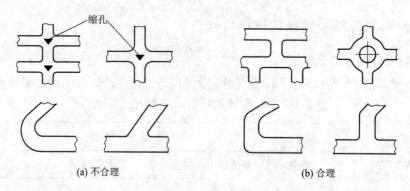

图 2-1-24　铸件壁的过渡方式

4. 避免大的水平面

　　铸件上大的水平面不利于液态金属的充填，易产生浇不足、冷隔等缺陷；而且大的水平面上方的砂型受高温液态金属的烘烤容易掉砂而使铸件产生夹砂等缺陷；液态金属中气孔、夹渣上浮滞留在上表面，产生气孔、渣孔。如将图 2-1-25(a)所示的水平面改为如图 2-1-25(b)所示的斜面，则可减少或消除上述缺陷。

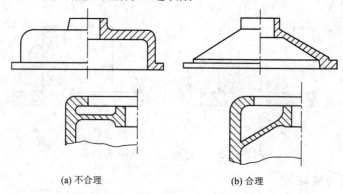

图 2-1-25　避免大水平面的结构

5. 避免铸件收缩受阻

　　铸件在浇注后的冷却凝固过程中，若其收缩受阻，铸件内部将产生应力，导致变形和裂纹。因此铸件在进行结构设计时，应尽量使其能够自由收缩。如图 2-1-26 所示的轮形铸件，轮缘和轮毂较厚，轮辐较薄，铸件冷却收缩时，极易产生热应力。若轮辐对称分布，见图 2-1-26(a)，虽然制作模样和造型方便，但因收缩受阻则易产生裂纹；若改为图 2-1-26(b)所示的结构，则可利用铸件微量变形来减少内应力。

图 2-1-26　轮辐的设计方案

壁厚均匀的细长件和大的平板件都容易产生变形，可采用对称式结构或增设加强肋来控制。

铸件收缩受阻时即会产生收缩应力甚至裂纹，在设计时应尽量使其能自由收缩。

任务结论

(1) 法兰盘的生产数量为 200 件，属于小批量生产；法兰盘表面的粗糙度由后续机械加工保证，故可选用砂型铸造。

(2) HT200 为灰口铸铁，属于亚共晶白口铸铁，流动性好，收缩率相对较小，适合铸造加工。

(3) 法兰盘整体结构无外部侧凹，不需要使用活块；同时，为减少型芯数量，4 个 $\phi 12$ 的孔可采用后续机械加工的方式加工，不需要铸出，因此，只需要 1 个型芯。

(4) 法兰盘法向面为平直面，利于分型。

(5) 法兰盘的壁厚均匀，最小壁厚为 40 mm，远大于要求的最小壁厚，可有效避免冷隔、浇不足现象的产生。

能力拓展

一、合金流动性的测定

在生产实际当中，往往采用螺旋线式样测试法来测量合金的流动性，如图 2-1-27 所示。在相同的浇注条件下，通过合金在凝固之前流动的长度来衡量它的流动性。流过的距离越长，流动性越好；流动的距离越短，流动性越差。

金属流动性试样

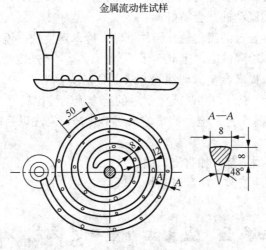

图 2-1-27　螺旋线式样测试金属流动性

二、合金流动性的影响因素

影响合金流动性的因素主要有化学成分和工艺条件。

(一) 化学成分

合金中碳、硅含量对流动性影响很大。碳、硅含量越高，流动性越好。共晶线附近的合金流动性比较好，远离共晶成分，流动性会下降。锰、硫是阻碍流动性的元素，磷是提高流动性的元素，但磷的含量多了以后，容易形成低熔点的磷共晶，会降低合金的力学性能。

(二) 工艺条件

除了化学成分以外，工艺条件也会影响合金的流动性。凡是提高流动阻力，降低合金的流动速度，增大合金的冷却速度的这些因素，都会使得合金流动性下降。

铸型材料、表面质量不同，导致合金的冷却速度不同。如铸型的表面粗糙度比较高，它的流动阻力就会比较大，所以流动性就会比较差。散热方面，铸型随着导热率的增高，合金的流动性会下降，如金属型和砂铸型，如果采用金属型，则合金的流动性肯定要差一些。

此外，铸型当中的气体也会影响合金的流动性，气体越多，流动阻力越大，它的流动性就要差一些。液态金属浇注到铸型以后，型腔中的气体会受热膨胀，型砂当中的水分也会汽化，而且其他有机物的燃烧，都可能造成铸型当中存在气体，也就使得型腔当中的气体产生反压力，从而阻止液态金属的流动。

浇注条件也会影响合金的流动性。浇注温度影响是最大的，浇注温度越高，液态金属在型腔当中凝固之前的时间就越长，所以它的流动性就越好。但浇注温度升高，合金收缩也增大，产生缺陷也比较多。因此在生产实际当中，我们往往采用"高温出炉，低温浇注"的方式来进行铸造生产。所谓高温出炉，就是提高金属的熔化温度，使得一些难熔合金熔化掉，减小液态金属的阻力；低温浇注指的是出炉以后，让熔融合金静置一定的时间，再进行浇注，以减小它的收缩。

直浇口的高度也会影响合金的流动性，如直浇口的高度越高，或者是越长的话，它的静压力越大，那么显然流动性就会越好。

铸件的结构也影响合金的流动性。铸件壁薄，冷却速度快，流动性差，对于薄壁铸件就很容易产生浇不足、冷隔缺陷。因此对于不同的合金，都规定有最小壁厚。

在生产实际当中，提高合金流动性的方法主要有以下几种：

(1) 合理地选择化学成分，共晶成分附近的合金流动性比较好。

(2) 制定合理的熔炼工艺。把一些难熔杂质熔化掉，浇注以后的流动性相对而言就要好一些。

(3) 制定合理的造型工艺，如直浇口的高度。

(4) 制定合理的浇注工艺，如高温出炉，低温浇注。

任务 2　法兰盘砂型铸造工艺流程

任务要求

(1) 确定表 2-1-1 中图 2-1-1 所示法兰盘的造型方式与方法；

(2) 确定该法兰盘砂型铸造的工艺流程图。

知识引入

铸造过程中砂型和型芯的质量关乎铸件的质量，是砂型铸造中关键的环节。

一、砂型制作

砂型的制作分为手工造型和机器造型。

(一) 手工造型

手工造型分为整模造型、分模造型、挖砂造型、活块造型、刮板造型
等方法，如表 2-1-3 所示。

砂型及型芯的
制作

表 2-1-3 手工造型常用方法

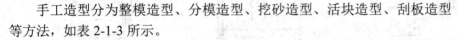

	整模造型	分模造型	挖砂造型
造型方法			
特点	型腔在一个砂箱中，造型方便，不会产生错箱缺陷	型腔位于上、下砂箱内。模型制造较复杂，造型方便	用整模，将阻碍起模的型砂挖掉，分型面是曲面。造型费时
应用	最大截面在端部，且为平直的铸件	最大截面在中部的铸件	单件小批生产，分型面不是平面的铸件
	活块造型	刮板造型	三箱造型
造型方法			
特点	将阻碍起模部分做成活块，与模样主体分开取出。操作要求高、耗时	模型制造简化，但造型费时，要求操作技术高	中砂箱的高度有一定要求。操作复杂，难以进行机器造型
应用	单件小批生产，带有凸起部分、又难以起模的铸件	单件小批生产，大、中型回转体铸件	单件小批生产，中间截面小的铸件

1. 整模造型

模样为一整体，放在一个砂箱内，能避免铸件出现错型缺陷，造型操作简单，铸件的
尺寸精度高。适用于形状简单、最大截面在端部且为平面的铸件。整模造型的过程如图

2-1-28 所示。

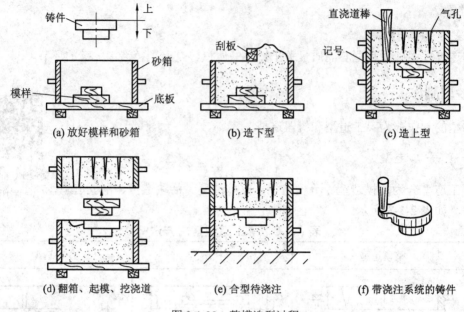

(a) 放好模样和砂箱　　　(b) 造下型　　　(c) 造上型

(d) 翻箱、起模、挖浇道　　(e) 合型待浇注　　(f) 带浇注系统的铸件

图 2-1-28　整模造型过程

2. 分模造型

分模造型的过程如图 2-1-29 所示，为了便于造型时将模样从砂型内起出，模样沿最大截面处分开。若上下铸型错移，则会造成铸件错型。这种方法操作也很简便，对各种铸件的适应性好，应用最广。为提高生产率，防止产生错型缺陷，可用带外型芯的两箱造型代替三箱造型。

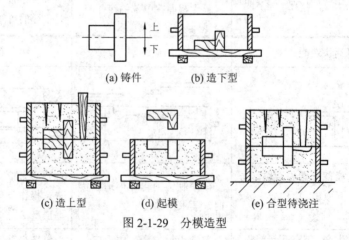

(a) 铸件　　　(b) 造下型

(c) 造上型　　　(d) 起模　　　(e) 合型待浇注

图 2-1-29　分模造型

3. 挖砂造型

当铸件如手轮外形轮廓为曲面时，要求整模造型，则造型时需挖出阻碍起模的型砂。挖砂造型的过程如图 2-1-30 所示。挖砂造型要求准确挖砂至模样的最大截面处，技术要求较高，生产率低；只适用于单件、小批量生产，最大截面不在端部且模样又不便分开的铸件。当生产批量较大时，可在假箱或成型底板上造下砂型。

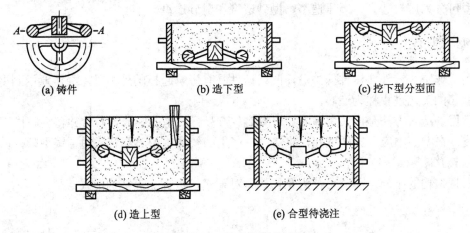

(a) 铸件　　(b) 造下型　　(c) 挖下型分型面

(d) 造上型　　(e) 合型待浇注

图 2-1-30　挖砂造型的过程

4. 刮板造型

刮板造型是指利用与铸件截面形状相适应的特制刮板来刮出砂型型腔。刮板造型节省了模样材料和模样加工时间，操作费时，生产率较低，适用于单件小批量生产，尤其是尺寸较大的旋转体铸件的生产。

5. 活块造型

若铸件上有妨碍起模的小凸台，肋条等，制模时需将这些部分做成活动的部分(即活块)。起模时，先起出主体模样，然后再从侧面取出活块。这种造型方法要求操作技术水平高，而生产率低。如图 2-1-31 是活块造型的主要过程。

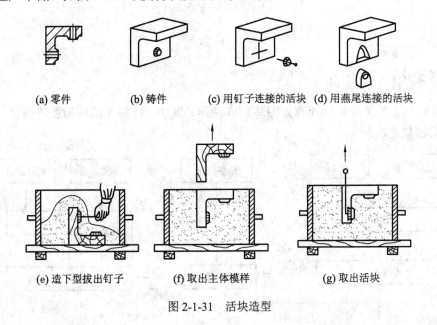

(a) 零件　　(b) 铸件　　(c) 用钉子连接的活块　(d) 用燕尾连接的活块

(e) 造下型拔出钉子　　(f) 取出主体模样　　(g) 取出活块

图 2-1-31　活块造型

(二) 机器造型

机器造型是用机器全部地完成或至少完成紧砂操作的造型方法。按紧实方式不同，机器造型可分为压实造型、震压造型、抛砂造型和射砂造型。

二、型芯制作

当制作空心铸件、铸件的外壁内凹或铸件具有影响起模的外凸时，经常要用到型芯，制作型芯的工艺过程称为造芯。

常用的造芯方法是用芯盒造芯。如图 2-1-32 所示，型芯中放置芯骨并将型芯烘干以增加强度。在型芯中应做出通气孔，将浇注时产生的气体由型芯经芯头通至铸型外，以免铸件产生气孔缺陷。

根据结构的不同，芯盒可分为整体式、对开式、可拆式等结构形式。

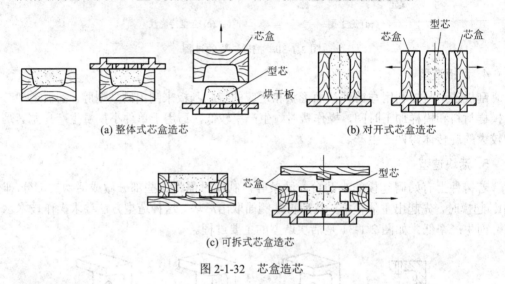

(a) 整体式芯盒造芯　　　　　　　　　　(b) 对开式芯盒造芯

(c) 可拆式芯盒造芯

图 2-1-32　芯盒造芯

任务结论

任务法兰盘的整体铸造流程如图 2-1-33 所示。其中，砂型采用两箱整体造型，型芯采用对开式芯盒造芯。

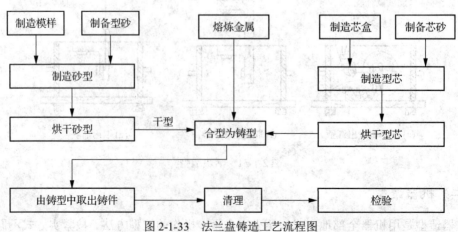

图 2-1-33　法兰盘铸造工艺流程图

能力拓展

一、常用造型材料

铸件造型材料为砂、黏结剂和各种附加物。这些材料按一定配比混制成的、符合造型或造芯要求的混合料，分别称为型砂和芯砂。型砂和芯砂主要由原砂、黏结剂和附加物组成，如图 2-1-34所示。原砂是型砂的主体，其主要成分是石英(SiO_2)。黏结剂的作用是黏结砂粒，使型(芯)砂具有一定的强度和可塑性。常用的附加物有煤粉、木屑等。加煤粉是为了浇注时在铸型与金属液间产生气膜，防止黏砂，提高铸件表面质量；加木屑能改善型(芯)砂的退让性和透气性。

根据黏结剂的不同，常用造型材料可分为黏土砂、水玻璃砂、树脂砂等。

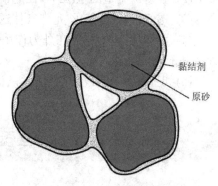

黏结剂
原砂

图 2-1-34　造型材料结构

1. 黏土砂

以黏土作为黏结剂的型(芯)砂称为黏土砂。常用的黏土为膨润土和高岭土。黏土在与水混合时才能发挥黏结作用，因此必须使黏土砂保持一定的水分。此外，为了防止铸件黏砂，还需在型砂中添加一定数量的煤粉或其他附加材料。

由黏土砂作为造型材料所制造的铸型，根据其干燥情况可分为湿型、表干型及干型三种。湿型铸造具有生产效率高、铸件不易变形，适合于大批量流水作业等优点，广泛用于生产中、小型铸铁件，而大型复杂铸铁件则采用干型或表干型铸造。

2. 水玻璃砂

用水玻璃作为黏结剂的型(芯)砂称为水玻璃砂。它的硬化过程主要是化学反应的结果，因此也称为化学硬化砂。

水玻璃砂与黏土砂相比，具有强度高、透气性好、流动性好、易于紧实、铸件缺陷少、内在质量高、造型(芯)周期短、耐火度高等特点，适合于生产大型铸铁件及所有铸钢件。水玻璃砂也存在一些缺点，如退让性差、旧砂回用较复杂等。目前国内用于生产的水玻璃砂有二氧化碳硬化水玻璃砂、硅酸二钙水玻璃砂、水玻璃石灰石砂等，其中以二氧化碳硬化水玻璃砂用得最多。

3. 树脂砂

以合成树脂作为黏结剂的型(芯)砂称为树脂砂。目前国内铸造用的合成树脂黏结剂主要有酚醛树脂、尿醛树脂和糠醇树脂三类。与湿型黏土砂相比，树脂砂的型芯可直接在芯盒内硬化，且硬化反应快，不需进炉烘干，大大提高了生产效率；型芯硬化后取出，变形小，精度高，可制作形状复杂、尺寸精确、表面粗糙度低的型芯和铸型；制芯(型)工艺过程简化，便于实现机械化和自动化。但是，树脂黏结剂的价格较贵，树脂硬化时会放出有害气体，对环境有污染，所以树脂砂只在制作形状复杂、质量要求高的中、小型铸件的型芯及铸型时使用。

二、造型材料性能要求

对型砂和芯砂的性能要求包含耐火度、强度、透气性、可塑性及退让性。

(1) 耐火度：型(芯)砂抵抗高温液态金属热作用的能力。

(2) 强度：制造的型(芯)砂在起模、搬运、合型和浇注时不易变形和被破坏的能力。

(3) 透气性：型(芯)砂允许气体透过的能力。

(4) 可塑性：型(芯)砂在外力作用下容易获得清晰的模型轮廓，外力去除后仍能完整地保持其形状的性能。

(5) 退让性：铸件冷却收缩时，型(芯)砂可被压缩的能力。

任务3 法兰盘砂型铸造浇注位置的确定

任务要求

确定表 2-1-1 中图 2-1-1 所示法兰盘砂型铸造浇注位置。

知识引入

浇注位置及分
型面的确定

浇注位置是浇注时铸件在铸型中所处的位置。

浇注位置的确定应遵循以下原则：

(1) 铸件的重要加工面或主要工作面应尽可能置于铸型的下部或侧立位置，避免气孔、砂眼、缩孔等缺陷出现在工作面上。如图 2-1-35 所示，车床床身的导轨面要求组织致密、耐磨，所以导轨面朝下是合理的。

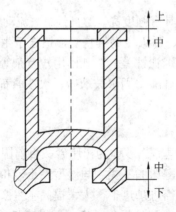

图 2-1-35 车床床身的浇注位置

(2) 平板、圆盘类铸件的大平面应朝下，以防止产生气孔、夹砂等缺陷。如图 2-1-36

所示，平台类铸件的大平面应朝下。

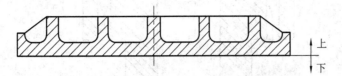

图 2-1-36　平台类铸件的浇注位置

(3) 铸件的薄壁部分应朝下或倾斜，以免产生浇不足、冷隔等缺陷。如图 2-1-37 所示，为保证曲轴箱中 8 mm 的薄壁，曲轴箱的浇注位置应如图 2-1-37(b)摆放较为合理。

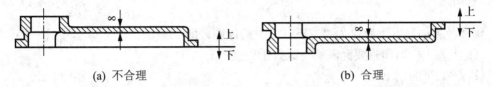

(a) 不合理　　　　　　　　　　　(b) 合理

图 2-1-37　曲轴箱的浇注位置

(4) 铸件的厚壁部分应放在上面或接近分型面，以便安装冒口进行补缩。如图 2-1-38 所示，为方便安装冒口补缩和后续表面的机械加工，铸钢双排链轮的厚壁部分应位于上方。

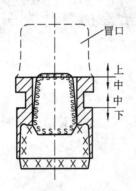

图 2-1-38　铸钢双排链轮的浇注位置

(5) 应充分考虑型芯的定位、稳固和检验方便。如图 2-1-39 所示，箱体的三种浇注位置中，图 2-1-39(c)的摆放位置有利于型芯的定位和检验。

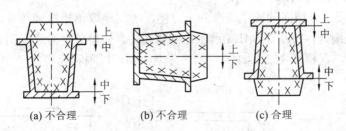

(a) 不合理　　　　　　(b) 不合理　　　　　　(c) 合理

图 2-1-39　箱体的浇注位置

任务结论

任务法兰盘的浇注位置如图 2-1-40 所示。

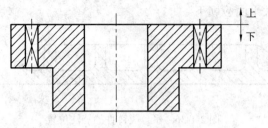

图 2-1-40　法兰盘的浇注位置

能力拓展

浇注位置的确定可简化为"三下一上"的原则，即：

(1) 主要工作面和重要面应朝下或置于侧壁；

(2) 宽大平面朝下；

(3) 薄壁面朝下；

(4) 厚壁朝上。

任务4　法兰盘砂型铸造分型面的确定

任务要求

确定表 2-1-1 中图 2-1-1 所示法兰盘砂型铸造分型面。

知识引入

分型面是指铸型之间的结合面。如果分型面选择不当，不仅影响铸件质量，而且还将使制模、造型、造芯、合型或清理甚至机械加工等工序复杂化。

分型面的确定应遵循以下原则：

(1) 便于取模。分型面的确定应有利于方便、顺利地取出模样或铸件，分型面一般选在铸件的最大截面处。如图 2-1-41(a)所示的圆盘铸件，如果分型面选取图 2-1-41(b)所示的上端表面，则无法起模；图 2-1-41(c)所示的分型面则可以顺利起模。

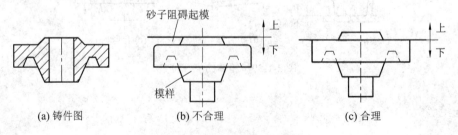

(a) 铸件图　　　　　(b) 不合理　　　　　(c) 合理

图 2-1-41　圆盘零件分型面的选取

(2) 尽量把铸件放在一个砂箱内，或将重要加工面和加工基准面放在同一砂箱中而且尽可能放在下箱，以方便下芯和检验，减少错箱和提高铸件精度。如图 2-1-42 所示为管子塞头的分型方案，根据本原则，图 2-1-42(b)比图 2-1-42(a)的方案合理。

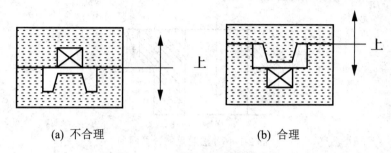

(a) 不合理　　　　　　　　　　(b) 合理

图 2-1-42　管子塞头的分型方案

(3) 应尽量减少分型面的数量，并力求用直分型面代替特殊形状的分型面。如图 2-1-43、图 2-1-20 所示。凡阻碍起模的部位可采用型芯以减少分型面，而不是采用活块或多箱造型。

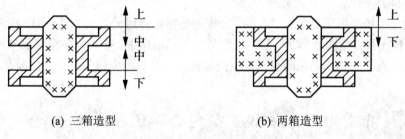

(a) 三箱造型　　　　　　　　　　(b) 两箱造型

图 2-1-43　绳轮铸件的分型方案

(4) 应尽量减少型芯或活块的数目，并注意降低砂箱高度。如图 2-1-44 所示，I分型面相对II分型面可降低砂箱的高度。

(5) 为方便下芯、合型及检查型腔尺寸，通常把主要型芯放在下型中，如图 2-1-45 所示。

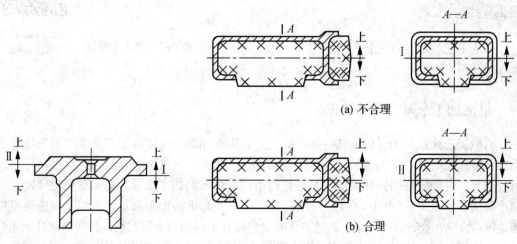

图 2-1-44　端盖铸件的分型方案　　　　　图 2-1-45　机床支柱的分型方案

任务结论

任务法兰盘的分型面如图 2-1-46 所示。

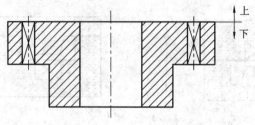

图 2-1-46　法兰盘的分型面

能力拓展

在实际工作中，经常会听到分模面，甚至有的工人会将分型面称为分模面，其实二者并不完全等同。

分型面是指铸型组元之间的结合面，分模面是指模样组元之间的结合面。在两箱对开模造型时，分模面和分型面通常是一致的。但是在三箱造型中，往往在中箱有些分模面与上砂型是一体的，模具分别从中箱的上下分型面起模，这时只是中箱的两个开口面是分型面。

任务5　法兰盘砂型铸造工艺参数的确定

任务要求

确定表 2-1-1 中图 2-1-1 所示法兰盘砂型铸造的工艺参数。

知识引入

砂型铸造工艺
参数的确定

铸造工艺参数包括机械加工余量及尺寸公差、最小铸出孔、铸造收缩率、起模斜度、型芯设计、铸造圆角及浇注系统。

一、机械加工余量与尺寸公差

机械加工余量是为了保证铸件加工面尺寸和零件精度，在铸造工艺设计时预先增加的而在机械加工时要切除的金属层厚度。若加工余量过大，不仅浪费金属，而且也切去了晶粒较细致、性能较好的铸件表层；若余量过小，则达不到加工要求，甚至有黑皮残留，影响产品质量。根据《GB/T 6414—1999 铸件尺寸公差与机械加工余量》的规定，先要根据铸件铸造合金种类、铸件大小、铸造方法等确定铸件机械加工余量等级，其等级由精到粗分为 A、B、C、D、E、F、G、H、J、K，共 10 个等级。毛坯铸件的机械加工余量等级见表

2-1-4，机械加工余量的具体数值可查阅《GB/T 6414—1999 铸件尺寸公差与机械加工余量》。

表 2-1-4 毛坯铸件的机械加工余量等级

铸造方法	机械加工余量等级							
	钢	灰口铸铁	球墨铸铁	可锻铸铁	铜合金	锌合金	轻合金	镍、钴基合金
砂铸手工造型	G～K	F～H	F～H	F～H	F～H	F～H	F～H	G～K
砂型机器造型和壳型	F～H	E～G	E～G	E～G	E～G	E～G	E～G	F～H
金属型	—	D～F	D～F	D～F	D～F	D～F	D～F	—
压铸	—	—	—	—	B～D	B～D	B～D	—
精铸	E	E	E		E		E	E

铸件尺寸公差是指铸件基本尺寸允许的最大极限尺寸和最小极限尺寸的差值。依据《GB/T 6414—1999 铸件尺寸公差与机械加工余量》，可从批量、合金种类、铸造方法确定铸件尺寸公差数值，表 2-1-5 为部分铸件尺寸公差。铸件尺寸公差等级分为 16 级，表示为 CT1～CT16，1 级精度最高，16 级精度最低。实际批量生产中铸件的尺寸公差等级参照表 2-1-6。

表 2-1-5 铸件尺寸公差   mm

铸件基本尺寸	公差等级 CT															
	1	2	3	4	5	6	7	8	9	10	11	12	13	14	15	16
≤10	0.09	0.13	0.18	0.26	0.36	0.52	0.74	1.0	1.5	2.0	2.8	4.2	—	—	—	—
10～16	0.1	0.14	0.20	0.28	0.38	0.54	0.78	1.1	1.6	2.2	3.0	4.4	—	—	—	—
16～25	0.11	0.15	0.22	0.30	0.42	0.58	0.82	1.2	1.7	2.4	3.2	4.6	6	8	10	12
25～40	0.12	0.17	0.24	0.32	0.46	0.64	0.90	1.3	1.8	2.6	3.6	5.0	7	9	11	14
40～63	0.13	0.18	0.26	0.36	0.50	0.70	1.0	1.4	2.0	2.8	4.0	5.6	8	10	12	16
63～100	0.14	0.20	0.28	0.40	0.56	0.78	1.1	1.6	2.2	3.2	4.4	6	9	11	14	18
100～160	0.15	0.22	0.30	0.44	0.62	0.88	1.2	1.8	2.5	3.6	5.0	7	10	12	16	20

表 2-1-6 实际批量生产中铸件的尺寸公差等级

铸造方法		公差等级 CT							
		钢	灰铸铁	球墨铸铁	可锻铸铁	铜合金	锌合金	轻合金	镍、钴基合金
砂型手工造型		11～14	11～14	11～14	11～14	10～13	10～13	9～12	11～14
砂型机器造型和壳型		8～12	8～12	8～12	8～12	8～10	8～10	7～9	8～12
金属型		—	8～10	8～10	8～10	8～10	7～9	7～9	—
压铸		—	—	—	—	6～8	4～6	4～7	—
精铸	水玻璃	7～9	7～9	7～9	—	5～8	—	5～8	7～9
	硅溶胶	4～6	4～6	4～6	—	4～6	—	4～6	4～6

二、最小铸出孔

铸件的最小铸出孔根据生产批量、铸造方法、合金种类、孔结构、孔深等因素而发生变化，如表 2-1-7 所示。当铸件上的孔和槽尺寸过小、而铸件壁厚较大时孔可不铸出，这样可简化铸造工艺。

表 2-1-7　铸件最小铸出孔

铸造方法	合金种类	最小孔径/mm	孔的深度为孔径 D 的倍数	
			盲孔	通孔
砂型铸造	黑色金属及有色金属	8～10	5D	10D
金属型铸造	有色金属	5	4D	8D
熔模铸造	有色金属	2	D	2D
	黑色金属	2.5	D	2D

三、铸造收缩率

铸造收缩率包括线收缩率和体收缩率。线收缩率是指铸件从浇注到冷却结束这一过程中的线性收缩率，其定义式为

$$\varepsilon_l = \frac{L_1 - L_2}{L_1}$$

式中：L_1 为浇注时的铸件长度；L_2 为冷却后的铸件长度。

线收缩率：灰铸铁为 0.7%～1.0%，铸造碳钢为 1.3%～2.0%，铝硅合金为 0.8%～1.2%。为补偿铸件在冷却过程中产生的收缩，需要加大模样尺寸。

四、起模斜度

为了便于起模和出芯，模样和芯盒的侧面应避免与底平面垂直，要留有一定的斜度，使得起模或出芯时，砂型或砂芯不易损坏。该斜度是为了工艺需求而设，称为起模斜度或拔模斜度。起模斜度的形式分为三种，分别为增加铸件尺寸(如图 2-1-47(a)所示)，增加和减少铸件尺寸(如图 2-1-47(b)所示)，减小铸件尺寸(如图 2-1-47(c)所示)。起模斜度通常为 15′～3°；木模的斜度比金属模要大；机器造型比手工造型的斜度小些；铸件的垂直壁愈高，斜度愈小；模样的内壁斜度应比外壁斜度略大，通常为 3°～10°。

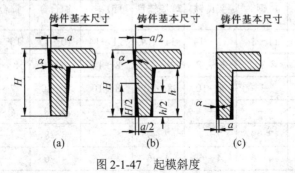

图 2-1-47　起模斜度

五、型芯

　　型芯的作用是形成铸件的内腔、孔以及铸件外形不易起模的部位。型芯设计的主要内容包括确定型芯的形状和数量、芯头设计、芯内排气系统的设计等方面。

　　芯头是指伸出铸件以外，且不与金属相接触的砂芯部分。芯头的作用是对型芯进行定位和固定，此外还可以通过芯头进行排气。根据型芯在铸型中的位置，可分为垂直芯头和水平芯头。垂直芯头的形式如图 2-1-48 所示，水平芯头的形式如图 2-1-49 所示。芯座是指铸型中专为放置芯头的空腔。芯头设计时还应设计芯头的长度、芯头的间隙和芯头的斜度。

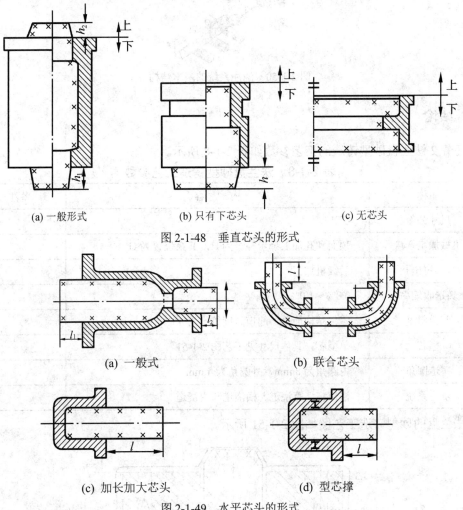

(a) 一般形式　　　　　(b) 只有下芯头　　　　　(c) 无芯头

图 2-1-48　垂直芯头的形式

(a) 一般式　　　　　　　　(b) 联合芯头

(c) 加长加大芯头　　　　　　(d) 型芯撑

图 2-1-49　水平芯头的形式

六、铸造圆角

　　制造铸件的模样时，壁的连接和转角处要做成圆角，便于造型并可减少或避免砂型尖角损坏，这个圆角称为铸造圆角。分型面的转角处不能有圆角。一般内圆角半径可按相邻两壁平均厚度的 1/3～1/5 选取；外圆角半径可取内圆角半径的一半。

七、浇注系统

浇注系统是铸型中引导熔体充入型腔的通道系列，一般由浇口杯、直浇道、横浇道和内浇道组成，如图 2-1-50 所示。

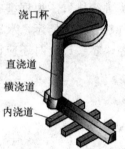

浇口杯

直浇道

横浇道

内浇道

图 2-1-50　浇注系统的基本结构

任务结论

任务 2 法兰盘砂型铸造的工艺参数如表 2-1-8 所示。

表 2-1-8　法兰盘砂型铸造工艺参数

名称	内　容	备注
尺寸公差	CT13	
机械加工余量	顶面和孔加工余量等级为 H，其余位置为 G	
最小铸出孔	后续机加工	
铸造收缩率	0.8%～1.0%	
起模斜度	零件结构简单，起模斜度统一为 45′	
型芯	单型芯，具体尺寸见工艺图 2-1-51	
铸造圆角	内圆角为 8 mm，外圆角为 4 mm	
浇注系统	浇口杯、直浇道、横浇道和内浇道	

法兰盘的砂型铸造工艺图如图 2-1-51 所示。

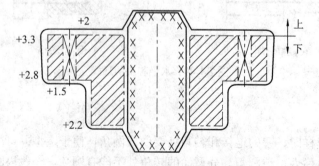

图 2-1-51　法兰盘砂型铸造工艺图

能力拓展

常用铸造方法的对比情况如表 2-1-9 所示。

表 2-1-9　常用铸造方法对比情况

名称	砂型铸造	熔模铸造	金属型铸造	压力铸造	低压铸造	离心铸造
合金种类	不限	以碳钢、合金钢为主	不限,以有色金属为主	以有色合金为主	以有色合金为主	多用于黑色金属及铜合金
铸件大小(重(质)量)	不限	< 25 kg	中、小铸件,铸钢件;一般<100 kg	一般<10 kg,中等铸件	中、小铸件为主	最重达数吨
最小壁厚/ mm	3	0.5～0.7　孔：$\phi1.5\sim\phi2$	铝合金2～3；铜合金 3；铸铁>4；铸钢>5	铜合金2;有色合金 0.5～1;孔ϕ0.7	2	最小内孔ϕ7
铸件精度	IT15～IT14	IT14～IT11	IT14～IT12	IT13～IT11	IT14～IT12	IT14～IT12（孔精度较低）
表面粗糙度 Ra/μm	粗糙	12.5～1.6	12.5～6.3	6.3～1.6	12.5～3.2	12.5～6.3（孔表面粗糙）
组织	晶粒粗大	晶粒粗大	晶粒细小	晶粒细小	晶粒细小	晶粒细小
生产率	中、低	中	中或高	最高	中或高	中或高
应用举例	各类铸件	刀具,动力机械,汽车零件，机械零件,计算机、电讯零件,军工产品及日用品等	汽车、飞机、拖拉机、电器、洗衣机零件、发动机零件,油泵壳体及日用品等	汽车、拖拉机零件、精密仪器,电器仪表、航空、航海、国防、医疗器械和日用五金	汽车发动机缸体、缸盖、活塞和叶轮	套、环管、筒类件、双金属铸件、电机转子等

思 考 与 练 习

1. 简述各主要造型方法的特点和应用。

2. 下列铸件在大批量生产时，应选用哪种铸造方法？

① 铝活塞；　　　　　② 摩托车气缸体；　　　③ 缝纫机头；

④ 大模数齿轮铣刀；　⑤ 气缸套；　　　　　　⑥ 汽轮机叶片；

⑦ 车床床身；　　　　⑧ 大口径铸铁管。

3. 什么是合金的流动性？为什么应尽量选择共晶成分或结晶温度范围的合金作为铸造合金？

4. 铸件产生缩孔和缩松的原因是什么？防止产生缩孔的主要工艺措施有哪些？

5. "高温出炉、低温浇注"具体是指什么？

6. 什么是铸件的结构斜度？它与起模斜度有何不同？图 2-1-52 所示的铸件结构是否合理？如不合理则应如何改进？

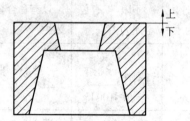

图 2-1-52　铸件

7. 如图 2-1-53 所示的铸件结构有何缺点？应该如何改进？

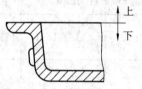

图 2-1-53　铸件

项目二　金属材料的焊接

项目体系图

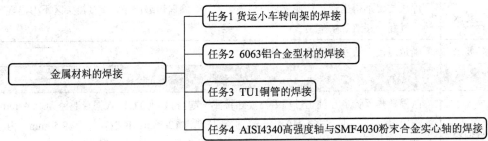

```
                          ┌─ 任务1 货运小车转向架的焊接
                          │
                          ├─ 任务2 6063铝合金型材的焊接
  金属材料的焊接 ──────────┤
                          ├─ 任务3 TU1铜管的焊接
                          │
                          └─ 任务4 AISI4340高强度轴与SMF4030粉末合金实心轴的焊接
```

项目描述

本项目以货车转向架、铝合金型材、铜管及 AISI4030 与 SMF4030 为焊接对象，进行焊接方法的选择及焊接工艺的确定。通过本项目的任务训练，同学们可掌握焊接的基本概念及种类，熟悉焊接成形理论，能够根据零件的结构及性能要求进行焊接方案的制订。

任务工单

本项目共分为四个任务，如表 2-2-1 所示，分别为：货运小车转向架的焊接、6063 铝合金型材的焊接、TU1 铜管的焊接、AISI4340 高强度轴与 SMF4030 粉末合金实心轴的焊接。同学们需要完成四个任务焊接方案的制订。

表 2-2-1　金属材料的焊接任务工单

任务 1	货运小车转向架的焊接
任务描述	货运小车转向架由侧向支架和横梁装配而成，如图 2-2-1 所示，二者材料为 Q345B，现需将二者的连接位置焊接，确定其焊接方案
加工要求	侧向支架　横梁　焊接位置 图 2-2-1　货运小车转向架

任务要求	(1) 确定焊接方法； (2) 确定焊接电源； (3) 确定使用的焊条； (4) 确定焊接顺序； (5) 确定坡口形式； (6) 分析焊接变形情况
任务 2	6063 铝合金型材的焊接
任务描述	已知铝合金 T 型型材的材料牌号为 6063，壁厚为 2 毫米，确定其焊接方法
加工要求	焊接位置不得出现氧化现象，控制热影响区，确保焊缝质量，焊接接头区不得出现咬边、气孔、夹渣等缺陷
任务要求	确定焊接方法及适用的焊条或焊丝
任务 3	TU1 铜管的焊接
任务描述	两根散热器管道在施工过程中需要连接到一起，材料为 TU1。A 铜管通径为 ϕ8.4 mm，其一段已进行扩孔，扩至 ϕ10.4 mm，扩孔长度为 12 mm；B 铜管外径 ϕ9.5 mm，内径为 ϕ7.5 mm，如图 2-2-2 所示。焊接之前，B 铜管的一段插入 A 铜管的扩孔处，插入长度为 8~10 mm，确定其焊接方法
加工要求	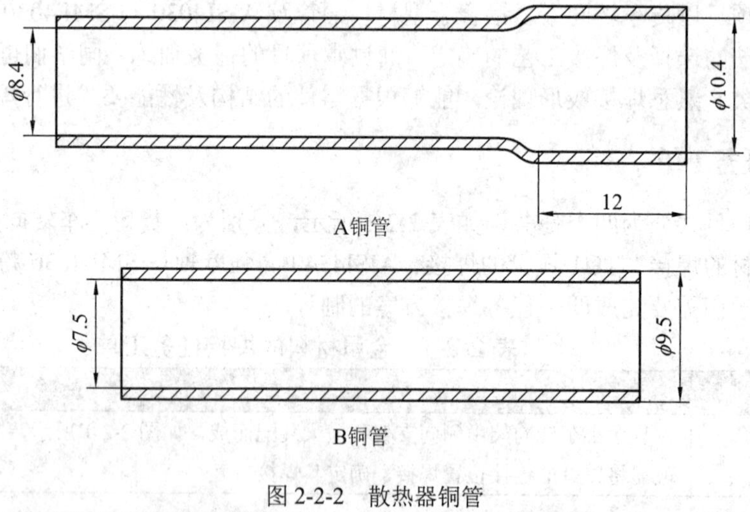 A铜管 B铜管 图 2-2-2　散热器铜管
任务要求	确定焊接方法
任务 4	AISI4340 高强度轴与 SMF4030 粉末合金实心轴的焊接
任务描述	AISI4340 高强度轴外径为 ϕ200 mm，SMF4030 粉末合金实心轴外径为 ϕ200 mm，现需要将二者焊接到一起。AISI4340 超高强度钢因其具有高的缺口敏感性和焊接脆化倾向，尝试多种熔化焊方法施焊后，焊接接头区的性能均无法满足要求，试提供解决方案
加工要求	为确保焊接接头区性能，应尽量缩短焊接时间，控制热影响区；禁止出现裂纹、气孔及未熔透等熔化焊时常见的缺陷，确保焊接接头性能均匀一致

续表二

任务要求	确定 AISI4340 高强度轴与 SMF4030 粉末合金实心轴焊接方案		
任务评价	考核项目	评价标准	分值
	考勤	无迟到、旷课或缺勤现象	10
	任务 1	方法正确，工艺方案合理	30
	任务 2	方法正确，工艺方案合理	20
	任务 3	焊接方法合理，可实施	20
	任务 4	焊接方法合理，可实施	20
	总分	100 分	

 教学目标

知识目标：

(1) 掌握焊接的基本概念及种类；

(2) 熟悉焊接成形的理论基础；

(3) 掌握焊接应力产生的原因及控制措施；

(4) 熟悉焊接结构的特点、接头的设计原则；

(5) 了解焊接成形新工艺。

能力目标：

(1) 能够根据焊接件的要求与特点选择合适的焊接方法；

(2) 能够根据零件的形状及性能要求，进行合理的焊接结构设计；

(3) 能够根据焊接材料及要求选择合理的接头、坡口形式。

素质目标：

(1) 锻炼学生的科学分析能力；

(2) 培养学生精益求精的工匠精神。

焊接成形理论

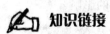 **知识链接**

焊接是通过加热或加压，或两者并用，并且用或不用填充材料，使工件达到结合的一种加工方法。焊接的加工实质是使两个工件在加热或加压的条件下达到原子间的结合。

焊接的优点如下：

(1) 可以节省材料和制造工时，接头密封性好，力学性能高；

(2) 能以大化小、以小拼大；

(3) 可以制造双金属结构；

(4) 生产率高，易实现机械化和自动化。

但焊接部位受不均匀加热和冷却，会引起焊接接头组织、性能的变化，同时焊件还会产生较大的应力和变形。

　　焊接是现代工业一种重要的连接加工方法，同时是一种精确、可靠、低成本，并且采用高科技连接材料的方法。目前还没有其他方法能够比焊接更为广泛地应用于金属的连接，并对产品增加更大的附加值。焊接广泛应用于桥梁、建筑、化工、发动机、LNG、汽车、电子等行业。

一、熔焊的冶金特点

　　熔焊是将两个焊件局部加热到熔化状态形成熔池，并加入填充金属，随着热源向前推进，熔池冷却结晶形成牢固的接头。常用的熔焊有电弧焊、气焊、电渣焊、电子束焊、激光焊和等离子弧焊等。熔焊的过程是加热、冶金和结晶的过程，其在极短时间内经历加热、冷却同时伴随着气体的燃烧、释放等过程，对焊接质量产生很大的影响，其影响焊缝的化学成分、焊接接头的组织、应力与应变等。

　　熔焊的过程伴随着物理、化学变化，具有以下特点：

　　(1) 焊接热源和金属熔池的温度高，因而使金属元素强烈蒸发、烧损，并使焊接热源高温区的气体分解为原子状态，提高了气体的活泼性，使得发生的物理、化学反应更加激烈。

　　(2) 金属熔池的体积小，冷却速度快，熔池处于液态的时间很短(以秒计)，致使某种化学反应难以达到平衡状态，造成焊缝化学成分不够均匀。有时金属熔池中的气体及杂质来不及逸出，在焊缝中会产生气孔及其他缺陷。

　　一般焊接过程在大气中进行，为了避免空气中的成分对焊缝造成有害影响，通常采用在焊接区域进行气体保护的方式，如焊条药皮中的造气剂、气体保护焊所用的保护气体等。另外，熔渣熔覆在熔池表面可以杜绝空气对熔池的侵蚀，常见的焊条电弧焊、埋弧焊及电渣焊等过程中形成的熔渣都可以起到保护的作用。除此之外，在特种焊接领域，还可以在真空条件下进行焊接，以保证焊缝的高度纯洁性，如真空电子束焊接，但其加工工艺难度和加工成本都要提升很多。

　　在焊条电弧焊中，焊条药皮和焊剂在高温的作用下向熔池融入有益的合金元素，来保证和提升焊缝的性能。合金元素也可以通过焊芯或焊丝向焊缝过渡，其作用如下：弥补原始型材中合金元素的烧蚀；提升焊缝的使用性能或减少有害元素对焊缝的影响。例如，在焊缝金属中加入脱氧剂进行脱氧，加入 Mn 形成 MnS 以减少有害元素 S 的影响。

二、焊接接头的组织与性能

　　熔焊过程伴随着快速加热与冷却，不仅焊缝，焊缝附近的金属同样经历着热循环，因此，焊缝及焊缝附近金属的组织及性能变化各异。

　　熔焊的焊接接头由焊缝、融合区和热影响区组成。

(一) 焊接接头组织形成过程及性能

1. 焊缝

焊接加热时，焊缝处的温度在液相线以上，母材与填充金属形成共同熔池，冷凝后成为铸态组织。在冷却过程中，液态金属自熔池壁向焊缝的中心方向结晶，形成柱状晶组织，如图 2-2-3 所示。

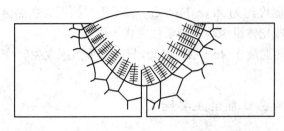

图 2-2-3　焊缝的柱状晶示意图

　　焊缝的形成过程类似于铸造过程，其组织为液态金属结晶形成的铸态组织，伴随着晶粒粗大、成分偏析、缩孔缩松的缺点；但由于熔池小，快速冷却，同时 C、S、P 元素含量较低，同时还可以通过焊接材料(焊条、焊丝、焊剂等)向熔池金属中渗入某些细化晶粒的合金元素，调整焊缝的化学成分，以保证焊缝金属的性能满足使用要求。

　　2. 熔合区

　　熔合区位于焊缝与母材金属之间，部分金属熔化部分未熔化，又称半熔化区。其为焊接接头向热影响区过渡的区域。以低碳钢为例，其熔合区的加热温度约为 $1490 \sim 1530 ℃$，处于固相线和液相线之间。该区域的金属组织粗大，处在熔化和半熔化状态，化学成分不均匀，其力学性能最差，如图 2-2-4 中的 1 区所示。

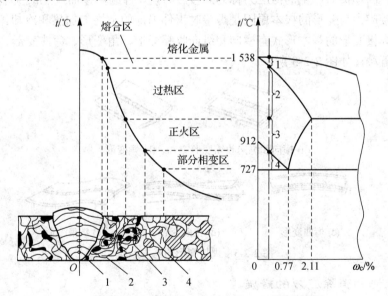

1—熔合区；2—过热区；3—正火区；4—部分相变区。

图 2-2-4　低碳钢焊接熔合区和热影响区组织变化示意图

　　3. 热影响区

　　热影响区分为过热区、正火区及部分相变区。

　　如图 2-2-4 所示，过热区 2 紧靠着熔合区 1，加热温度约为 $1100 \sim 1490 ℃$。由于温度大大超过 Ac_3，奥氏体晶粒急剧长大，形成过热组织，使塑性大大降低，冲击韧性值下降

25%～75%左右。此区域金属处于严重过热状态,晶粒粗大,其塑性、韧度很低,容易产生焊接裂纹。

正火区 3 的加热温度约为 Ac_3～1100℃,属于正常的正火加热温度范围。冷却后得到均匀细小的铁素体和珠光体组织,其力学性能优于母材。

部分相变区 4 加热温度在 Ac_1～Ac_3 之间。只有部分组织发生转变,冷却后组织不均匀,力学性能较差。

(二) 影响焊接接头性能的主要因素

影响焊接接头组织和性能的因素有焊接材料、焊接方法、焊接工艺参数、焊接接头形式和坡口等,在实际焊接过程中要结合经验数据进行科学分析。

三、焊接应力与变形

金属结构件经焊接装配后,常见缺陷为变形和裂纹。其原因为焊接时,焊件受热不均匀而引起的收缩应力造成。变形的程度除了与焊接工艺有关以外,还与焊件的结构是否合理有很大关系。

(一) 焊接变形

焊接构件因焊接而产生的内应力称为焊接应力,焊件因焊接而产生的变形称为焊接变形。产生焊接应力与变形的根本原因是焊接时工件局部的不均匀加热和冷却。

常见的焊接变形的基本形式有横向和纵向收缩变形、角变形、弯曲变形、扭曲变形和波浪变形共五种,如图 2-2-5 所示。

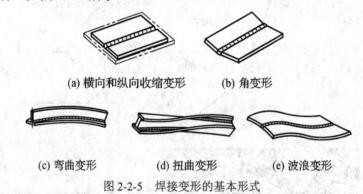

　　(a) 横向和纵向收缩变形　　　　(b) 角变形

　　(c) 弯曲变形　　　　(d) 扭曲变形　　　　(e) 波浪变形

图 2-2-5　焊接变形的基本形式

(二) 控制和消除应力的措施

1. 预留收缩变形量
根据理论值和经验值,在焊件备料及加工时预先考虑收缩余量。

2. 反变形法
根据理论计算和经验,预先估计结构焊接变形的大小和方向,然后在焊接装配时给予一个方向相反、大小相等的人为变形,以抵消焊后产生的变形,使结构件得到正确形状。

图 2-2-6 所示是针对板料焊接易产生角变形的规律，焊前将两块板料放在垫块上，使其向下弯折一个角度，如图 2-2-6(a)所示，这个角度就是 V 形坡口焊后向上弯折的角度，于是焊后的两块板料就平直了，如图 2-2-6(b)所示。

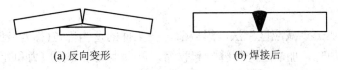

(a) 反向变形　　　　　　　　　　　　(b) 焊接后

图 2-2-6　防止角变形的反变形法

3. 刚性固定法

焊接时将焊件加以固定，焊后待焊件冷却到室温后再去掉刚性固定，如图 2-2-7 所示；也可预先将焊件点焊固定在平台上，然后再焊接。

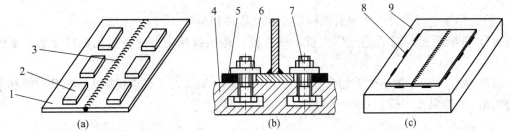

(a)　　　　　　　　　　　　(b)　　　　　　　　　　　　(c)

1—焊件；2—压铁；3—焊缝；4—平台；5—垫铁；6—压板；7—螺栓；8—定位焊点；9—平台。

图 2-2-7　焊前固定法防止变形

4. 合理选择焊接顺序

选择合理的焊接顺序也可以减小变形。如图 2-2-8 所示，图(a)的焊接顺序相比图(b)更为合理。通过对称顺序焊接，两侧产生的应力可以相互抵消，最终达到控制变形的目的。常用的焊接顺序变换法有对称法、跳焊法和分段倒退法，如图 2-2-9 所示，图中小箭头为焊接时焊条运行的方向，数字由小到大为焊接顺序。

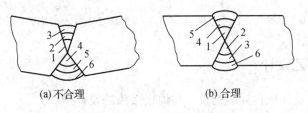

(a) 不合理　　　　　　　　　　　　(b) 合理

图 2-2-8　预防焊接变形的焊接顺序

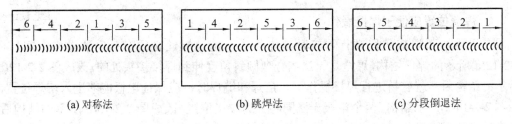

(a) 对称法　　　　　　　　(b) 跳焊法　　　　　　　　(c) 分段倒退法

图 2-2-9　焊接顺序变换法

5. 锤击焊缝法

在焊接过程中，用锤或风锤敲击焊缝金属，以促使焊缝金属产生塑性变形，焊接应力得以松弛减小。敲击力要均匀，而且最好在焊缝金属具有较高塑性时敲击。

6. 预热法

预热法又称加热"减应区"法。焊接前，在工件的适当部位(称为减应区)进行加热使之伸长，焊后冷却时，加热区与焊缝一起收缩，可大大减小焊接应力和变形。同时，也可采用焊后缓冷的方式来进一步控制变形量。

7. 热处理法

采用焊后去应力退火的方法消除焊接应力，从而减小变形。

(三) 焊接变形的矫正

矫正焊接变形的方法主要有机械矫正和火焰矫正两种。

(1) 机械矫正：焊后通过压力机、矫直机、碾压或锤击等方法矫正焊接变形，如图2-2-10 所示。

(2) 火焰矫正：加热火焰通常选用氧-乙炔火焰，加热方式有点状加热、三角加热和条状加热，加热温度一般为 600～800℃，如图 2-2-11 所示。

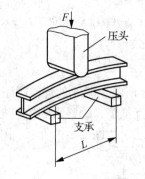
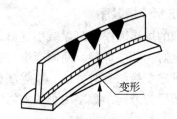

图 2-2-10　机械矫正法示意图　　　　图 2-2-11　火焰矫正法示意图

四、焊接结构工艺设计

焊接结构工艺设计包含焊缝的设计和焊接接头的设计两个方面。

(一) 焊缝的布置

1. 焊缝位置应便于焊接操作

在采用电弧焊或气焊进行焊接时，焊条或焊枪、焊丝必须有一定的操作空间。图2-2-12(a)所示的焊件结构，焊枪是无法按合理倾斜角度伸到焊接接头处的。改成图 2-2-12(b)所示的结构后，就容易进行焊接操作了。点焊和缝焊时，应保证电极能够进入待焊位置，如图 2-2-13(a)所示结构，两个电极无法同时到达焊接位置，改成图 2-2-13(b)所示的结构后，就容易进行焊接操作了。

焊接结构
工艺设计

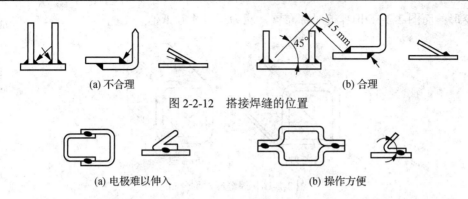

(a) 不合理　　　　　　　　　　　　　　　(b) 合理

图 2-2-12　搭接焊缝的位置

(a) 电极难以伸入　　　　　　　　　　　(b) 操作方便

图 2-2-13　点焊或缝焊焊缝的布置

　　在埋弧焊时，因为在焊接接头处要堆放一定厚度的颗粒状焊剂，所以焊件结构的焊缝周围应有堆放焊剂的位置，如图 2-2-14(a)所示的结构没有堆放焊剂的地方，如若焊接只能采用手工电弧焊；改成图 2-2-14(b)所示的结构后，就可以进行埋弧焊接了。

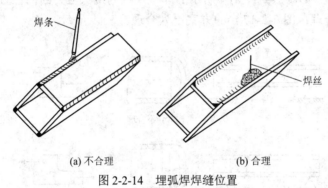

(a) 不合理　　　　　　　　　　　(b) 合理

图 2-2-14　埋弧焊焊缝位置

2. 焊缝布置应尽可能分散

　　如图 2-2-15(a)所示的焊缝位置，焊缝密集或交叉，会造成金属过热，热影响区增大，使金相组织恶化，同时焊接应力增大，甚至引起裂纹；改成图 2-2-15(b)所示结构后，焊缝分散，热量及时传导出去，能够避免变形和裂纹的产生。

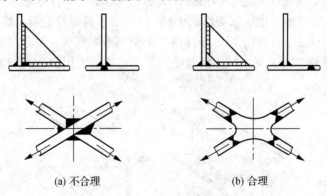

(a) 不合理　　　　　　　　　　　(b) 合理

图 2-2-15　焊缝分散布置

3. 焊缝应尽量均匀、对称

焊缝均匀对称可防止因焊接应力分布不对称而产生变形，如图 2-2-16(a)所示结构容易产生变形；而图 2-2-16(b)焊缝对称布置，应力可以相互抵消。

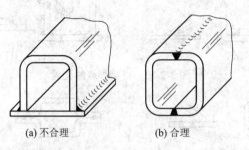

(a) 不合理   (b) 合理

图 2-2-16 焊缝应对称分布

4. 焊缝位置应避免应力集中

由于焊接接头处塑性和韧性较差，又有较大的焊接应力，如果此处又有应力集中现象，则很容易产生裂纹。对于受力较大、结构较复杂的焊接构件，在最大应力断面和应力集中位置不应布置焊缝。如图 2-2-17(a)中所示的焊缝位置为最大应力断面位置或应力集中的断面，焊接方案不合理；图 2-2-17(b)的方案更为合理。

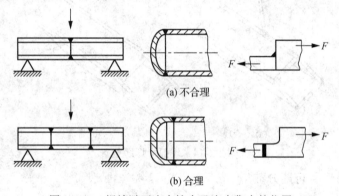

(a) 不合理

(b) 合理

图 2-2-17 焊缝避开应力较大及应力集中的位置

5. 焊接元件应尽量选用型材

在焊接结构中，常常是将各个焊接元件组焊在一起。如果能合理选用型材，就可以简化焊接工艺过程，有效地防止焊接变形。图 2-2-18(a)所示的焊件是用三块钢板组焊而成的，它有四道焊缝，而图 2-2-18(b)则同一焊件由两个槽钢组焊而成，只需在接合处采用分段法焊接，既可简化焊接工艺，又可减小焊接变形。而如果能选用合适的工字钢，就可完全省掉焊接工序。

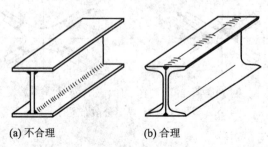

(a) 不合理   (b) 合理

图 2-2-18 焊件尽量选用型钢组焊

6. 焊缝应尽量避开机械加工表面

需要进行机械加工的焊件，如焊接轮毂、管配件等，其焊缝位置的设计应尽可能距离已加工表面远一些。

(二) 焊接接头的设计

焊接接头设计主要包括接头形式设计和坡口形式设计等。

接头形式是指焊件连接处所采用的结构方式。手工电弧焊采用的接头形式为对接、角接、T形接头及搭接。坡口是根据设计或工艺需要，在焊件的待焊部位加工并装配成一定几何形状的沟槽。手工电弧焊采用的坡口形式为I形坡口、V形坡口、X形坡口、U形坡口和双U形坡口，如图2-2-19所示。

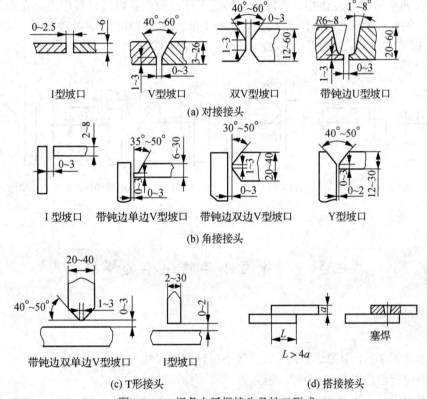

(a) 对接接头

(b) 角接接头

(c) T形接头　　　　(d) 搭接接头

图2-2-19　焊条电弧焊接头及坡口形式

手工电弧焊和其他熔化焊焊接不同厚度的重要受力件时，若采用对接接头，则应在较厚的板上作出单面或双面削薄，然后再选择适宜的坡口形式和尺寸，如图2-2-20所示。

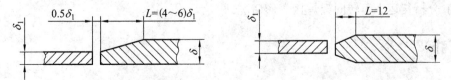

图2-2-20　不同厚度板材焊接时的坡口形式

搭接接头不需要开坡口，但需要注意的是，搭接接头应力分布复杂。搭接接头常用于焊前准备和装配要求简单的板类焊件结构中，如桥梁、房架等多采用搭接接头的形式。

T形接头广泛采用在空间类焊件上。完全焊透的单面坡口和双面坡口的T形接头在任何载荷下都具有很高的强度。根据焊件的厚度，T形接头可选I形(不开坡口)、单边V形、K形、单边双U形坡口形式，如图2-2-21所示。

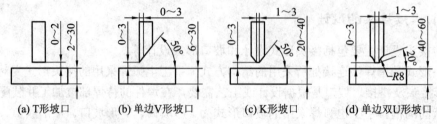

(a) T形坡口　(b) 单边V形坡口　(c) K形坡口　(d) 单边双U形坡口

图2-2-21　T形接头坡口形式

角接头通常只起连接作用，不能用来传递工作载荷，且焊缝位置应力分布很复杂，承载能力低。根据焊件厚度不同，角接头可选择I形坡口(不开坡口)、单边V形、单边U形、V形及K形等坡口形式，如图2-2-22所示。

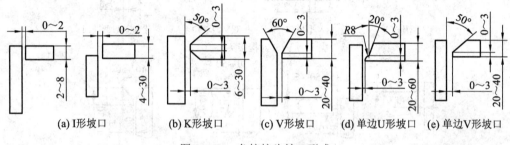

(a) I形坡口　(b) K形坡口　(c) V形坡口　(d) 单边U形坡口　(e) 单边V形坡口

图2-2-22　角接头坡口形式

任务1　货运小车转向架的焊接

任务要求

(1) 确定表2-2-1中图2-2-1所示货运小车转向架焊接方法；
(2) 确定货运小车转向架焊接电源；
(3) 确定货运小车转向架使用的焊条；
(4) 确定货运小车转向架焊接顺序；
(5) 确定货运小车转向架坡口形式；
(6) 分析货运小车转向架焊接变形情况。

知识引入

一、焊条电弧焊

焊条电弧焊(又称为手工电弧焊)是用手工操纵焊条进行焊接的电弧焊方法。

手工电弧焊设备简单，操作灵活，对空间不同位置、不同接头形式的焊件都能进行焊接。因此，手工电弧焊是焊接生产中应用最广泛的焊接方法。主要适用于低碳钢、低合金钢、不锈钢的焊接。

(一) 焊接电弧

焊接电弧是由焊接电源供给的，它是在具有一定电压的两电极间或电极与焊件间，在气体介质中产生的强烈而持久的放电现象。

1. 焊接电弧的产生

焊接电弧产生的方式是接触引弧，即先将焊条与工件相接触，造成短路，瞬间有强大的电流流经焊条与焊件接触点，由于焊件和焊条的接触表面为非平整表面，因而导致接触点处电流密度很大，产生强烈的电阻热，使焊条末端温度迅速升高和熔化。在很快提起焊条的瞬间，电流只能从已熔化金属的细颈处通过，细颈部分的金属温度急剧升高、蒸发和汽化，即焊条与工件表面被加热到熔化，甚至蒸发、汽化，如图 2-2-23 所示。

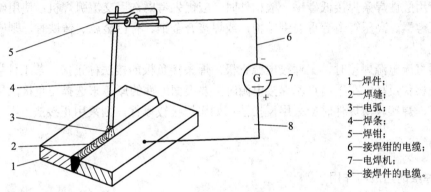

1—焊件；
2—焊缝；
3—电弧；
4—焊条；
5—焊钳；
6—接焊钳的电缆；
7—电焊机；
8—接焊件的电缆。

图 2-2-23　焊条电弧焊原理图

2. 焊接电弧的构造及热量分布

焊接电弧分为三个区域，如图 2-2-24 所示，即阴极区，阳极区和弧柱区。当采用直流电源时，如焊条接负极，工件接正极，则阴极区在焊条末端，阳极区在工件上。

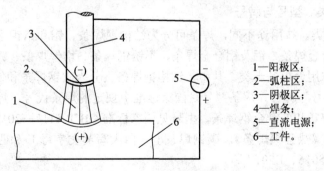

1—阳极区；
2—弧柱区；
3—阴极区；
4—焊条；
5—直流电源；
6—工件。

图 2-2-24　焊接电弧的组成

阴极区是指靠近阴极端部很窄的区域，阳极区是指靠近阳极端部的区域，处于阴极区和阳极区之间的气体空间区域是弧柱区，其长度相当于整个电弧的长度。用钢焊条焊接钢材时，阴极区释放的热量约占电弧总热量的 36%，温度约为 2100℃；阳极区释放的热量约占电弧总热量的 43%，温度约为 2300℃；弧柱区释放的热量约占电弧总热量的 21%，弧柱中心温度可达 5700℃ 以上。

当使用交流焊接电源时，由于电源极性快速交替变化，所以两极的温度基本一样。

(二) 焊接电源的选择

焊接电源选择时，要求焊接电源要能实现电压随负载增大而迅速降低。常用焊接电源的类型为交流弧焊机，直流弧焊机和交、直流两用弧焊机。

交流弧焊机价格便宜，可靠性较好，但体积大，重量大，不利于灵活移动；同时能耗较高，电流调节不方便，一般只能使用酸性焊条。交流弧焊机采用单相供电，易造成电网不平衡，影响其他设备工作。

直流弧焊机一般分为可控硅整流和逆变两种，现在用得较多的是逆变焊机。相对于交流焊机，同规格的直流焊机体积、重量较小，移动灵活，能耗较低，酸碱性焊条都可使用，三相供电，电流调节方便，对电网影响较小。但直流焊机价格较高，维保费用较高。

在使用酸性焊条焊接低碳钢一般构件时，应优先考虑选用交流弧焊机；使用碱性焊条焊接高压容器、高压管道等重要钢结构，或焊接合金钢、有色金属、铸铁时，则应选用直流弧焊机。

当用直流电源焊接时，工件接电源正极，焊条接负极的接法称正接；若工件接负极，焊条接正极称反接。在采用直流焊接电源时，要根据焊件的厚薄来选择正负极的接法。一般情况下，焊接较薄焊件时应采用反接法；如果焊接较厚件，则采用正接法。

(三) 焊条

1. 焊条的组成与作用

焊条由焊芯和药皮两部分组成。焊芯一方面作为电极，导电并产生电弧；另一方面作为填充金属用以形成焊缝。药皮则用于保证焊接过程顺利进行，其作用有三个：稳弧，保证好的焊缝质量；造气、造渣保护熔池；脱 O、S、P 等元素，同时向熔池渗入合金元素，并使焊缝具有一定的化学成分和力学性能。

2. 焊条的分类、型号与牌号

(1) 焊条的分类。按用途不同，焊条可分为结构钢焊条、钼和铬钼耐热钢焊条、低温钢焊条、铜及铜合金焊条、铝及铝合金焊条、不锈钢焊条、堆焊焊条、铸铁焊条、镍及镍合金焊条以及特殊用途焊条十类。其中，结构钢焊条又分为碳钢焊条和低合金钢焊条。

(2) 焊条的型号与牌号。焊条型号是国家标准中规定的焊条代号。焊接结构件生产中应用最广的碳钢焊条和低合金钢焊条，型号见国家标准 GB/T 5117—2012《碳钢焊条》和 GB/T 5118—2012《热强钢焊条》。碳钢焊条型号由大写英文字母 E 和四位阿拉伯数字组成，如 E4303、E5016、E5017 等。

3. 酸性焊条与碱性焊条

根据熔渣酸碱度将焊条分为酸性焊条和碱性焊条(又称低氢型焊条)，即按熔渣中酸性氧化物和碱性氧化物的比例划分。

酸性焊条工艺性好，引弧容易，电弧稳定，飞溅少，脱渣性好，焊缝成形美观，施焊技术容易掌握；酸性焊条的抗气孔性能好，焊缝金属很少产生由氢引起的气孔，对锈、油等不敏感，焊接时产生的有害气体少。酸性焊条可用交流、直流焊接电源，适用于各种位置的焊接，焊前焊条的烘干温度较低。酸性焊条熔池的氧化性较强，合金元素烧损较多，焊缝金属力学性能差；由于焊接时脱磷、脱硫效果差，含氢量高，抗氢性差。酸性焊条适用于一般低碳钢和强度等级较低的普通低碳钢结构的焊接。

碱性焊条的氧化性较弱，合金元素烧损少，因而焊缝的力学性能好。药皮中碱性氧化物较多，脱氧、硫、磷的能力比酸性焊条强。另外药皮中的萤石有较好的去氢能力，故焊缝中含氢量低，因此碱性焊条的突出优点是焊缝金属的塑性、韧性和抗裂性能比酸性焊条高，所以这类焊条适用于合金钢和重要的碳钢的焊接，多用于一些较重要的焊接结构，如承受动载荷或刚性较大的结构。碱性焊条的主要缺点就是工艺性差。由于药皮中有萤石的存在，对电弧的稳定性不利，因此要求用直流焊接电源及直流反接进行焊接。碱性焊条即使在药皮中加入稳弧剂，其电弧稳定性也比酸性焊条差。由于碱性焊条对锈、油污、水分和电弧拉长都比较敏感，容易产生气孔，因此焊前要严格烘干焊条，仔细清理焊件坡口表面。经烘干的碱性焊条，应放入 100～200℃ 的电焊条保温筒内，随用随取。烘干后暂时不用的碱性焊条再次使用前，还要重新烘干。碱性焊条在焊接时会产生有毒气体，损害工人健康。

4. 焊条的选用

(1) 对于低碳钢和低合金高强度结构钢焊件，要求焊缝金属与焊件的强度相等，可以根据焊件强度来选用相同强度等级的焊条。但应注意，焊件是按屈服强度确定等级的，而结构钢焊条的等级是指焊缝金属抗拉强度的最小值。

(2) 焊接异种钢结构时，应按强度等级低的钢种选用焊条。低碳钢与低合金钢焊接时，可按异种钢接头中强度较低的钢材来选用焊条。

(3) 对于承受动载荷或冲击载荷的焊缝，或结构复杂、大厚度的焊件，为保证焊缝具有较高的塑性、冲击韧性、抗裂强度或低温性能要求较高，应选用碱性焊条，否则，选用酸性焊条；对于薄板和刚度较小、构件受力不复杂、母材质量较好以及焊接表面带有油污、水分、铁锈等的难以清理的结构件，应尽量选择酸性焊条。

(4) 对于加工过程中须经热加工或须经过焊后热处理的焊件，应选择能保证热加工或热处理后焊缝强度及韧性的焊条。

(5) 焊接耐热钢焊件或不锈钢焊件等，应选择具有相同或相近化学成分的专用焊条，以保证焊接接头的特殊性能要求。

(6) 对于焊前清理困难且容易产生气孔的焊接件，应选用酸性焊条；若母材中含碳、硫、磷等量较高时，应采用碱性焊条。

二、埋弧焊

埋弧焊是指电弧在焊剂层下燃烧进行焊接的方法。

(一) 埋弧焊的工艺原理

图 2-2-25 所示是埋弧焊工艺原理图。焊接前，在焊件接头上覆盖一层 40～60 mm 厚

的颗粒状焊剂，然后将焊丝插入焊剂中，使它与焊件接头处保持适当距离，并使其产生电弧。电弧产生的热量使周围的焊剂熔化成熔渣，并形成高温气体，高温气体将熔渣排开形成一个空腔，电弧就在这一空腔中燃烧。覆盖在上面的液态熔渣和最表面未熔化的焊剂将电弧与外界空气隔离。焊丝熔化后形成熔滴落下，并与熔化了的焊件金属混合形成熔池。随着焊丝沿箭头所指方向的不断移动，熔池中的液态金属也随之凝固，形成焊缝。同时，浮在熔池上面的熔渣也凝固成渣壳。

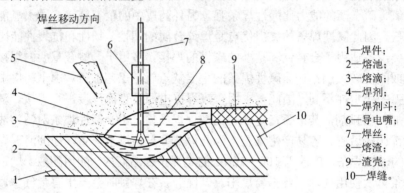

1—焊件；
2—熔池；
3—熔滴；
4—焊剂；
5—焊剂斗；
6—导电嘴；
7—焊丝；
8—熔渣；
9—渣壳；
10—焊缝。

图 2-2-25　埋弧焊工艺原理图

按焊丝沿焊缝的移动方法的不同，埋弧焊可分为埋弧自动焊和埋弧半自动焊两类。

图 2-2-26 所示是埋弧自动焊的焊接过程示意图。焊接时，焊件放在垫板上，垫板的作用是保持焊件具有适宜焊接的位置。焊丝通过送丝机构插入焊剂中。焊丝和焊剂管一起固定在可自动行走的小车上，按图中箭头所指方向匀速运动。焊丝送进的速度与小车运动的速度相配合，以保证电弧的稳定燃烧，使焊接过程自始至终正常进行。埋弧焊的动作程序和焊接过程弧长的调节都是由电气控制系统来完成的。埋弧焊设备由焊车、控制箱和焊接电源三部分组成。埋弧焊电源有交流和直流两种。

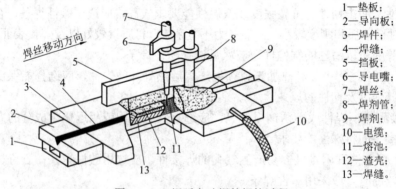

1—垫板；
2—导向板；
3—焊件；
4—焊缝；
5—挡板；
6—导电嘴；
7—焊丝；
8—焊剂管；
9—焊剂；
10—电缆；
11—熔池；
12—渣壳；
13—焊缝。

图 2-2-26　埋弧自动焊的焊接过程

埋弧半自动焊是依靠手工沿焊缝移动焊丝的，这种方法仅适宜较短和不太规则焊缝的焊接。

(二) 埋弧焊的工艺特点

与手工电弧焊相比，埋弧焊焊接质量相对较好，生产高效。同时，由于焊件可以不开坡口或开小坡口，可减少焊缝中焊丝的填充量，也可减少因加工坡口而消耗的焊件材料。

由于埋弧焊的动作程序和焊接过程弧长的调节都是由电气控制系统来完成的，因此其易于实现自动化，可降低劳动强度，改善劳动条件，也降低操作难度。

但埋弧焊的设备费用相对较高，一般情况下只能焊接平焊缝，而不适宜焊接结构复杂或有倾斜焊缝的焊件；又因电弧隐藏于焊剂下面，不便于实时检查焊缝质量。

(三) 埋弧焊的适用范围

埋弧焊适用于低碳钢、低合金钢、不锈钢、铜、铝等金属材料厚板的长焊缝焊接。

任务结论

(1) 焊接方法：侧向支架与横梁的焊缝围绕横梁与侧向支架配合的位置，在空间处于不同的空间位置；同时二者的材料为 Q345B，属于碳钢中普通碳素结构钢，故可用焊条电弧焊的方法进行焊接。

(2) 焊接电源：考虑到焊缝位置的操作空间限制，为方便焊接，选择移动灵活的直流电源。

(3) 焊条选用：转向架在整车结构中属于重要的结构部件，承受较大的动载荷，有一定的刚性要求，故选用碱性焊条。

(4) 焊接顺序：先焊接外侧焊缝，再焊接内侧焊缝。外侧焊缝先点焊后满焊，以控制变形；内侧焊缝可直接满焊。

(5) 坡口形式：T 型接头，单边 V 形坡口。

(6) 焊接变形：整体结构对称，选用如上焊接顺序，可有效控制变形。

能力拓展

一、低碳钢的焊接性

低碳钢的焊接性好，一般不需要采取特殊的工艺措施即可得到优质的焊接接头。另外，低碳钢几乎可用各种焊接方法进行焊接。

低碳钢焊接一般不需要预热，只有在气候寒冷或焊件厚度较大时才考虑预热。例如，当板材厚度大于 30 mm 或环境温度低于 -10℃时，需要将焊件预热至 100～150℃。

二、中碳钢的焊接性

中碳钢的焊接性比低碳钢差。中碳钢焊件的热影响区容易产生淬硬组织。当焊件厚度较大、焊接工艺不当时，焊件很容易产生冷裂纹。同时，焊件接头处有一部分碳要溶入焊缝熔池，使焊缝金属的碳当量提高，降低焊缝的塑性，容易在凝固冷却过程中产生热裂纹。

中碳钢焊前需要预热，以减小焊接接头的冷却速度，降低热影响区的淬硬倾向，防止产生冷裂纹。预热的温度一般为 100～200℃。

中碳钢焊件接头要开坡口，以减小焊件金属熔入焊缝金属中的比例，防止产生热裂纹。

三、低合金结构钢的焊接

低合金结构钢的焊件热影响区有较大的淬硬性。强度等级较低的低合金结构钢含碳量少，淬硬倾向小；随着强度等级的提高，钢中含碳量也增大，加上合金元素的影响，使热影响区的淬硬倾向亦增大。因此，导致焊接接头处的塑性下降，产生冷裂纹的倾向也随之增大。可见，低合金结构钢的焊接性随着其强度等级的提高而变差。

在焊接低合金结构钢时，应选择较大的焊接电流和较小的焊接速度，以减小焊接接头的冷却速度。如果能够在焊接后及时进行热处理或者焊前预热，均能有效地防止冷裂纹的产生。

四、铸铁的焊接

铸铁的焊接性很差。在焊接铸铁时，一般容易出现以下问题。

(1) 焊后易产生白口组织。为了防止产生白口组织，可将焊件预热到 400～700℃ 后进行焊接，或者在焊接后将焊件保温冷却，以减慢焊缝的冷却速度。也可增加焊缝金属中石墨化元素的含量，或者采用非铸铁焊接材料(如镍、镍铜、高钒钢焊条)。

(2) 产生裂纹。由于铸铁的塑性极差，抗拉强度又低，当焊件因局部加热和冷却造成较大的焊接应力时，就容易产生裂纹。

在生产中，铸铁是不采用焊接连接的，只有当铸铁件表面产生不太严重的气孔、缩孔、砂眼和裂纹等缺陷时，才采用焊补的方法。

任务2　6063 铝合金型材的焊接

任务要求

(1) 确定表 2-2-1 中任务 2 所述 6063 铝合金型材的焊接方法；
(2) 确定焊接该 6063 铝合金型材使用的焊条或焊丝。

知识引入

用外加气体作为电弧介质，并保护电弧和焊接区的电弧焊，称为气体保护电弧焊，简称为气体保护焊。最常用的气体保护电弧焊方法有氩弧焊和二氧化碳气体保护焊。

一、氩弧焊

氩弧焊是用氩气作为保护气体的电弧焊。氩弧焊按电极在焊接过程中是否熔化而分为熔化极氩弧焊(MIG)(见图 2-2-27(a))和非熔化极氩弧焊(TIG)(见图 2-2-27(b))两种。

(一) 氩弧焊的分类及应用

(1) 熔化极氩弧焊。熔化极氩弧焊是采用直径为 $\phi 0.8 \sim \phi 2.44$ mm 的实芯焊丝，由氩气来保护电弧和熔池的一种焊接方法。焊丝既是电极，也是填充金属，所以称为熔化极氩弧焊。

熔化极氩弧焊焊接电流比较大，母材熔深大，生产率高，工件变形小，适于焊接中厚板，如厚度 8 mm 以上的铝容器。为了使焊接电弧稳定，通常采用直流反接。

(2) 非熔化极氩弧焊。非熔化极氩弧焊是以钨极作为电极，用氩气作为保护气体的气体保护焊。在焊接过程中，钨极不熔化，所以称为非熔化极氩弧焊，又称钨极氩弧焊。填充金属是靠熔化送进电弧区的焊丝。

焊接钢材时，多用直流正接，以减少钨极的烧损；焊接铝、镁及其合金时采用反接，此时，铝工件作为阴极，有"阴极破碎"的作用。非熔化极氩弧焊焊接过程中须加填充金属，它可以是焊丝，也可以在焊接接头中填充金属条或采用卷边接头。为防止钨极熔化，钨极氩弧焊焊接电流不能太大，所以一般适于焊接厚度小于 4 mm 的薄板件。

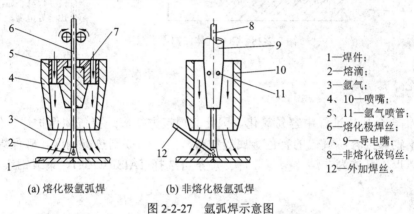

1—焊件；
2—熔滴；
3—氩气；
4、10—喷嘴；
5、11—氩气喷管；
6—熔化极焊丝；
7、9—导电嘴；
8—非熔化极钨丝；
12—外加焊丝。

(a) 熔化极氩弧焊　　　(b) 非熔化极氩弧焊

图 2-2-27　氩弧焊示意图

(二) 氩弧焊的特点

(1) 氩弧焊焊缝质量高。氩气是惰性气体，保护性能优良；氩气导热慢，高温下不吸热、不分解，热量损失小。电弧受氩气流的冷却导致电弧热量集中，热影响区小，故焊件变形小，应力小，焊缝质量高。

(2) 氩弧焊焊接过程简单，明弧焊接容易观察。氩弧焊可进行任何空间位置的焊接，并易于实现自动化。

(3) 氩气价格贵、设备较复杂、焊接成本高。

氩弧焊几乎可用于所有金属材料的焊接，特别是化学性质活泼的金属材料。目前氩弧焊多用于焊接铝、镁、钛、铜及其合金，低合金钢，不锈钢和耐热钢等材料。

二、CO_2 气体保护焊

CO_2 气体保护焊是在实芯焊丝连续送出的同时，用 CO_2 作为保护气体进行焊接的熔化电弧焊，如图 2-2-28 所示。

CO_2 气体保护焊的优点是生产率高。CO_2 气体的价格比氩气低，电能消耗少，所以成本较低。由于电弧热量集中，所以熔池小，焊件变形小，焊接质量高。缺点是不宜焊接容易氧化的有色金属等材料，也不宜在有风的场地工作，电弧光强，熔滴飞溅较严重，焊缝成形不够光滑。

　　CO_2 气体保护焊常用于碳钢、低合金钢、不锈钢和耐热钢的焊接，也适用于修理机件，如磨损零件的堆焊。

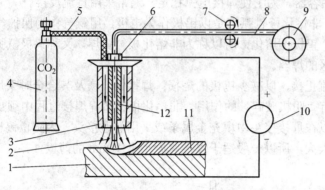

1—焊件；
2—CO_2 气体；
3—喷嘴；
4—CO_2 气瓶；
5—送气软管；
6—焊枪；
7—送丝机构；
8—焊丝；
9—绕丝盘；
10—电焊机；
11—焊缝金属；
12—导电嘴。

图 2-2-28　CO_2 气体保护焊示意图

任务结论

　　6063 铝合金加热过程中容易氧化，因此其焊接方法应选择气体保护焊。但 CO_2 气体保护焊不宜焊接容易氧化的有色金属等材料，同时为控制热影响区，确保焊缝质量，应选择氩弧焊，具体为非熔化极氩弧焊。焊条可选择 TAlSi(L209)焊条或铝镁焊丝或铝硅焊丝。

能力拓展

一、奥氏体不锈钢的焊接

　　奥氏体不锈钢可用钨极氩弧焊(TIG)、熔化极氩弧焊(MIG)、等离子氩弧焊(PAW)及埋弧焊(SAW)等方法进行焊接。奥氏体不锈钢因其熔点低、导热系数小、电阻系数大，故焊接电流较小。应采用窄焊缝、窄焊道，减少高温停留时间，防止碳化物析出，减少焊缝收缩应力，降低热裂纹敏感性。

　　奥氏体不锈钢焊材成分中 Cr、Ni 合金元素含量要高于母材中的含量。采用含有少量(4%～12%)铁素体的焊接材料，可以保证焊缝良好的抗裂(冷裂、热裂、应力腐蚀开裂)性能。焊缝中不允许或不可能存在铁素体相时，焊材应选用含 Mo、Mn 等合金元素的焊接材料。焊材中的 C、S、P、Si、Nb 含量应尽可能低。

二、铁素体不锈钢的焊接

　　铁素体不锈钢焊接后不会出现强度显著下降或淬火硬化问题，因此，焊接接头的室温强度不是焊接的主要问题；由于热膨胀系数低，故焊接热裂纹和冷裂纹也不是主要矛盾。但焊接接头的塑、韧性降低(即发生脆化)，以及耐腐蚀性必须重视。

焊接材料与母材的化学成分相同时，须采取措施：焊前预热温度100～200℃，以使被焊材料处于韧性较好的状态和降低焊接接头的应力；随着铬含量的提高，预热温度也应相应提高。焊后对焊接接头进行750～800℃退火处理

三、奥氏体-铁素体(双相)不锈钢的焊接

奥氏体-铁素体(双相)不锈钢可用钨极氩弧焊(TIG)、熔化极氩弧焊(MIG)、等离子氩弧焊(PAW)及埋弧焊(SAW)等方法进行焊接。若焊件处于高应变状态或存在导致耐蚀性和塑、韧性降低的有害相变，则应进行固溶处理。23%Cr无Mo双相不锈钢和22%Cr双相不锈钢的固溶处理温度为1050～1100℃，而25%Cr双相不锈钢和超级双相不锈钢的固溶处理温度为1070～1120℃。

任务3　TU1铜管的焊接

任务要求

(1) 掌握电阻焊、电渣焊、钎焊的焊接原理及适用场合；
(2) 确定表2-2-1中图2-2-2所示散热器TU1铜管的焊接方法。

知识引入

一、电阻焊

电阻焊就是将工件组合后通过电极施加压力，利用电流通过接头的接触面及邻近区域产生的电阻热进行焊接的方法。

(一) 电阻焊的方法

电阻焊的方法主要有三种，即对焊、点焊、缝焊，如图2-2-29所示。

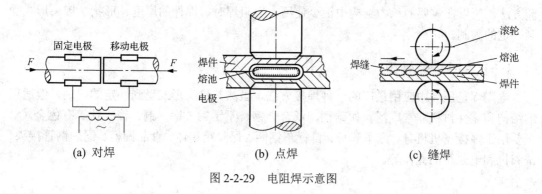

(a) 对焊　　　　　(b) 点焊　　　　　(c) 缝焊

图2-2-29　电阻焊示意图

1. 对焊

对焊是使焊件沿整个接触面焊合的电阻焊方法。对焊广泛应用于刀具、钢筋、锚链、自行车车圈、钢轨和管道的焊接。

(1) 电阻对焊。电阻对焊是将焊件装配成对接接头，使其端面紧密接触，利用电阻热加热至塑性状态，然后断电并迅速施加顶锻力完成焊接的方法，如图 2-2-29(a)所示。电阻对焊主要用于截面简单、直径或边长小于 20 mm 和强度要求不太高的焊件。

(2) 闪光对焊。闪光对焊是将焊件装配成对接接头，接通电源，使其端面逐渐移近达到局部接触，利用电阻热加热这些接触点，在大电流作用下，产生闪光，使端面金属熔化，直至端部在一定深度范围内达到预定温度时，断电并迅速施加顶锻力完成焊接的方法。闪光焊的接头质量比电阻对焊好，焊缝力学性能与母材相当，而且焊前不需要清理接头的预焊表面。闪光对焊常用于重要焊件的焊接，可焊同种金属，也可焊异种金属。

2. 点焊

点焊是将焊件装配成搭接接头，并压紧在两电极之间，利用电阻热熔化母材金属，形成焊点的电阻焊方法，如图 2-2-29(b)所示。点焊主要用于薄板焊接。低碳钢点焊板料的最大厚度为 2.5～3.0 mm。此外，还可焊接不锈钢、铜合金、钛合金和铝镁合金等材料。

3. 缝焊

缝焊是将焊件装配成搭接或对接接头，并置于两滚轮电极之间，滚轮加压焊件并转动，连续或断续送电，形成一条连续焊缝的电阻焊方法，如图 2-2-29(c)所示。缝焊焊缝表面光滑平整，具有较好的气密性，常用于焊接要求密封的薄壁容器，板厚一般在 3 mm 以下，在汽车、飞机制造业中应用很广泛。缝焊也常用来焊接低碳钢、合金钢、铝及铝合金等薄板材料。

(二) 电阻焊的特点

电阻焊冶金过程简单，焊缝金属的化学成分均匀，并且基本上与母材一致；电阻热集中，热影响区小，故而焊接变形也小而且易于控制。电阻焊易于实现机械化、自动化、智能化，没有强光和大量的飞溅，劳动条件好。

电阻焊也有它的不足之处：由于焊接过程很快，如果焊接时因某些因素发生波动变化，对焊接质量的稳定性有影响时，往往来不及进行调整；另外到目前为止还没有好的无损检验方法，所以在重要的承力结构中很少使用。电阻焊时，焊件的厚度、形状、接头形式受到一定的限制。

(三) 电阻焊的应用

电阻焊是压焊中应用最广的一种焊接方法，虽然其接头形式受到一定的限制，但适用的结构和零件材料非常广泛，如碳钢、低合金钢、不锈钢、铝、铜、镍、钛等有色金属。主要用于焊接飞机机身、汽车车身、自行车钢圈、保险箱箱体、食品橱柜、锅炉钢管接头、洗衣机和电冰箱的壳体等。

二、电渣焊

电渣焊是利用电流通过熔渣所产生的电阻热作为热源，将填充金属和母材熔化，凝固后形成金属原子间牢固连接。电渣焊一般在垂直立焊位置进行焊接。

(一) 电渣焊的焊接原理

如图 2-2-30 所示，焊件距离 20～40 mm 的间隙，间隙两侧用通水冷却的成形铜滑块挡住，形成熔池和渣池所需的空间，保证熔池金属凝固成形。在开始焊接时，使焊丝与起焊槽短路起弧，不断加入少量固体焊剂，利用电弧的热量使之熔化，形成液态熔渣，待熔渣达到一定深度时，增加焊丝的送进速度，并降低电压，使焊丝插入渣池，电弧熄灭，从而转入电渣焊焊接过程。高温熔渣具有导电性，当焊接电流从焊丝端部经过渣池流向工件时，在渣池内部产生大量的热将焊丝和工件熔化，熔化的液态金属向下流动，汇集在渣池的底部，形成熔池。随着电极的不断送入，金属熔池和渣池不断上升，熔池底部的金属由下而上凝固形成焊缝。

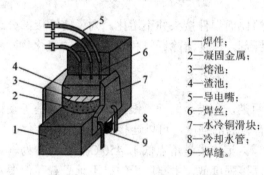

1—焊件；
2—凝固金属；
3—熔池；
4—渣池；
5—导电嘴；
6—焊丝；
7—水冷铜滑块；
8—冷却水管；
9—焊缝。

图 2-2-30　电渣焊

(二) 电渣焊的特点

电渣焊可一次焊成很厚的焊件；生产效率高，成本低；焊缝金属比较纯净，适于焊接中碳钢与合金结构钢。由于电渣焊输入的热量大，接头在高温下停留时间长、焊缝附近容易过热，焊缝金属呈粗大结晶的铸态组织，冲击韧性低，焊件在焊后一般需要进行正火和回火热处理。

(三) 电渣焊的应用

电渣焊广泛应用于大型构件和重型机械制造业中，如锻件和铸造件。当焊接厚度大于 30 mm 或难以采用埋弧焊或气体保护焊进行焊接的某些曲面焊缝，建筑行业中必须垂直焊接的焊缝，大面积堆焊及高碳钢、铸铁等焊接性能较差的材料焊接时，一般采用电渣焊。

三、钎焊

钎焊是采用比母材熔点低的金属材料作钎料，将焊件和钎料加热到高于钎料熔点、低于母材熔点的温度，利用液态钎料润湿母材，填充接头间隙并与母材相互扩散实现连接焊件的方法。

(一) 钎焊的焊接原理

钎焊时，将焊件接合表面清洗干净，以搭接形式组合焊件，把钎料放在接合间隙附近或接合面之间的间隙中。当焊件与钎料一起加热到稍高于钎料的熔化温度后，液态钎料便借助毛细管作用被吸入并流进两焊件接头的缝隙中，于是在焊件金属和钎料之间进行扩散渗透，凝固后便形成钎焊接头。钎焊过程如图 2-2-31 所示。

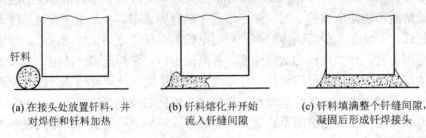

钎料

(a) 在接头处放置钎料，并　　　(b) 钎料熔化并开始　　　(c) 钎料填满整个钎缝间隙，
　　对焊件和钎料加热　　　　　流入钎缝间隙　　　　　　凝固后形成钎焊接头

图 2-2-31　钎焊过程示意图

钎焊的特点是钎料熔化而焊件接头并不熔化。为了使钎接部分连接牢固，增强钎料的附着作用，钎焊时要用钎剂，以便清除钎料和焊件表面的氧化物。

(二) 钎焊的特点

常用的钎料一般有两类，一类是铜基、银基、铝基、镍基等硬钎料，它们的熔点一般高于 450℃。硬钎料具有较高的强度，可以连接承受载荷的零件，应用比较广泛，如硬质合金刀具、自行车车架等。第二类是熔点低于 450℃的钎料称为软钎料，一般由锡、铅、铋等金属组成。软钎料焊接强度低，主要用于焊接不承受载荷但要求密封性好的焊件，如容器、仪表元件等。钎焊接头表面光洁，气密性好，焊件的组织和性能变化不大，形状和尺寸稳定，可以连接不同成分的金属材料。钎焊的缺点是钎缝的强度和耐热能力都比焊件低。

(三) 钎焊的应用

钎焊在机械、电机、仪表、无线电等制造业中得到了广泛的应用。

任务结论

A、B 两根铜管内径较小，无法利用电阻焊进行焊接；为了保证铜管内部通道的正常功能，电渣焊亦不适用；同时，铜管的壁厚较薄，其他熔焊方式容易造成铜管的损坏。因此，最合理的焊接方式为钎焊。

能力拓展

在选择焊材时，应尽可能选择焊剂性能好的材料。在工程实践中，应遵循以下几条原则。

1. 选择低碳钢和碳当量小于 0.4%的低合金结构钢

一般情况下，碳钢中碳的质量分数小于 0.25%，低合金结构钢中碳的质量分数小于 0.2%时，都具有良好的焊接性，应尽量选用它们作为焊接材料。而碳的质量分数大于 0.5% 的碳钢和碳的质量分数大于 0.4%的合金钢，焊接性都比较差，一般不宜采用。

2. 优先选择强度等级低的低合金结构钢

在选择焊接材料时，应优先选用强度等级低的低合金结构钢。低合金结构钢的焊接性与低碳钢基本相同，价格便宜，但能显著提高结构强度。

3. 强度等级高的低合金结构钢应采用合理的焊接材料与工艺

在结构设计时，当无法避免选用强度等级较高的低合金结构钢时，应采用合理的焊接材料与焊接工艺，来确保得到满足使用要求的焊接接头。

4. 重要的焊接结构件应优先选择镇静钢

因镇静钢比沸腾钢脱氧完全，组织致密，性能较好，因此一些重要的焊接结构件应优先选择镇静钢。

5. 材料统一性原则

因异种金属材料彼此的物理、化学性能不同，常因膨胀、收缩不一致而使焊接接头产生较大的焊接应力，造成变形或裂纹的产生，因此焊件结构应尽可能选用同一种材料。

异种金属焊接时，必须注意它们的焊接性及差异，尽量不选择无法用熔焊方法获得满意接头的异种金属。

任务4　AISI4340 高强度轴与 SMF4030 粉末合金实心轴的焊接

任务要求

(1) 掌握摩擦焊、激光焊接、电子束焊接的焊接原理及适用场合；

(2) 确定表 2-2-1 中任务 4 所述 AISI4340 高强度轴与 SMF4030 粉末合金实心轴的焊接方法。

知识引入

一、摩擦焊

利用焊件表面相互摩擦所产生的热使端面达到热塑性状态，然后迅速顶锻完成焊接的一种压焊方法，称为摩擦焊。

(一) 摩擦焊的焊接原理

如图 2-2-32 所示，焊件 1 和焊件 2 在预压力下相互接触，在恒定或递增压力以及扭矩的作用下，利用焊接接触端面之间的相对运动在摩擦面及其附近区域产生摩擦热和塑形变形热，使其附近区域温度上升到接近但一般低于熔点的温度区间，材料的变形抗力降低，塑性提高，界面的氧化膜破碎，在顶锻压力的作用下，伴随材料产生塑性变形及流动，通过界面的分子扩散和再结晶而实现焊接的固态焊接方法。

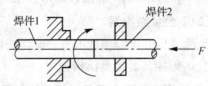

图 2-2-32　摩擦焊示意图

摩擦焊通常由如下四个阶段构成：机械能转化为热能；材料塑性变形；热塑性下的锻压力；分子间扩散再结晶。

(二) 摩擦焊的特点

摩擦焊相较传统熔焊，最大的不同点在于整个焊接过程中，由于摩擦，焊件接触表面的氧化膜和杂质被清除，使焊接接头组织致密，不产生气孔和夹渣等缺陷。待焊金属获得能量升高达到的温度并没有达到其熔点，即金属是在热塑性状态下实现的类锻态固相连接。相对传统的熔焊，摩擦焊具有焊接接头质量高，焊缝强度与基体材料等强度，焊接效率高，质量稳定，一致性好，可实现异种材料焊接等优点。

综上，摩擦焊具有以下优势：

(1) 焊接过程中质量控制良好，基本上能达到 100% 的合格率。由于摩擦焊利用焊接表面的相互摩擦作为热源，整个表面同时被加热，焊接时间极短，热影响区小，因此，只要合理地选择焊接规范，焊机使用得当，就完全可以避免裂纹、气孔及未焊透等熔化焊时常见的缺陷，而得到均匀一致的接头质量。

(2) 适用于热敏感性很强及不同制造状态材料的焊接，也就是具有比较广泛的可焊性。摩擦焊不仅可用来焊接相同的金属材料，而且特别适用于性能相差较大的异种金属的焊接。某些异种金属用普通的熔化焊或闪光对接焊时，会由于接头内生成金属间脆性化合物而无法进行焊接或难以得到优质的接头。而采用摩擦焊时，可以在较广的范围内选择和控制焊接温度，并且焊接时间很短，因此能比较容易地防止或大大减少金属间脆性化合物的生成，从而获得良好的焊接接头。

(3) 焊接过程不需要填充焊丝和惰性气体保护。

(4) 焊前不需要开坡口和对材料表面作特殊处理。

(5) 焊接过程中母材不熔化。

(6) 有利于实现全位置焊接以及高速连接。

(7) 摩擦焊高效、节能。

二、激光焊接

(一) 激光焊接的原理

激光焊是 20 世纪 70 年代发展起来的焊接技术，它以高能量密度的激光作为热源，对金属进行熔化而形成焊接接头。激光产生的基本理论是使激光材料受激产生光束，经聚焦后具有极高的能量密度，在极短时间内光能可转变成热能，其温度可达数万摄氏度以上，足以使被焊材料达到熔化和气化。利用激光束可进行焊接、切割和打孔等加工。

(二) 激光焊接的特点

激光焊的速度快，热影响区和变形极小，被焊材料不易氧化。与电子束焊相比，激光焊不产生 X 射线，不需要真空室，适合结构形状复杂和精密零部件的施焊。激光能反射、透射，甚至可用光导纤维传输，所以可进行远距离焊接，还可对已密封的电子管内部导线接头实现异种金属的焊接。

激光焊接的具体优点如下：

(1) 速度快、深度大、变形小。

(2) 能在室温或特殊条件下进行焊接，焊接设备装置简单。例如，激光通过电磁场，光束不会偏移；激光在真空、空气及某种气体环境中均能施焊，并能通过玻璃或对光束透明的材料进行焊接。

(3) 可焊接难熔材料如钛、石英等，并能对异种材料施焊，效果良好。

(4) 激光聚焦后，功率密度高，在高功率器件焊接时，深宽比可达 5：1，最高可达 10：1。

(5) 可进行微型焊接。激光束经聚焦后可获得很小的光斑，且能精确定位，可应用于大批量自动化生产的微、小型工件的组焊中。

(6) 可焊接难以接近的部位，施行非接触远间隔焊接，具有很大的灵活性。尤其是近几年来，在 YAG 激光加工技术中采用了光纤传输技术，使激光焊接技术获得了更为广泛的推广和应用。

(7) 激光束易实现光束按时间与空间分光，能进行多光束同时加工及多工位加工，为更精密的焊接提供了条件。

激光焊接也存在以下的局限性：

(1) 要求焊件装配精度高，且要求光束在工件上的位置不能有明显偏移。这是由于激光聚焦后光斑尺寸小，焊缝窄，未加填充金属材料。若工件装配精度或光束定位精度达不到要求，很容易造成焊接缺陷。

(2) 激光器及其相关系统的成本较高，一次性投资较大。

激光焊接主要应用于汽车、半导体、电讯器材、无线电工程、精密仪器、仪表部门小型或微型件的焊接。

三、电子束焊接

电子束焊接是利用加速和聚集的高速电子束轰击工件接缝处所产生的热能使金属熔合的焊接方法。

(一) 电子束焊接的原理

电子束焊接是高能量密度的焊接方法，它利用空间定向高速运动的电子束轰击工件表面后，将部分动能转化为热能，使焊件金属熔化，冷却结晶后形成焊缝。当电子束撞击工件时，其动能的 96% 可以转化为焊接所需的热能，焦点处的最高温度可达 6000℃，如图 2-2-33 所示。

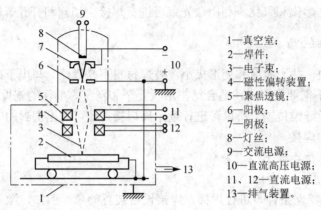

1—真空室；
2—焊件；
3—电子束；
4—磁性偏转装置；
5—聚焦透镜；
6—阳极；
7—阴极；
8—灯丝；
9—交流电源；
10—直流高压电源；
11、12—直流电源；
13—排气装置。

图 2-2-33 电子束焊的示意图

电子束焊通常按工件所处环境的真空度分为三种，即高真空电子束焊、低真空电子束焊和非真空电子束焊。

(1) 高真空电子束焊。高真空电子束焊是在 $10^{-4} \sim 10^{-1}$ Pa 的压强下进行的，此法目前应用最广。高真空电子束焊防止了金属元素的氧化和烧损，适用于活泼金属、难熔金属和质量要求高的工件的焊接。

(2) 低真空电子束焊。低真空电子束焊是在 $10^{-1} \sim 10$ Pa 的压强下进行的。由于只需抽到低真空，明显地缩短了抽真空时间，低真空电子束焊生产率较高，适用于大批量零件的焊接和在生产线上使用。如变速器组合齿轮多采用低真空电子束焊。

(3) 非真空电子束焊。非真空电子束焊是将高真空条件下产生的电子束引入到大气压力的工作环境中，对工件进行施焊，故又称为大气压电子束焊。这种方法的主要优点是：不需真空室，生产率高，成本较低，也可焊接尺寸大的工件，扩大了电子束焊技术的应用范围。非真空电子束焊在能源工业中的各种压缩机转子、叶轮组件、核反应堆壳体等，航空工业中的发动机机座、转子部件等，汽车制造业中的齿轮组合体、后桥、传动箱等，以及仪表、化工和金属结构制造业等行业中都得到了应用。

(二) 电子束焊接的特点

(1) 加热功率密度大，电子束束斑的功率可达 $10^6 \sim 10^8$ W/cm^2，适用于难熔金属及热敏感金属材料的焊接，而且由于电子束束斑的面积较小，可适用于精加工后零件的焊接。

(2) 焊缝熔深熔宽比(即深宽比)大。普通电弧焊的熔深熔宽比一般都小于 2，而电子束焊接的熔深熔宽比可达 20 以上。目前电子束焊接可焊接钢板厚度达到了 100 mm，铝合金板的焊接厚度达到了 300 mm。

(3) 真空电子束焊接熔池周围气氛纯度高，适宜焊接化学活泼性强、纯度高和加热状态下已被氧化的金属，如铝、锆、钼、高合金钢及不锈钢等。

(4) 焊接速度快，焊件热变形较小。

(5) 既能焊接同种金属和异种金属材料，也可焊接非金属材料。

(6) 易于实现自动化，降低工作强度，简化工艺。

但电子束焊接设备比较复杂，维保费用较高；焊接接头的加工、装配精度要求较高；工件尺寸和形状受到设备的限制；易于受到磁场的影响；焊接过程中产生 X 射线，需要严加防护。

电子束焊接可应用于原子能、航天、航空等国防生产中特殊材料的焊接，也可用于一般机械生产中，如微型器、真空器、导航设备、飞机、发动机、汽轮机叶片等的生产。

任务结论

AISI4340 与 SMF4030 两根实心轴的外径是 200 mm，外径较大。无论激光焊还是电子束焊，一是容易出现未焊透的缺陷，二是无法解决缺口敏感性和焊接脆化倾向，因此最合理的焊接方式是摩擦焊。

能力拓展

焊接方法的选择受到多种因素的制约，如产品结构类型、工件厚度、接头形式、焊接位置、材料、焊接设备等因素，但总体来说，主要分为产品特点和生产条件两个方面。

一、产品特点

(一) 产品结构类型

焊接产品按结构特点大致可分为四大类：结构类，如桥梁、建筑工程、石油化工容器等；机构零件类，如汽车零部件等；半成品类，如工字梁、管子等；微电子器件类。

这些不同结构的产品由于焊缝的长短、形状、焊接位置等各不相同，因而适用的焊接方法也不同。结构类产品中规则的长焊缝和环缝宜用埋弧焊。手工电弧焊用于打底焊和短焊缝焊接。机械类产品接头一般较短，根据其准确度要求，选用气体保护焊(一般厚度)、电渣焊、电气焊(重型构件宜于立焊的)、电阻焊(薄板件)、摩擦焊(圆形断面)或电子束焊(有高精度要求的)。半成品类产品的焊接接头往往是规则的，宜采用适于机械化的焊接方法，如埋弧焊、气体保护电弧焊、高频焊。微型电子器件的接头主要要求密封、导电性、受热程度小等，因此宜用电子束焊、超声波焊、扩散焊、钎焊和电容储能焊。

如上述，对于不同结构的产品通常有几种焊接方法可供选择，因此还要综合考虑产品的其他特点。

(二) 工件厚度

工件的厚度可在一定程度上决定所使用的焊接方法。每种焊接方法由于所用热源不同，都有一定的适用材料厚度范围。在推荐的厚度范围内焊接时较易控制焊接质量和保持合理的生产率。

(三) 接头形式和焊接位置

根据产品的使用要求和所用母材的厚度及形状，设计的焊件可采用对接、搭接、角接等几种类型的接头形式。其中对接形式适用于大多数焊接方法。钎焊一般只适于连接面积比较大而材料厚度较小的搭接接头。

产品中各个接头的位置往往根据产品的结构要求和受力情况决定。这些接头可能需要在不同的焊接位置焊接，包括平焊、立焊、横焊、仰焊及全位置焊接等。平焊是最容易、最普遍的焊接位置，因此焊接时应该尽可能使产品接头处于平焊位置，若既要保证良好的焊接质量，又要保证较高的生产率，则应选择埋弧焊和熔化极气体保护焊等。对于立焊接头宜采用熔化极气体保护焊(薄板)、电气焊(中厚度)，当板厚超过约 30 mm 时可采用电渣焊。

(四) 母材的性能

1. 母材的物理性能

母材的导热性能、导电性能、熔点等物理性能会直接影响其焊接性及焊接质量。

当焊接导热系数较高的金属如铜、铝及其合金时，应选择热输入强度大、具有较高焊透能力的焊接方法，以使被焊金属在最短的时间内达到熔化状态，并使工件变形最小。

对于电阻率较高的金属则更宜采用电阻焊。

对于热敏感材料，则应注意选择热输入较小的焊接方法，例如激光焊、超声波焊等。

对于钼、钽等高熔点的难熔金属，采用电子束焊是极好的焊接方法。而对于物理性能相差较大的异种金属，宜采用不易形成脆性中间相的焊接方法，如各种固相焊、激光焊等。

2. 母材的力学性能

母材的强度、塑性、硬度等力学性能会影响焊接过程的顺利进行。如铝、镁一类塑性温度区较窄的金属就不能用电阻焊，而低碳钢的塑性温度区宽则易于电阻焊焊接，又如，延性差的金属就不宜采用大幅度塑性变形的冷焊方法。再如爆炸焊时，要求所焊的材料具有足够的强度与延性，并能承受焊接过程中发生的快速变形。

另一方面，各种焊接方法对焊缝金属及热影响区的金相组织及其力学性能的影响程度不同，因此也会不同程度地影响产品的使用性能。选择的焊接方法还要便于通过控制热输入从而控制熔深、熔合比和热影响区(固相焊接时以便于控制其塑性变形)来获得力学性能与母材相近的接头。例如电渣焊、埋弧焊时由于热输入较大，从而使焊接接头的冲击韧度降低。又如电子束焊的焊接接头的热影响区较窄，与一般电弧焊相比，其接头具有较好的力学性能和较小的热影响区，因此，电子束焊对不锈钢或经热处理的零件是很好的焊接方法。

3. 母材的冶金性能

由于母材的化学成分直接影响了它的冶金性能，因而也影响了材料的焊接性。因此这也是选择焊接方法时必须考虑的重要因素。

工业生产中应用最多的普通碳钢和低合金钢采用一般的电弧焊方法都可进行焊接。钢材的合金含量，特别是碳含量愈高，焊接性往往愈差，可选用的焊接方法种类愈有限。

对于铝、镁及其合金等这些较活泼的有色金属材料，不宜选用 CO_2 电弧焊、埋弧焊，而应选用惰性气体保护焊，如钨极氩弧焊、熔化极氩弧焊等。对于不锈钢，通常可采用手工电弧焊、钨极氩弧焊或熔化极氩弧焊等。特别是氩弧焊，其保护效果好，焊缝成分易于控制，可以满足焊缝耐蚀性的要求。对于钛、锆这类金属，由于其气体溶解度较高，焊后容易变脆，因此采用高真空电子束焊最佳。

此外，对于含有较多合金元素的金属材料，采用不同的焊接方法会使焊缝具有不同的熔合比，因而会影响焊缝的化学成分，亦即影响其性能。

具有高淬硬性的金属宜采用冷却速度缓慢的焊接方法，这样可以减少热影响区开裂倾向。淬火钢则不宜采用电阻焊，否则由于焊后冷却速度太快，可能造成焊点开裂。焊接某些沉淀硬化不锈钢时，采用电子束焊可以获得力学性能较好的接头。

对于熔化焊不容易焊接的冶金相容性较差的异种金属，可考虑采用钎焊、扩散焊或爆炸焊等。

二、生产条件

(一) 技术水平

在选择焊接方法以制造具体产品时，要顾及制造厂家的设计及制造的技术条件，其中焊工的操作技术水平尤其重要。通常需要对焊工进行培训。培训内容包括：手工操作、焊机使用、焊接技术、焊接检验及焊接管理等。对某些要求较高的产品如压力容器，在焊接生产前则要对焊工进行专门的培训和考核。手工电弧焊时要求焊工具有一定的操作技能，特别是进行立焊、仰焊、横焊等位置焊接时，要求焊工有更高的操作技能。手工钨极氩弧焊与手工电弧焊相比，要求焊工经过更长期的培训和具有更熟练、更灵巧的操作技能。埋弧焊、熔化极气体保护焊多为机械化焊接或半自动焊接，其操作技术比手工电弧焊要求相对低一些。电子束焊、激光焊时，由于设备及辅助装置较复杂，因此要求有更高的基础知识和操作技术水平。

(二) 设备

每种焊接方法都需要配用一定的焊接设备。包括：焊接电源、实现机械化焊接的机械系统、控制系统及其他一些辅助设备。电源的功率，设备的复杂程度、成本等都直接影响焊接生产的经济效益，因此焊接设备也是选择焊接方法时必须考虑的重要因素。

焊接电流有交流电源和直流电源两大类。一般交流弧焊机的构造比较简单、成本低。手工电弧焊所需设备最简单，除了需要一台电源外，只需配用焊接电缆及夹持焊条的电焊钳即可，宜优先考虑。熔化极气体保护电弧焊需要有自动进焊丝、自动行走小车等机械设备，此外还要有输送保护气的供气系统、通冷却水的供水系统及焊柜等。真空电子束焊需配用高压电源、真空室和专门的电子枪。激光焊时需要有一定功率的激光器及聚焦系统。因此，这两种焊接方法都要有专门的工装和辅助设备，其设备较复杂，功率大，因而成本也比较高。由于电子束焊机的高电压及其 X 射线辐射，因此还要有一定的安全防护措施及防止 X 射线辐射的屏蔽设施。

(三) 焊接用消耗材料

焊接时的消耗材料包括：焊丝、焊条或填充金属、焊剂、钎剂、钎料、保护气体等。各种熔化极电弧焊都需要配用一定的消耗性材料。如手工电弧焊时使用焊条；埋弧焊、熔化极气体保护焊都需要焊丝；电渣焊则需要焊丝、熔嘴或板极。埋弧焊和电渣焊除电极(焊丝等)外，都需要有一定化学成分的焊剂。钨极氩弧焊和等离子弧焊时需使用熔点很高的钨极、钍钨极或铈钨极作为不熔化电极。此外还需要价格较高的高纯度的惰性气体。

电阻焊时通常用电导率高、较硬的铜合金作电极，以使焊接时既能有高的电导率，又能在高温下承受压力和磨损。

思 考 与 练 习

1. 焊接应力与变形是如何形成的？

2. 控制焊接残余应力的措施有哪些？说明其理由。

3. 什么是焊接接头？由哪几部分组成？

4. 焊接结构中，常用的焊接接头有哪些基本形式？各有什么特点？

5. 开坡口的目的是什么？选择坡口形式时应考虑哪些因素？

6. 低碳钢焊接时应注意哪些问题？

7. 为什么低碳钢在调质后进行焊接可以保证焊接质量，而中碳钢一般要求焊后进行调质处理？

项目三　典型汽车零件锻造方法

 **项目体系图**

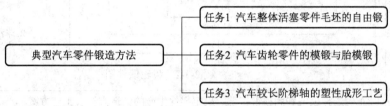

典型汽车零件锻造方法
- 任务1　汽车整体活塞零件毛坯的自由锻
- 任务2　汽车齿轮零件的模锻与胎模锻
- 任务3　汽车较长阶梯轴的塑性成形工艺

 项目描述

本项目以整体活塞、齿轮和较长阶梯轴汽车零件为案例，分析它们的工艺方案，获得最终成形路线。通过本项目的任务训练，同学们可初步掌握典型零件的塑性变形工艺方案。

 任务工单

本项目共分为三个任务，如表 2-3-1 所示，分别是汽车整体活塞零件毛坯的自由锻、汽车齿轮零件的模锻与胎模锻和较长阶梯轴的塑性成形工艺，学生需要分析它们的工艺方法，获得最终成形方案。

表 2-3-1　典型汽车零件锻造工艺方案任务工单

任务 1	汽车整体活塞零件毛坯的自由锻
任务描述	如图 2-3-1 所示为汽车某整体活塞采用的自由锻制坯。右侧为双点划线绘制的零件轮廓图上定性绘出的锻件图，选择合理的坯料直径(现有圆钢直径为：ϕ120、ϕ110、ϕ100、ϕ90、ϕ80、ϕ70)，拟定锻造基本工序
加工要求	图 2-3-1　零件图及锻件图
任务要求	正确选择自由锻工序，确定零件生产的工艺方案

任务 2	汽车齿轮零件的模锻与胎模锻
任务描述	如图 2-3-2 所示齿轮零件锻件图，该零件大批量生产时，应选择哪种锻造方法较为合理？请选择锻造基本工序
加工要求	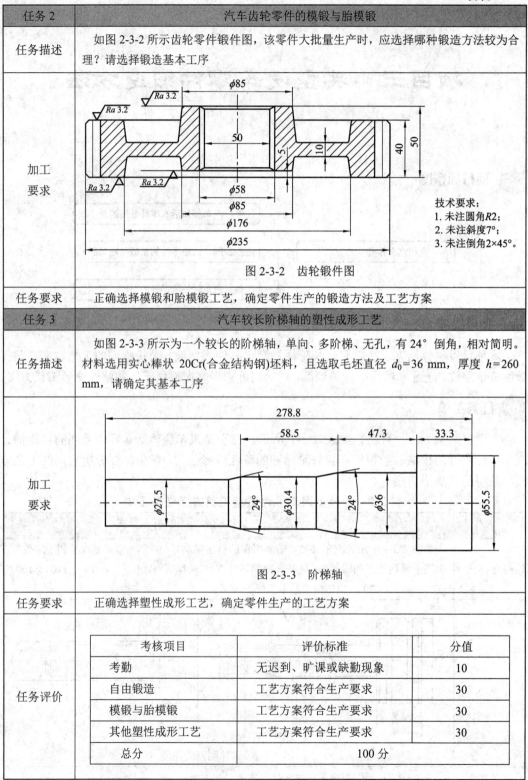 图 2-3-2　齿轮锻件图
任务要求	正确选择模锻和胎模锻工艺，确定零件生产的锻造方法及工艺方案
任务 3	汽车较长阶梯轴的塑性成形工艺
任务描述	如图 2-3-3 所示为一个较长的阶梯轴，单向、多阶梯、无孔，有 24° 倒角，相对简明。材料选用实心棒状 20Cr(合金结构钢)坯料，且选取毛坯直径 $d_0=36$ mm，厚度 $h=260$ mm，请确定其基本工序
加工要求	图 2-3-3　阶梯轴
任务要求	正确选择塑性成形工艺，确定零件生产的工艺方案

图 2-3-2 技术要求：
1. 未注圆角R2；
2. 未注斜度7°；
3. 未注倒角2×45°。

考核项目	评价标准	分值
考勤	无迟到、旷课或缺勤现象	10
自由锻造	工艺方案符合生产要求	30
模锻与胎模锻	工艺方案符合生产要求	30
其他塑性成形工艺	工艺方案符合生产要求	30
总分	100 分	

(任务评价)

教学目标

知识目标：

(1) 掌握塑性成形的定义、种类以及塑性成形的理论基础；

(2) 熟悉自由锻的工艺过程、常见自由锻工序以及自由锻件的结构工艺性；

(3) 熟悉模锻的特点、锻模的结构及模锻件的结构工艺性。

能力目标：

(1) 根据自由锻件的形状特点，确定自由锻的工序；

(2) 根据零件图，制定冷锻件图和热锻件图。

素质目标：

(1) 锻炼学生的工匠精神；

(2) 提升学生的理论联系实际能力。

知识链接

一、锻压概述

(一) 锻压的定义

锻压是通过对金属坯料施加外力，使其产生塑性变形，从而获得具有一定形状、尺寸和力学性能的原材料、毛坯或零件的生产方法，又称为金属塑性加工，也称为压力加工。

锻压制造在机器制造业中有着不可替代的作用，一个国家的锻压制造水平可反映出这个国家机器制造业的水平。随着科学技术的发展，工业化程度的日益提高，锻件的需求逐年增长。据预测，飞机上采用的锻压(包括板料成形)零件将占 85%，汽车将占 60%～70%，农机、拖拉机将占 70%。

(二) 锻压的方法与特点

1. 锻压的方法

以下六种金属塑性加工方法中，轧制、挤压和拉拔主要用于生产型材、板材、线材、带材等；自由锻、模锻和板料冲压总称锻压，主要用于生产毛坯或零件。

(1) 轧制：使金属坯料在旋转轧辊的压力作用下，产生连续塑性变形，改变其性能，获得所要求的截面形状的加工方法。

(2) 挤压：将金属坯料置于挤压筒中加压，使其从挤压模的模孔中挤出，横截面积减小，获得所需制品的加工方法。

(3) 拉拔：坯料在牵引力作用下通过拉拔模的模孔拉出，产生塑性变形，得到截面细小、长度增加的制品的加工方法。拉拔一般是在冷态下进行的。

(4) 自由锻：用简单的通用性工具，或在锻造设备的上、下砧间，使坯料受冲击力作用而变形，获得所需形状的锻件的加工方法。

(5) 模锻：利用模具使金属坯料在模膛内受冲击力或压力作用，产生塑性变形而获得锻件的加工方法。

(6) 板料冲压：用冲模使板料经分离或成形得到制件的加工方法。

2. 锻压加工的主要特点

锻压与其他加工方法比较，具有较高的生产效率。锻压可消除零件或毛坯的内部缺陷。锻件的形状、尺寸稳定性好，并具有较高的综合力学性能。锻件的最大优势是韧性好、纤维组织合理、性能变化小。锻件的内部质量与其加工过程有关，且不会被任何一种金属加工工艺超过。

但是锻压生产也存在以下缺点：不能直接锻造形状较复杂的零件；锻件的尺寸精度不够高；锻造生产所需的重型机器设备和复杂的工模具对于厂房基础要求较高，所以初次投资费用大。

二、金属的塑性变形

塑性变形不仅可以使金属获得一定的形状和尺寸，而且还会引起金属内部组织与结构的变化，使得金属的组织与性能得到一定的改善。因此，研究金属的塑性变形过程及其机理，了解变形后金属的组织结构与性能的变化规律以及加热对其的影响，对改进金属材料加工工艺，提高产品质量和合理使用金属材料等方面都具有重要意义。

(一) 塑性变形的实质

各种金属压力加工方法都是通过金属的塑性变形实现的。金属受外力后，首先产生弹性变形，当外力超过一定限度后，才产生塑性变形。

弹性变形的实质是在外力的作用下，金属内部的原子偏离了原来的平衡位置，使金属产生变形，这会造成原子位能的提高，而处于高位能的原子具有返回原来位能最低的平衡位置的倾向，因而，当外力取消后，原子返回原来的位置，弹性变形也就消失了。

塑性变形的实质是在外力的作用下，金属内部的原子沿一定的晶面和晶向产生了滑移的结果。

(二) 晶体的塑性变形

一般情况下，金属都是多晶体。多晶体的变形与其中各个晶粒的变形行为有关。为了便于研究，有必要先通过单晶体的塑性变形来掌握金属塑性变形的基本规律。

1. 单晶体的塑性变形

单晶体的塑性变形有滑移和孪生两种方式。滑移变形容易进行，是主要变形方式；孪生变形比较困难，是次要变形方式。

滑移是指某些晶面沿一定晶向发生的晶面间的相对平移。实验表明，晶体只有在切应力作用下才会发生塑性变形。单晶体的塑性变形过程如图 2-3-4 所示，图 2-3-4(a)为晶体未受外力的原始状态；当晶体受到外力作用时，晶格将产生弹性变形，如图 2-3-4(b)所示，此为弹性变形阶段；若外力继续增加，超过一定限度后，晶格的变形程度超过了弹性变形阶段，则晶体的一部分将会相对另一部分发生滑移，如图 2-3-4(c)所示晶体发生滑移。晶体发生滑移后，去除外力，晶体的变形将不能全部恢复，因而产生了塑性变形，如图 2-3-4(d)所示。

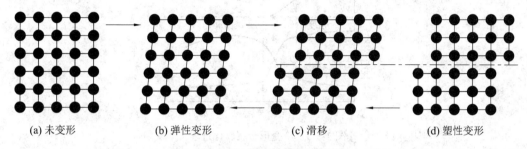

　(a) 未变形　　　　　　　(b) 弹性变形　　　　　　　(c) 滑移　　　　　　　(d) 塑性变形

图 2-3-4　单晶体的变形过程

2. 多晶体的塑性变形

金属材料都由不相同的许多晶粒所组成，故每个晶粒在塑性变形时，将受到周围位向不同的晶粒及晶界的影响与约束，即每个晶粒不是处于独立的自由变形状态。晶粒塑性变形时既要克服晶界的阻碍，又需要其周围晶粒同时发生相适应的变形来协调配合，以保持晶粒间的结合和晶体的连续性，否则将导致晶体破裂。

大量实验结果表明，多晶体的塑性变形正是由于存在着晶界和各晶粒的位向差别，其变形抗力要比同种金属的单晶体高得多。

三、变形后金属的组织和性能

(一) 金属的冷塑性变形

1. 加工硬化

金属在其再结晶温度以下进行塑性变形称为冷变形。冷变形后，金属内部形成纤维组织，有明显加工硬化现象，冷变形量不宜过大，否则易破裂。金属冷变形的重要特点之一是加工硬化。金属在冷变形加工时，随着变形量的增加，金属材料的强度、硬度提高，但塑性、韧性下降，即为加工硬化。

加工硬化现象在生产中具有实际意义，它可以强化金属材料，特别是对纯金属和那些不能用热处理强化的合金，如奥氏体不锈钢、变形铝合金等，可用冷轧、冷挤、冷拔或冷冲压等加工方法来提高其强度和硬度。加工硬化也是金属能用塑性变形方法成形的重要原因。

但加工硬化会使材料的塑性变形变得困难，在冷轧、冷挤、冷拔等冷加工过程中，需要安排退火工序，方可后续加工。

2. 回复与再结晶

按照加热温度由低到高，冷塑性变形金属的软化过程可以分为回复、再结晶和晶粒长大三个阶段，如图 2-3-5 所示。

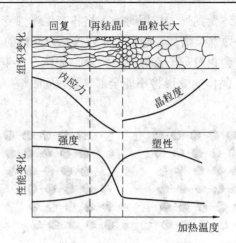

图 2-3-5 冷变形金属软化过程

回复是指在加热温度较低时，由于金属中的点缺陷及位错近距离迁移而引起的晶体内某些变化(如位错重新排列，晶格畸变减轻等)，结果使金属的内应力明显下降，晶粒大小和形状以及力学性能都无明显变化，物理性能和化学性能基本恢复至初始。

发生回复现象后，如果继续对金属加热，此时金属原子便获得了一定的能量，引起了晶粒形状的变化，将破碎的晶粒拉长成等轴晶粒的过程，称为再结晶。

再结晶过程完成以后，金属的晶粒全部是无畸变的等轴系晶粒，此时如果延长保温时间或者升高温度，就会出现晶粒之间相互吞并和长大的现象，即为晶粒长大。

(二) 金属的热塑性变形

金属在其再结晶温度以上进行变形加工，称为热变形加工。加工过程中产生的加工硬化随时被再结晶软化和消除，使金属塑性显著提高，变形抗力明显减小，因此，可以利用较小的能量获得较大的变形量。热变形适合于尺寸较大、形状复杂的工件的变形加工。热变形加工产品表面易形成氧化皮，尺寸和表面质量较低。自由锻、热模锻、热轧等都属于热变形加工的范畴。

金属热变形加工时组织和性能的变化主要表现在以下几个方面：

(1) 热变形加工时，金属中的脆性杂质被破碎，并沿金属"流动"方向呈粒状或链状分布；塑性杂质则沿变形方向呈带状分布，这种杂质的定向分布称为流线。通过热变形可以改变和控制流线的方向和分布，加工时应尽可能使流线与零件的轮廓相符合而不被切断。图 2-3-6 所示是锻造曲轴和轧材切削加工曲轴的流线分布，可以看出经切削加工的曲轴流线易沿轴肩部位发生断裂，流线分布不合理。

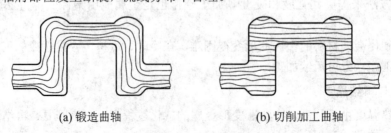

(a) 锻造曲轴　　　　　　　　　　　(b) 切削加工曲轴

图 2-3-6 曲轴的流线分布

(2) 热变形加工可以使铸坯中的组织缺陷得到明显改善。如铸坯中粗大的柱状晶粒经热变形加工后能变成较细的等轴晶粒；气孔、缩松被压实，金属组织的致密度增加；某些合金钢中的大块碳化物被打碎并均匀分布；可以消除金属材料的偏析，使成分均匀化。

四、金属的锻造性

金属的锻造性是指金属材料利用锻压加工方法成形的难易程度，是金属的工艺性能指标之一。金属的锻造性常用金属的塑性和变形抗力两个指标来衡量。金属塑性好，变形抗力低，则锻造性好，反之则差。影响金属材料塑性和变形抗力的主要因素有以下两个方面。

(一) 金属的本质

1. 金属的化学成分

不同化学成分的金属，其塑性不同，锻造性也不同。一般纯金属的锻造性较好。金属组成合金后，强度提高，塑性下降，锻造性变差。例如碳钢随着碳的质量分数增加，塑性下降，锻造性变差。合金钢中合金元素的含量增多，锻造性也会变差。

2. 金属的组织状态

金属的组织结构不同，其锻造性也有很大差别。由单一固溶体组成的合金具有良好的塑性，其锻造性也较好。若含有多种合金而组成不同性能的组织结构，则塑性降低，锻造性较差。另外，一般来说，面心立方结构和体心立方结构的金属比密排六方结构的金属塑性好。金属组织内部有缺陷，如铸锭内部有疏松、气孔等时，将引起金属的塑性下降，锻造时易出现锻裂等现象。铸态组织和晶粒粗大的结构不如轧制状态和晶粒细小的组织结构锻造性好，但晶粒越细小，金属变形抗力越大。

(二) 金属的变形条件

1. 变形温度

随着温度的升高，金属原子动能升高，易于产生滑移变形，从而提高了金属的塑性。所以加热是锻压生产中很重要的变形条件。但温度过高金属出现过热、过烧时，塑性反而显著下降。对于加热温度，需根据金属的材质不同，要控制合适的变形温度范围。

2. 变形速度

变形速度是指金属在锻压加工过程中单位时间内的相对变形量。变形速度大，会使金属的塑性下降，变形抗力增大。但变形速度很大时，由于热效应，会使变形金属的温度升高而提高塑性，降低变形抗力。

3. 变形时的应力状态

压应力使塑性提高，拉应力使塑性降低。工具和金属间的摩擦力将使金属的变形不均匀，导致金属塑性降低，变形抗力增大。

综合上述，金属的塑性和变形抗力是受金属的本质与变形条件等因素制约的。在选用锻压加工方法进行金属成形时，要依据金属的本质和成形要求，充分发挥金属的塑性，尽可能降低其变形抗力，用最少的能耗，获得合格的锻压件。

任务 1　汽车整体活塞零件毛坯的自由锻

任务要求

表 2-3-1 中图 2-3-1 所示汽车某整体活塞零件采用自由锻制坯。图中，右侧为双点划线绘制的零件轮廓图上定性绘出的锻件图，选择合理的坯料直径(现有圆钢直径有 $\phi120$、$\phi110$、$\phi100$、$\phi90$、$\phi80$、$\phi70$)，拟定锻造基本工序。

知识引入

自由锻

一、概述

自由锻是在自由锻设备上利用简单的通用性工具(如砧子、型砧、胎模等)使坯料变形而获得所需的几何形状及内部质量的锻件的加工方法。

自由锻生产所用的工具简单，适应性强，生产周期短，成本低，应用范围广，只适合于单件、小批量的生产。同时，自由锻是大型锻件唯一可能的锻造方法。其缺点是锻件精度低，加工余量大，生产效率低，劳动强度大等。

二、自由锻工序

根据作用与变形要求不同，自由锻工序分为基本工序、辅助工序和精整工序三类。

1. 基本工序

改变坯料的形状和尺寸以达到锻件基本成形的工序，称为基本工序。基本工序包括镦粗、拔长、冲孔、弯曲、扭转、错移、切割等工步。

(1) 镦粗。镦粗是使坯料高度减小、横截面积增大的工序。

(2) 拔长。拔长是使坯料横截面积减小、长度增大的工序。

(3) 冲孔。冲孔是使坯料具有通孔或不通孔的工序。

(4) 弯曲。弯曲是使坯料轴线产生一定曲率的工序。

(5) 扭转。扭转是使坯料的一部分相对于另一部分绕其轴线旋转一定角度的工序。

(6) 错移。错移是使坯料的一部分相对于另一部分平移错开的工序。

(7) 切割。切割是分割坯料或去除锻件余量的工序。

2. 辅助工序

辅助工序是为了方便基本工序的操作，而使坯料预先产生某些局部变形的工序。如倒棱、压肩等工步。

3. 精整工序

修整锻件的最后尺寸和形状，提高锻件表面质量，使锻件达到图样要求的工序叫做精整工序。如修整鼓形、平整端面、校直弯曲等工步。

任何一个自由锻件的成形过程，上述三类工序中的各工步可以按需要单独使用或进行组合。

三、自由锻工艺规程的制订

工艺规程是指导生产的基本技术文件。自由锻的工艺规程主要有以下内容：

(1) 绘制锻件图纸。锻件图是以零件图为基础，考虑了锻造余块、机械加工余量、锻件公差、检验试样及工艺夹头等因素绘制而成的。

(2) 坯料质量和尺寸计算。坯料质量和尺寸计算是工艺规程中很重要的一步，它关系到材料的利用率。其中，坯料的质量包括锻件质量和损耗质量。

(3) 选择锻造工序。表 2-3-2 所示为自由锻锻件的分类及锻造用基本工序。

表 2-3-2　自由锻锻件的分类及锻造用基本工序

锻件类别	图　　例	锻造工序
盘类零件		镦粗(或拔长及镦粗)，冲孔
轴类零件		拔长(或镦粗及拔长)，切肩和镦台阶
筒类零件		镦粗(或拔长及镦粗)，冲孔，在心轴上扩孔
环类零件		镦粗(或拔长及镦粗)，冲孔，在心轴上扩孔
弯曲类零件		拔长，弯曲

(4) 锻造比的确定。锻造比是衡量锻件变形程度的一种方法，也是保证锻件质量的一个重要指标。

(5) 锻造设备的选择。锻造设备分为锤锻自由锻和水(油)压机自由锻两种。前者用于锻造中、小自由锻件，后者主要用于锻造大型自由锻件。

① 锤锻自由锻。锤锻自由锻的通用设备是空气锤和蒸汽-空气自由锻锤。空气锤由自身携带的电动机直接驱动，落下部分重量在 40~1000 kg 之间，锤击能量较小，只能锻造 100 kg 以下的小型锻件。蒸汽-空气锤利用压力为 0.6~0.9 MPa 的蒸汽或压缩空气作为动力，蒸汽或压缩空气由单独的锅炉或空气压缩机供应，投资比较大。

② 水(油)压机自由锻。自由锻水(油)压机是锻造大型锻件的主要设备，它所能产生的最大压力为 500~15 000 t。大型锻造水(油)压机的制造和拥有量是一个国家工业水平的重要标志。水压机是根据液体的静压力传递原理(即帕斯卡原理)设计制造的。

(6) 确定锻造温度范围。表 2-3-3 所示为各种材料锻造温度范围。

表 2-3-3　各种材料锻造温度范围

合金种类		始锻温度/℃	终锻温度/℃
碳素钢	15，25，30	1200～1250	750～800
	35，40，45	1200	800
	60，65，T8，T10	1100	800
合金钢	合金结构钢	1150～1200	800～850
	低合金工具钢	1100～1150	850
	高速钢	1100～1150	900
有色金属	H68	850	700
	硬铝	470	380

(7) 填写工艺卡片。将上述资料汇总成一个技术文件，即为工艺卡片。它是指导生产和技术检验的重要文件。

任务结论

坯料直径：$\phi100$；

选择坯料的原则：应保证活塞头部镦粗的高径比在 1.25～2.5 之间；

锻造基本工序：下料→局部镦粗→拔长。

能力拓展

对于任务 1 零件，经计算，高径比 H/D 对应值如下：

$\phi120$：$H/D=1.259$；$\phi110$：$H/D=1.635$；$\phi100$：$H/D=2.176$；

$\phi90$：$H/D=2.98$；$\phi80$：$H/D=4.25$；$\phi70$：$H/D=6.344$；

可见 $\phi70$～$\phi90$ 的 H/D 均大于 2.5，$\phi110$、$\phi120$ 的 H/D 偏小，不利于镦粗变形效率，因此合理的坯料直径为 $\phi100$。

锻造的基本工序简图如表 2-3-4 所示。

表 2-3-4　锻造的基本工序简图

序号	工序名称	工序简图
1	下料	
2	局部镦粗	
3	拔长	

任务 2 汽车齿轮零件的模锻与胎模锻

任务要求

根据表 2-3-1 中图 2-3-2 所示汽车某齿轮锻件图，确定该零件大批量生产时，需要选择哪种锻造方法及锻造基本工序。

知识引入

一、模锻

(一) 概述

模锻是将坯料置于锻模模腔内，然后施加冲击力或压力使坯料发生塑性变形而获得锻件的成形过程。与自由锻相比，模锻具有如下优点：

(1) 操作简单，劳动强度低，生产效率高。

(2) 能锻造形状较为复杂的锻件。

(3) 模锻件的尺寸较精确，表面质量好，加工余量较小，材料利用率高，零件成本较低。

(4) 可使金属流线分布更为合理。

但是，受模锻设备吨位的限制，零件质量不能太大，一般在 150 kg 以下；且锻模制造成本高，工艺灵活性较差，生产准备周期较长，所以它不适合小批和单件生产，只适合小型锻件的大批量生产。

(二) 锤上模锻

模锻根据所用设备的不同，可以分为锤上模锻、曲柄压力机上模锻、平锻机上模锻和摩擦压力机上模锻。其中锤上模锻是较为常用的模锻方法，所用设备主要是蒸汽-空气模锻锤，锻模分单模膛锻模和多模膛锻模两类。

(1) 单模膛锻模。如图 2-3-7 所示是单模膛锻模及锻件成形过程简图。将加热好的坯料直接放在下模的模膛内，然后上、下模在分模面上进行锻打，直至上、下模在分模面上近乎接触为止。切去锻件周围的飞边，即得到所需要的锻件。

(2) 多模膛锻模。形状复杂的锻件必须经过几道预锻工序，才能使坯料的形状接近锻件形状，最后才在终锻模膛中成形。所谓多模膛锻模，就是在同一副锻模上，能够进行各种拔长、弯曲、镦粗等预锻工序和终锻工序。图 2-3-8 所示是弯曲轴线类锻件的锻模和锻件成形过程示意图。坯料 8 在延伸模膛 3 中被拔长。延伸坯料 9 在滚压模膛 4 中被滚压成非等截面滚压坯料 10。滚压坯料 10 在弯曲模膛 7 中产生弯曲。弯曲坯料 11 在预锻模膛 6 中初步成形，得到带有飞边的预锻坯料 12。最后经终锻模膛 5 锻造，得到带飞边的锻件

13。切掉飞边后即得到所需要的锻件。

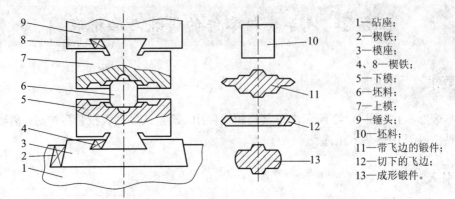

1—砧座；
2—楔铁；
3—模座；
4、8—楔铁；
5—下模；
6—坯料；
7—上模；
9—锤头；
10—坯料；
11—带飞边的锻件；
12—切下的飞边；
13—成形锻件。

图 2-3-7　单模膛锻模及锻件成形过程

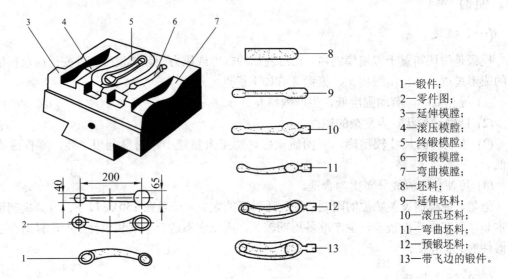

1—锻件；
2—零件图；
3—延伸模膛；
4—滚压模膛；
5—终锻模膛；
6—预锻模膛；
7—弯曲模膛；
8—坯料；
9—延伸坯料；
10—滚压坯料；
11—弯曲坯料；
12—预锻坯料；
13—带飞边的锻件。

图 2-3-8　多模膛锻模及锻件成形过程

(三) 模锻工艺规程

　　模锻生产的工艺规程包括制订锻件图、计算坯料尺寸、确定模锻工步、选择设备及安排修整工序等。

　　(1) 制订模锻锻件图。锻件图是根据零件图按模锻工艺特点制订的。它是设计和制造锻模、计算坯料以及检查锻件的依据。制订模锻锻件图时应考虑分模面、加工余量、锻件公差和敷料、模锻斜度、模锻件圆角半径等问题。

　　(2) 确定模锻工步。模锻工步主要是根据锻件的形状和尺寸来确定的。模锻件按形状可分为两大类：一类是长轴类零件，如台阶轴、连杆等；另一类是盘类零件，如齿轮、法兰盘等。

　　(3) 选择模锻设备。模锻锤的吨位可查有关资料。

　　(4) 计算坯料尺寸。模锻件计算坯料步骤与自由锻件类似。坯料质量包括锻件、飞边、连皮、钳口料头和氧化皮。一般飞边是锻件质量的 20%～25%，氧化皮是锻件和飞边质量的 2.5%～4%。

(5) 修整工序。坯料在锻模内制成模锻件后，尚需经过一系列修整工序后才能保证和提高锻件质量。

(四) 模锻件的结构工艺性

设计模锻件时，为便于模锻件生产和降低成本，应根据模锻特点和工艺要求使其结构符合下列原则：

(1) 应具备一个合理的分模面，以便于从锻模中取出锻件。
(2) 在锻件上与分模面垂直的非加工表面，应设模锻斜度。
(3) 尽量使锻件外形简单、平直、对称，避免薄壁、高肋等结构。
(4) 避免窄槽、深槽、多孔、深孔等结构。
(5) 应采用锻接组合工艺来减少余块，以简化模锻工艺。

二、胎模锻

(一) 概述

胎锻模是指在自由锻造设备上使用不固定在设备上的各种模具(称为胎模的单膛模具)，将已加热的坯料用自由锻方法预锻成接近锻件形状，然后用胎模终锻成形的锻造方法。

胎模分为扣模、套筒模(开式套筒模、闭式套筒模)、合模三类。

(1) 扣模。扣模用于锻造非回转体锻件，具有敞开的模膛。锻造时工件一般不翻转，不产生毛边，可用于制坯也可成形，如图 2-3-9 所示。

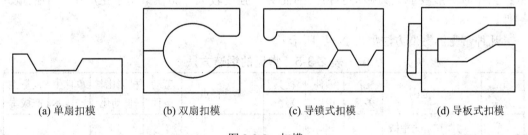

(a) 单扇扣模　　　(b) 双扇扣模　　　(c) 导锁式扣模　　　(d) 导板式扣模

图 2-3-9　扣模

(2) 套筒模。套筒模主要用于回转体锻件，如齿轮、法兰等，如图 2-3-10 所示。

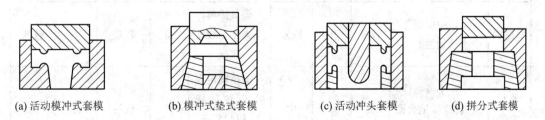

(a) 活动模冲式套模　　(b) 模冲式垫式套模　　(c) 活动冲头套模　　(d) 拼分式套模

图 2-3-10　套筒模

(3) 合模。合模用来锻造形状复杂的锻件，如连杆、叉架，锻造过程中多余金属流入飞边槽形成飞边，如图 2-3-11 所示。

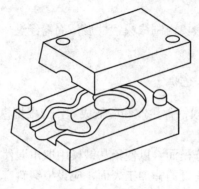

图 2-3-11　合模

(二) 胎模锻的特点

胎模锻与自由锻相比有如下优点：

(1) 由于坯料在模膛内成形，所以锻件尺寸比较精确，表面比较光洁，流线组织的分布比较合理，因此质量较高。

(2) 由于锻件形状由模膛控制，所以坯料成形较快，生产效率比自由锻高 1～5 倍。

(3) 胎模锻能锻出形状比较复杂的锻件。

(4) 锻件余块少，因而加工余量较小，既可节省金属材料，又能减少机械加工工时。

与模锻相比，胎模锻具有操作比较灵活，胎模模具简单，容易制造加工，成本低，生产准备周期短等优点。

胎模锻也有一些缺点：需要吨位较大的锻锤；只能生产小型锻件；胎模的使用寿命较低；工作时一般要靠人力搬动胎模，因而劳动强度较大。胎模锻用于生产中、小批量的锻件。

几种常见的锻造方法如表 2-3-5 所示

表 2-3-5　常见的锻造方法

加工方法	适用范围	生产效率	锻件精度	模具寿命	模具特点	劳动条件	机械化与自动化	单件生产成本	批量生产成本
自由锻	小、中、大型锻件，单件小批量生产	低	低	—	—	差	难	低	高
胎模锻	小、中型锻件，中小批量生产	较高	中	较低	模具简单，不固定在设备上，取换方便	差	较难	中	较低
锤上模锻	中、小型锻件，大批生产，适合锻造各类型模锻件	高	中	中	锻模固定在锤头和砧座上，模膛复杂，造价高	差	较易	高	低

根据模锻的优点，该汽车齿轮零件采用模锻。

模锻的基本工序为：镦粗→预锻→终锻→切边→冲孔→修整。

能力拓展

模锻工艺流程如下：

(1) 下料：5000 kN 剪切机冷切；

(2) 加热：半连续式炉，1220～1240℃；

(3) 模锻：31500 kN 热模锻压力机，镦粗、预锻、终锻；

(4) 热切边：1600 kN 切边压力机；

(5) 打磨毛刺、锐边倒钝：砂轮机；

(6) 热处理：连续热处理炉，调质，硬度为 HB(210～250)；

(7) 酸洗：酸洗槽；

(8) 冷校正：1 t 夹板锤；

(9) 冷精压：10 000 kN 精压机；

(10) 检验。

任务3　汽车较长阶梯轴的塑性成形工艺

任务要求

如表 2-3-1 中图 2-3-3 所示，一个较长的阶梯轴，单向、多阶梯、无孔，有 24° 倒角，相对简明。材料选用实心棒状 20Cr(合金结构钢)坯料，且选取毛坯直径 $d_0 = 36$ mm，长度 $h = 260$ mm，确定其塑性成形基本工序。

知识引入

新的塑性成形加工方法随着工业的迅速发展应运而生。这些加工方法可以获得精度及表面粗糙度接近零件使用要求的锻压件，这样不仅减少原材料的消耗，还减少了切削加工量，提高了零件的力学性能，降低了能源的消耗，提高了劳动生产率。

一、超塑成形

超塑性是指金属或合金在特定条件下，呈现异常高的塑性，变形抗力很小，延伸率可达百分之几百，甚至高达百分之两千以上，如钢的延伸率超过 500%，锌铝合金的延伸率超过 1000%，这种现象称为超塑性。超塑成形是指利用金属的超塑性成形的方法。超塑成形目前已在航空、航天、模具制造、工艺美术、电子仪器、仪表、轻工等行业中得到实际应用。

目前常用的超塑成形材料主要是锌铝合金、铝基合金及高温合金等，金属超塑成形是一项新工艺，具有以下特点：

(1) 超塑成形材料塑性高，可比一般材料的塑性提高数十倍；

(2) 超塑成形材料变形抗力小，通常只有常规塑性成形的 1/5 左右；

(3) 超塑成形零件尺寸稳定；

(4) 对于复杂形状的零件，超塑成形材料可以一次成形，表面粗糙度值低，尺寸精度高，特别是对难变形的合金尤为有效；

(5) 超塑成形生产效率低，需要耐高温的模具材料及专用加热装置，因而只有在一定范围内使用才是经济的。

二、精密模锻

精密模锻是指零件成形后，仅需少量加工或不再加工，就可用作机械构件的成形技术。精密模锻较传统成形技术减少了后工序的切削量，减少了材料、能源消耗。

精密模锻具有以下优点：

(1) 材料利用率高。精密模锻件没有飞边，材料按照设定的工艺，从毛坯塑性变形成所需产品形状。有些零件精锻后只需少量加工，有些零件不用加工可直接投入使用。

(2) 零件性能好。精密锻造生产的零件，其金属纤维沿零件轮廓形状分布，且连续致密。对于闭式无飞边精密模锻生产的锻件，不存在切除飞边而产生金属纤维外露，有利于提高零件的抗应力腐蚀和耐疲劳性能。

(3) 可加工形状复杂的零件。

(4) 产品的尺寸一致性好，精度高。

与普通模锻比较，精密模锻能获得表面质量好，机械加工余量少和尺寸精度较高的锻件。目前，精密模锻主要应用在两个方面：

(1) 精化毛坯，即利用精锻工艺取代粗切削加工工序，将精锻件直接进行精加工而得到成品零件；

(2) 精锻零件，即通过精密模锻直接获得成品零件。

精密模锻的发展有以下特点：

(1) 持续不断的工艺革新。为了满足成形零件的要求，降低生产成本，需要不断地开发成形精度高、模具寿命长、生产效率高的精密锻造成形新工艺。

(2) 复合工艺的开发。随着成形零件工艺要求的不断提高，单一的精密锻造很难满足要求，这就需要开发复合成形工艺，将不同温度或不同工艺方法的锻造工艺结合起来，取长补短共同完成一个零件的加工制造。也可以将精密锻造工艺与其他精密成形工艺如精密铸造、精密焊接等工艺进行组合，提高精密成形工艺的应用范围和加工能力。

(3) 基于知识的工艺设计。随着精密锻造工艺的不断发展，工艺设计日趋复杂，为了提高工艺设计的可靠性和高效性，开发基于知识的专家系统是未来精密锻造工艺设计的重要研究方向。

三、挤压

挤压是指对放在容器(挤压桶)内的坯料一端施加以压力,使之从特定的空隙(模孔)中流出而成形的塑性加工方法,如图 2-3-12 所示为一个较长阶梯轴的挤压成形。

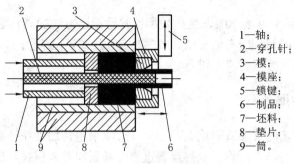

1—轴;
2—穿孔针;
3—模;
4—模座;
5—锁键;
6—制品;
7—坯料;
8—垫片;
9—筒。

图 2-3-12　挤压成形

1. 挤压成形的分类

按金属的流动方向与凸模运动方向的不同,挤压分正(向)挤压、反(向)挤压、复合挤压、径向挤压四类,如图 2-3-13 所示。

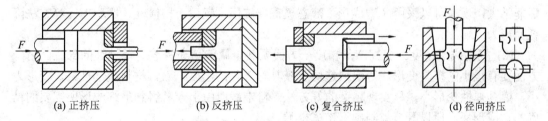

(a) 正挤压　　　(b) 反挤压　　　(c) 复合挤压　　　(d) 径向挤压

图 2-3-13　挤压成形

根据变形温度,挤压分为热挤压、冷挤压和温挤压三类。

2. 挤压成形的特点

(1) 挤压成形具有以下优点:

① 可最大限度提高材料的变形能力,因此可加工脆性材料;

② 可提高材料的焊合性,因此生产复合材料、粉末挤压和舌模挤压都利用了此特性;

③ 材料与工具的密合性高,因此可生产复杂断面制品;

④ 生产灵活(只需更换筒、模即可生产不同的制品),制品性能高。

(2) 挤压成形具有以下缺点:

① 工具消耗大,产品成本高。工作条件高温、高压、高摩擦,工具消耗大,工具原料成本高,工具成本占制品成本 35% 以上。

② 生产效率低。挤压速度低,辅助工序多,导致生产效率低;

③ 成品率低。固有的几何损失多(压余、实心头、切头尾),不能通过增大锭重来减少;

④ 制品组织性能不均匀。

3. 挤压工艺的特点

(1) 挤压时金属坯料处于三向受压状态,可提高金属坯料的塑性,扩大金属材料的塑性加工范围。

(2) 挤压可制出形状复杂、深孔、薄壁和异型断面的零件。

(3) 挤压件的精度高，表面粗糙度值小。

(4) 挤压变形后，零件内部的纤维组织基本上沿零件外形分布而不被切断，从而提高了零件的力学性能。

(5) 挤压材料利用率可达 70%，生产效率比其他锻造方法提高几倍。

(6) 挤压是在专用挤压机(有液压式、曲轴式、肘杆式等)上进行的，也可在适当改造后的通用曲柄压力机或摩擦压力机上进行。

四、塑性加工的发展趋势

金属塑性成形工艺的发展有着悠久的历史，近年来塑性加工在计算机的应用、先进技术和设备的开发和应用等方面均已取得显著进展，并正向着高科技、自动化和精密成形的方向发展。

1. 先进成形技术的开发和应用

(1) 发展省力成形工艺。塑性加工工艺相对于铸造、焊接工艺具有产品内部组织致密、力学性能好且稳定的优点。但是传统的塑性加工工艺往往需要大吨位的压力机，其初期投资非常大，现在可以采用超塑成形、液态模锻、旋压、辊锻、楔横轧、摆动辗压等方法降低变形力。

(2) 提高成形精度。提高产品精度一方面要使金属能填充模腔中很精细的部位，另一方面要有很小的模具变形。等温锻造由于模具与工件的温度一致，材料流动性好，变形力小，模具弹性变形小，是实现精锻的好方法。粉末锻造由于容易得到最终成形所需要的精确的预成形坯，所以既节省材料又节省能源。

(3) 复合工艺和组合工艺。粉末锻造(粉末冶金 + 锻造)、液态模锻(铸造 + 模锻)等复合工艺有利于简化模具结构，提高坯料的塑性成形性能，应用越来越广泛。采用热锻 + 温整形、温锻 + 冷整形、热锻 + 冷整形等组合工艺，有利于大批量生产高强度、形状较复杂的锻件。

2. 计算机技术的应用

(1) 塑性成形过程的数值模拟。计算机技术可用于模拟和计算工件塑性变形区的应力场、应变场和温度场，预测金属充型情况、锻造流线的分布以及缺陷产生情况，分析变形过程的热效应及其对组织结构和晶粒度的影响等。

(2) CAD/CAE/CAM 的应用。在锻造生产中，利用 CAD/CAM 技术可进行锻件、锻模设计，材料选择，坯料计算，制坯工序，模锻工序及辅助工序设计，确定锻造设备及锻模加工等一系列工作。在板料冲压成形中，随着数控冲压设备的出现，CAD/CAE/CAM 技术得到了充分的应用，尤其是冲裁件的 CAD/CAE/CAM 系统应用已经比较成熟。

(3) 增强成形柔性。柔性加工是应变能力很强的加工方法，它适于产品多变的场合。在市场经济条件下，柔性高的加工方法显然具有较强的竞争力，计算机控制和检测技术已广泛应用于自动生产线，塑性成形柔性加工系统(FMS)在发达国家已应用于生产。

3. 实现产品—工艺—材料的一体化

以前塑性成形往往是"来料加工"，近年来由于机械合金化的出现，可以不通过熔炼得到各种性能的粉末，塑性加工时可以自配材料经热等静压(HIP)再经等温锻得到产品。

4. 配套技术的发展

(1) 模具生产技术。模具生产的发展趋势是高精度、高寿命模具和简易模具的制造技术以及开发通用组合模具、成组模具、快速换模装置等。

(2) 坯料加热方法。火焰加热方式较经济，工艺适应性强，仍是国内外主要的坯料加热方法。生产效率高、加热质量和劳动条件好的电加热方式的应用正在逐年扩大。各类少、无氧化加热方法和相应的设备将得到进一步开发和应用。

任务实施

该零件是单向实心阶梯轴类零件，加工此零件宜选用实心棒状坯料，在锯床上锯切下料，由零件尺寸可以初步选取毛坯直径 $d_0 = 36$ mm，厚度 $h = 260$ mm。

阶梯轴的工艺方案：正挤压+镦粗$\phi 55.5$。

能力拓展

1. 正向挤压

金属挤压时，金属流动方向与挤压凸模运动方向相同的挤压，称为正向挤压或正挤压。正挤压是最基本的挤压方法，以其技术最成熟、工艺操作简单、生产灵活性大等特点，成为以铝及铝合金、铜及铜合金、钛合金、钢铁材料等为代表的许多工业与建筑材料成形加工中最广泛使用的方法之一，可以制造各种形状的实心件和空心件，如螺钉、心轴、管子和弹壳等。

2. 反向挤压

金属挤压时，金属流动方向与挤压凸模运动方向相反的挤压，称为反向挤压或反挤压。反挤压法主要用于铝及铝合金(其中以高强度铝合金的应用相对较多)、铜及铜合金管材与型材的热挤压成形，以及各种铝合金、铜合金、钛合金、钢铁材料零部件的冷挤压成形，可以制造各种断面形状的杯形件，如仪表罩壳、万向节轴承套等。反挤压时金属坯料与挤压筒壁之间无相对滑动，挤压能耗也较低(所需挤压力也很小)，因此在同样能力的设备上，反挤压法可以实现更大变形程度的挤压变形，或挤压变形抗力更高的合金。但是，迄今为止反挤压技术仍很不完善，其主要体现在挤压操作较为复杂，间隙时间较正挤压长，挤压制品质量的稳定性仍需进一步提高等方面。

3. 复合挤压

金属挤压时，坯料的一部分金属流动方向与挤压凸模运动方向相同，另一部分金属流动方向与挤压凸模运动方向相反的挤压称为复合挤压。复合挤压可以制造双杯类零件，也可以制造杯杆类零件和杆类零件。

4. 径向挤压

金属挤压时，金属流动方向与挤压凸模运动方向成 90° 的挤压，称为径向挤压。由于其设备结构和金属流动特点，径向挤压主要用于电线电缆行业各种复合导线的成形，以及一些特殊的包覆材料成形。

思考与练习

1. 什么是锻压成形？

2. 加工硬化对工件性能及加工过程有什么影响？

3. 纤维组织对金属材料有什么影响？纤维组织的存在使金属的力学性能削弱还是加强？举例说明生产中如何合理利用纤维组织。

4. 如图 2-3-14 所示的钢制挂钩，拟用铸造、锻造、板料切割这三种工艺制造。试问用哪种工艺制得的挂钩承载力最大？为什么？

图 2-3-14　钢制挂钩

5. 冷变形和热变形有何区别？试述它们各自在生产中的应用。

6. 铅在室温下的变形、钨在 950℃ 的变形分别属于什么变形？简述理由。

7. 什么是金属的可锻性？影响金属可锻性的因素有哪些？

8. 为什么碳钢的终锻温度一般选 800℃ 左右？

项目四　汽车零件的板料冲压

 项目体系图

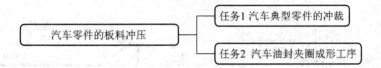

 项目描述

本项目以汽车冲压零件成形工艺为案例，确定该零件的工艺方案。通过本项目的任务训练，同学们可初步掌握根据冲压零件的形状特点、生产要求，确定零件的工艺方案。

 任务工单

本项目共分为二个任务，如表 2-4-1 所示，分别为：汽车典型零件的冲裁、汽车油封夹圈成形工序。同学们需要根据零件的形状特点、生产要求，确定零件的工艺方案。

表 2-4-1　汽车零件冲压工艺的任务工单

任务 1	汽车典型零件的冲裁
任务描述	如图 2-4-1 所示汽车冲裁件。材料为 08F，材料厚度为 2 mm，生产批量为大批量，制件精度为 IT14 级。确定该零件的工艺方案
加工要求	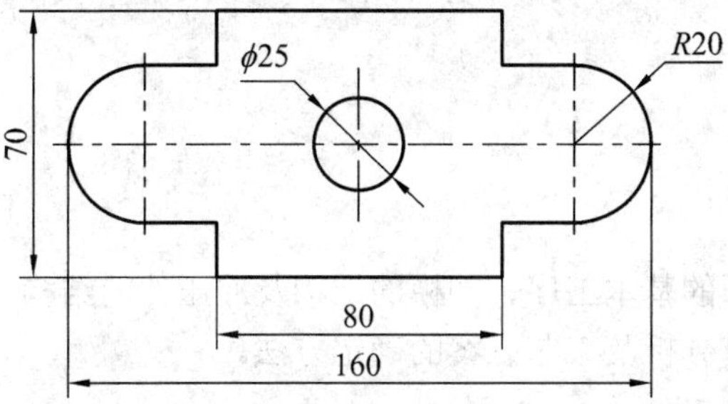 ![冲裁件图] $\phi25$　　$R20$　　70　　80　　160 图 2-4-1　冲裁件
任务要求	确定该冲裁件的工艺方案

任务 2	汽车油封夹圈成形工序
任务描述	如图 2-4-2(a)所示为油封内夹圈，图 2-4-2(b)所示为油封外夹圈，均为冲压件。试分别列出冲压基本工序，并说明理由。(材料的极限圆孔翻边系数 $K = 0.68$。) [提示] 公式 $d_0 = d_1 - 2[H - 0.43R - 0.72t]$ 用来计算翻边的参数。当 $d_0/d_1 > k$ 时，能够一次翻边到达制件高度；当 $d_0/d_1 < k$ 时，不能一次翻边达到制件高度，这时可采用加热翻边，多次翻边或先拉深后冲底孔再翻边的方法。 式中：d_0 为冲孔直径(mm)；d_1 为翻边后竖立直边的外径(mm)；H 为从孔内测量的竖立直边高度(mm)；R 为圆角半径(mm)；t 为板料厚度(mm)
加工要求	 (a) 油封内夹圈　　　　　　　　　(b) 油封外夹圈 图 2-4-2　油封夹圈
任务要求	确定该零件的冲压工序

任务评价	考核项目	评价标准	分值
	考勤	无迟到、旷课或缺勤现象	10
	分离工序	确定零件工艺及工艺方案	45
	成形工序	确定冲压工序并说明理由	45
	总分	100 分	

 教学目标

知识目标：

(1) 熟悉冲压的基本工序、冲模的结构及冲压件的结构工艺性；

(2) 掌握工艺分析及工艺方案的确定方法。

能力目标：

(1) 根据冲裁件的形状特点、生产要求，确定冲裁工序；

(2) 了解简单冲压单工序模具结构。

素质目标：

(1) 培养学生正确的人生观、价值观；

(2) 培养学生良好的职业素养。

知识链接

一、概述

板料冲压是利用装在压力机上的模具对金属板料加压，使其产生分离或变形，从而获得毛坯或零件的一种加工方法，又称薄板冲压或冷冲压，简称冷冲或冲压。

板料冲压具有如下特点：

(1) 冲压件结构轻巧，强度和刚度较高。

(2) 尺寸精度高，表面质量好，互换性好，质量稳定，一般不需要切削加工即可直接使用。

(3) 可以冲出形状复杂的零件，废料少，材料利用率高。

(4) 冲压操作简单，生产效率高，工艺过程便于实现自动化和机械化。

(5) 冲压件的尺寸从一毫米至几米，质量从一克至几十千克。

板料冲压的缺点是冲压模具结构复杂，精度要求高，制造费用高。冲压只有在大批量生产的条件下，才能充分显示优越性。

板料冲压中常用的设备是剪床和冲床。剪床用于把板料切成一定宽度的条料，为下一步冲压工序做准备。冲床用于完成除剪切以外的其他冲压工作。

二、冲压的基本工序

冲压的基本工序可分为分离和成形两大类。分离工序是指使坯料的一部分与另一部分相互分离的工序，如切断、落料、冲孔、切口、切边等，如表 2-4-2 所示。成形工序是指使板料的一部分相对另一部分产生位移而不破裂的工序，如弯曲，拉深等，如表 2-4-3 所示。

表 2-4-2 常见分离工序

工序名称	简 图	特点及应用范围
切断		用剪刀或者冲模切断板材，切断线不封闭
落料	工件 废料	用冲模沿封闭线冲切板料，冲下来的部分为制件
冲孔	工件 废料	用冲模沿封闭线冲切板料，冲下来的部分为废料

续表

工序名称	简　图	特点及应用范围
切口		在坯料上沿不封闭线冲出缺口，切口部分发生弯曲，如通风板
切边	废料	将制件的边缘部分切掉

表 2-4-3　常见变形工序

工序名称	简　图	特点及应用范围
弯曲		把板料弯曲成一定形状
拉深		把板料制成空心制件，壁厚不变或变薄
翻边		把制件上有孔的边缘翻出竖立直边

任务1　汽车典型零件的冲裁

任务要求

依据表 2-4-1 中图 2-4-1 所示汽车冲裁件图纸，其材料为 08F，材料厚度为 2 mm，生产批量为大批量，制件精度为 IT14 级。确定该零件的工艺方案。

知识引入

分离工序包含切断、冲裁(落料和冲孔)、切口、修边和剖切等。冲裁是利用模具在压力机上使板料沿一定轮廓形状产生分离的一种冲压工序。落料和冲孔是两种最基本的冲裁形式。从板料上冲下所需形状的零件(或毛料)叫落料；在工件上冲出所需形状的孔(冲去部分为废料)叫冲孔。

冲压基本工序
-冲裁

一、分离基本工序

(一) 切断

切断是用剪刃或模具切断板料或条料的部分周边，使其分离的工序。切断通常是在剪床(又称剪板机)上进行的。图 2-4-3 所示是常见的一种切断形式。当剪床机构带动滑块沿导轨下降时，在上刀刃与下刀刃的共同作用下，板料被切断。

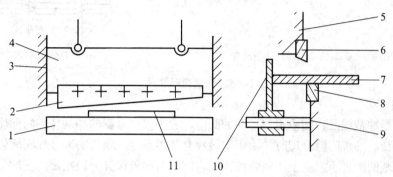

1、8—下刀刃；2、6—上刀刃；3—导轨；4、5—滑块；7、11—钢板；9—工作台；10—挡铁。

图 2-4-3 切断示意图

切断工序可直接获得平板形制件，通常生产中切断主要用于下料。

(二) 落料与冲孔

落料与冲孔又称为冲裁，是指利用冲模将板料以封闭轮廓与坯料分离的工序，冲裁大多在冲床上进行。如图 2-4-4 所示是冲裁示意图。当冲床滑块使凸模下降时，在凸模与凹模刃口的相对作用下，圆形板料被切断而分离出来。

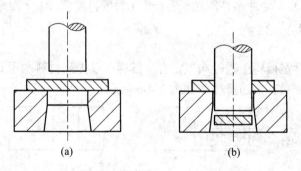

(a)　　　　　(b)

图 2-4-4 冲裁示意图

对于落料工序而言，从板料上冲下来的部分是产品，剩余板料则是余料或废料；对于冲孔而言，板料上冲出的孔是产品，而冲下来的板料则是废料。

(1) 冲裁变形过程。

冲裁使板料变形与分离的过程分为三个阶段：弹性变形阶段、塑性变形阶段和断裂分离阶段，如图 2-4-5 所示。冲裁件的切断面不光滑，并有一定的锥度，由圆角带、光亮带、断裂带、毛刺四部分组成。

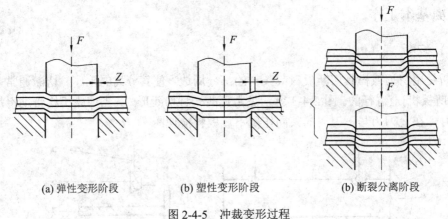

(a) 弹性变形阶段　　　　　(b) 塑性变形阶段　　　　　(b) 断裂分离阶段

图 2-4-5　冲裁变形过程

(2) 冲裁间隙。

冲裁间隙是冲裁模凸、凹模刃口之间的间隙，它不仅严重影响冲裁件的断面质量，也影响模具使用寿命。冲裁间隙合理时，上下剪裂纹会基本重合，获得的冲裁件断面较光洁，毛刺最小；若冲裁间隙过小，则上下剪裂纹比正常间隙时向外错开一段距离，在冲裁件断面会形成毛刺和夹层；若冲裁间隙过大，则材料中拉应力增大，塑性变形阶段过早结束，剪裂纹向里错开，光亮带小，毛刺和剪裂带均较大。冲裁间隙的大小一般为板料厚度的 3%～8%。

(3) 刃口尺寸。

凸模和凹模刃口的尺寸取决于冲裁件尺寸和冲裁间隙。

(4) 冲裁力。

冲裁力是选用冲床吨位和校验模具强度的重要依据。

平刃冲模的冲裁力的计算公式为

$$F = KLt\tau$$

式中，F 为冲裁力(N)；L 为冲裁件周边长度(m)；t 为板料厚度(m)；τ 为材料抗剪强度(MPa)；K 为系数，一般取 1.3。

(5) 排样。

排样是指落料件在板料上进行布置，合理排样可以提高材料利用率。落料件的排样有两种，即无搭边排样和有搭边排样，如图 2-4-6 所示。

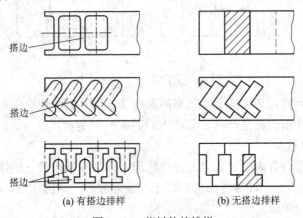

搭边　　　　　　　　　　　　　

搭边　　　　　　　　　　　　　

搭边　　　　　　　　　　　　　

(a) 有搭边排样　　　　　　(b) 无搭边排样

图 2-4-6　落料件的排样

(6) 修整。

修整是利用修整模沿冲裁件外缘或内孔刮削一薄层金属，以切掉冲裁件上的剪裂带和毛刺。修整的机理与切削加工相似。对于大间隙冲裁件，单边修整量一般为板料厚度的10%；对于小间隙冲裁件，单边修整量在板料厚度的8%以下。

二、冲裁件的结构工艺性要求

冲裁件的结构工艺性是指冲裁件在结构、形状、尺寸、材料和精度要求等方面，要尽可能做到制造容易，节省材料，模具寿命长，不易出现废品。

以下是冲裁件的结构工艺性要求：

(1) 冲裁件的形状应力求简单、对称，尽可能采用圆形或矩形等规则的形状，避免过长过窄的槽和悬臂。

(2) 冲裁件的转角处要以圆弧过渡，避免尖角。

(3) 制件上孔与孔之间，孔与坯料边缘之间的距离不宜过小，否则凹模强度和制件质量会降低。

(4) 冲孔时，孔的尺寸不能太小，否则会因凸模(即冲头)强度不足而发生折断。用一般冲模能冲出的最小孔径与板料厚度 t 有关，具体数值可参阅表 2-4-4。

表 2-4-4　最小冲孔尺寸　　　　　　　　　　　　　　　mm

材料	圆孔	方孔 $L \times L$	长方孔 $L \times W$	长圆孔 $L \times W$
硬钢	$d \geq 1.3t$	$L \geq 1.2t$	$W \geq 1.0t$	$W \geq 0.9t$
软钢、黄铜	$d \geq 1.0t$	$L \geq 0.9t$	$W \geq 0.8t$	$W \geq 0.7t$
铝	$d \geq 0.8t$	$L \geq 0.7t$	$W \geq 0.6t$	$W \geq 0.5t$

三、冲压模具

冲压模具是冲压生产中必不可少的工艺装备，按冲压工序的组合程度不同可分为简单冲模、连续冲模和复合冲模三种。

1. 简单冲模

冲床滑块在一次冲程中，只完成一道冲压工序的冲模称为简单冲模。如图 2-4-7 所示，它适用于小批量生产。

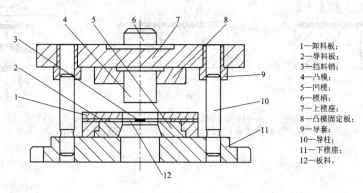

1—卸料板；
2—导料板；
3—挡料销；
4—凸模；
5—凹模；
6—模柄；
7—上模座；
8—凸模固定板；
9—导套；
10—导柱；
11—下模座；
12—板料

图 2-4-7　简单冲模

2. 连续冲模

冲床滑块在一次冲程中，模具的不同工位上能完成几道冲压工序的冲模，称为连续冲模。如图 2-4-8 所示，冲压时定位销 6 对准预先冲好的定位孔，落料凸模 7 进行落料，冲孔凸模 1 进行冲孔。当上模回升时，卸料板 2 从凸模上推下条料，然后再将条料向前送进，如此不断进行。每次送进距离由挡料销定位。

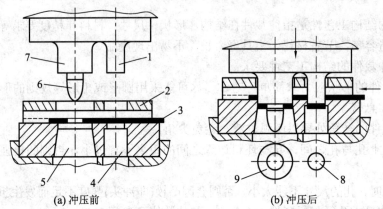

(a) 冲压前　　　　　　　　　　(b) 冲压后

1—冲孔凸模；2—卸料板；3—坯料；4—冲孔凹模；5—落料凹模；6—定位销；
7—落料凸模；8—废料；9—成品。

图 2-4-8　连续冲模

3. 复合模

冲床滑块在一次冲程中，模具的同一工位上完成数道冲压工序的冲模，称为复合模。如图 2-4-9 所示为落料及拉深复合冲模。凸凹模的外圆是落料凸模 2，内孔为拉深凹模 4。当滑块带着凸凹模向下冲压时，条料先被落料凸模 2 冲下落料进入落料凹模 6，然后由下面的拉深凸模 8 将落下的坯料顶入拉深凹模 4 中进行拉深。顶出器 7 和卸料器 3 在滑块回升时将拉深件(成品)推出模具。

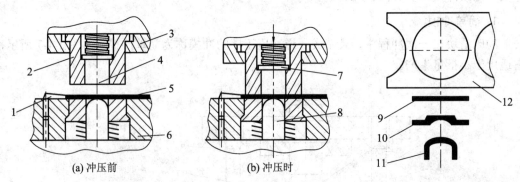

(a) 冲压前　　　　　　　(b) 冲压时

1—挡料销；2—落料凸模；3—卸料器(压板)；4—拉深凹模；5—条料；6—落料凹模；7—顶出器；
8—拉深凸模；9—落料成品；10—开始拉深件；11—零件(成品)；12—废料。

图 2-4-9　落料及拉深复合冲模

任务实施

该汽车冲裁件的工艺方案为："落料→冲孔"复合冲压,采用复合模生产。

能力拓展

任务 1 零件的工艺分析如下。

1. 冲裁件的工艺分析

(1) 零件的尺寸精度分析。该冲裁件尺寸精度等级为 IT14,用一般冲裁模就能达到,不需要采用精冲或整修等特殊冲裁方式。

(2) 零件结构工艺性分析。冲裁件外形和内孔应尽量避免有尖锐的角,在各直线或曲线连接处,应有适当的圆角。为提高模具寿命,建议将所有直角改为半径为 1 mm 的圆角。

(3) 零件材料分析。08F 钢含碳量低、塑性好、易成形,具有良好的可冲压性能。

根据以上分析,此汽车冲裁件的冲压工艺性能较好,可以选择冲裁方法进行加工。

2. 确定工艺方案

由工艺分析知,该冲裁件具有尺寸精度要求不高、尺寸较小、生产批量较大等特点,工艺包括落料、冲孔两个基本工序,可有以下三种工艺方案。

方案一:先落料,后冲孔。采用单工序模生产。

方案二:"落料→冲孔"复合冲压,采用复合模生产。

方案三:"冲孔→落料"连续冲压,采用级进模生产。

采用方案一,模具结构简单,但需两道工序两副模具,生产效率较低,难以满足该零件的大批量加工要求;采用方案二,只需一副模具,冲压件的形位精度和尺寸精度容易保证,且生产效率也高。尽管模具结构较方案一复杂,但由于工件的几何形状简单对称,模具制造并不困难。采用方案三也只需要一副模具,生产效率也很高,但零件的冲压精度稍差。欲保证冲压件的形位精度,需要在模具上设置导正销导正,故模具制造、安装较复合模复杂。

通过上述分析比较,该汽车冲裁件的冲压生产采用方案二为佳。考虑到冲裁件的结构特点和冲裁生产率的要求,模具采用倒装式复合模结构,上模采用打杆装置推件,下模采用弹性卸料装置卸料,冲孔的废料通过凸凹模的内孔从冲床台面孔漏下。

任务 2 汽车油封夹圈成形工序

任务要求

如图 2-4-2 所示,油封内夹圈和油封外夹圈均为冲压件,需确定二者冲压基本工序。(材料的极限圆孔翻边系数 $K = 0.68$。)

知识引入

变形工序包括弯曲、拉深、翻边、成形、胀形、旋压、校直、拉伸等。

一、成形基本工序

(一) 弯曲

弯曲是将板料、型材或管材在弯矩作用下，弯成具有一定的曲率和角度的零件的成形方法。弯曲过程如图 2-4-10 所示。

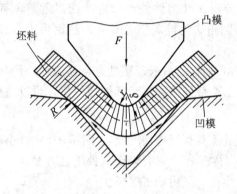

图 2-4-10　弯曲过程

弯曲变形区的外表层存在最大的切向拉应力和最大的伸长变形，是最危险的部位，如果最大拉应力超过材料的强度极限，则会造成板料破裂。最大拉应力与弯曲半径、板料厚度、材料性能有关。弯曲时应使实际弯曲半径大于材料允许的最小半径，并使拉应力方向和锻造流线方向一致。

塑性弯曲使板料产生弹性变形和塑性变形，当外载荷去除后，弹性变形部分恢复，从而使板料产生与弯曲方向相反的变形，这种现象称为弹复(回弹)。

弹复现象会影响弯曲件的尺寸精度，材料的屈服强度越高，弹复角度越大；弯曲半径越大，弹性变形所占比例越大，弹复角度越大；弯曲半径不变时，弯曲角越大，弹复角越大。

克服弹复现象的措施有：

(1) 增大凸模压下量，或适当改变模具尺寸，使弹复后达到零件要求。

(2) 改变弯曲时的应力状态，把弹复现象限制在最小的范围内。

(二) 拉深

拉深是指利用模具冲压坯料，使平板冲裁坯料变形成开口空心零件的工序，也称为拉延。拉深件直径 d 与坯料直径 D 的比值称为拉深系数，用 m 表示，即 $m=d/D$。拉深系数越小，表明拉深件直径越小，变形程度越大，坯料越难被拉入凹模，易产生拉穿而成为废品。图 2-4-11 是拉深过程示意图。

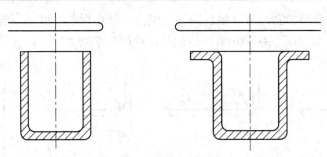

图 2-4-11　拉深过程示意图

　　拉深系数表征板料拉深时的变形程度。拉深系数越小，生产效率越高，拉深应力越大。能保证拉深过程正常进行的最小拉深系数，称为极限拉深系数。极限拉伸系数与材料的内部组织，机械性能，板料相对厚度，冲模的圆角半径，间隙值及润滑条件有关。对不能一次拉深成形的零件可多次拉深，拉深系数可取大些。

　　折皱和拉裂是拉深过程中常见的缺陷，为防止以上缺陷，主要采取以下措施：

　　(1) 拉深模具的工作部分应加工成合理的圆角；

　　(2) 控制凸模和凹模之间的间隙；

　　(3) 确定合理的拉深系数；

　　(4) 为减少由于摩擦引起的拉深件内应力的增加及减少模具磨损，应涂润滑剂；

　　(5) 为防止折皱，通常用压边圈将工件压住，但压力应适中。

(三) 翻边

　　翻边是指利用模具将工件上的孔边缘或外缘边缘翻成竖立的直边的冲压工序。如图2-4-12 所示是翻边过程示意图。

图 2-4-12　翻边过程示意图

二、成形件的工艺性分析

(一) 弯曲件的结构工艺性要求

　　(1) 弯曲件的弯曲半径不应小于最小弯曲半径，否则要多次弯曲，增加工序数；但是也不应过大，过大时受到回弹的影响，弯曲角度与弯曲半径的精度都不易保证。

　　(2) 弯曲边长 $h \geqslant R + 2t$，如图 2-4-13(a)所示。若 h 过小，弯曲边在模具上支持的长度过小，坯料容易向长边方向位移，从而降低弯曲精度。

　　(3) 在坯料一边局部弯曲时，弯曲根部容易被撕裂，如图 2-4-13(a)所示。可减小坯料宽度(A 减为 B)如图 2-4-13(b)所示或者改成如图 2-4-13(c)所示的结构。

　　(4) 若在弯曲附近有孔时，则孔容易变形。因此，应使孔的位置离开弯曲变形区，如图2-4-13(d)所示。从孔缘到弯曲半径中心的距离应为 $L \geqslant t$ (t 小于 2 mm 时)或 $L \geqslant 2t$ ($L \geqslant 2$ mm 时)。

(5) 弯曲件上合理加肋，可以增加制件的刚性，减小板料厚度，节省金属材料。如图 2-4-14(a)所示结构改为图 2-4-14(b)所示结构后，厚度减小既省材料，又减小弯曲力。

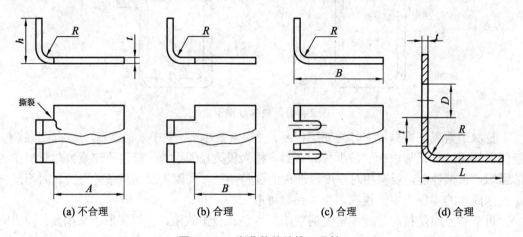

图 2-4-13　弯曲件的结构工艺性

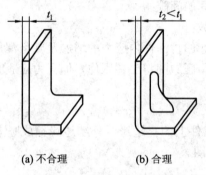

图 2-4-14　弯曲件加肋

(二) 拉深件的结构工艺性要求

(1) 拉深件的形状应尽量对称。轴向对称的零件，在圆周围方向上的变形比较均匀，模具也容易制造，工艺性最好。

(2) 空心拉深件的凸缘和深度应尽量小。如图 2-4-15 所示的制件，其结构工艺性就不好，一般应使 $d_凸 < 3d$，$h < 2d$。

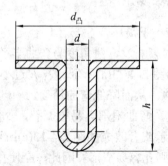

图 2-4-15　拉深件的结构工艺性

(3) 拉深件的制造精度(如制件的内径、外径和高度)要求不宜过高。

任务实施

图 2-4-2(a)油封内夹圈基本工序：

落料→冲孔→翻边

原因：

$$d_0 = d_1 - 2[H - 0.43R - 0.72t] = (92 + 2 \times 1.5) - 2 \times (8.5 - 0.43 \times 4 - 0.72 \times 1.5) = 83.6$$

$$K_0 = \frac{d_0}{d_1} = \frac{83.6}{95} = 0.88 > 0.68$$

因此，可以直接翻边。

图 2-4-2(b)油封外夹圈基本工序：

落料→拉深→冲孔→翻边

原因：

$$d_0 = d_1 - 2[H - 0.43R - 0.72t] = (92 + 2 \times 1.5) - 2 \times [18.5 - 0.43 \times 4 - 0.72 \times 1.5] = 63.6$$

$$K_0 = \frac{d_0}{d_1} = \frac{63.6}{95} = 0.67 < 0.68$$

因此，应先拉深再冲孔，最后翻边。

能力拓展

冲压工序顺序是指冲压加工过程中各道工序进行的先后次序。冲压工序的顺序应根据工件的形状、尺寸精度要求、工序的性质以及材料变形的规律进行安排。一般应遵循以下原则：

(1) 对于带孔或有缺口的冲压件，选用单工序模时，通常先落料再冲孔或缺口。选用级进模时，则落料安排为最后工序；

(2) 如果工件上存在位置靠近、大小不一的两个孔，则应先冲大孔后冲小孔，以免大孔冲裁时的材料变形引起小孔的变形；

(3) 对于带孔的弯曲件，在一般情况下，可以先冲孔后弯曲，以简化模具结构。当孔位于弯曲变形区或接近变形区，以及孔与基准面有较高要求时，则应先弯曲后冲孔；

(4) 对于带孔的拉深件，一般先拉深后冲孔。当孔的位置在工件底部，且孔的尺寸精度要求不高时，可以先冲孔再拉深，这样有助于拉深变形，减少拉深次数；

(5) 多角弯曲件应从材料变形影响和弯曲时材料的偏移趋势安排弯曲的顺序，一般应先弯外角后弯内角；

(6) 对于复杂的旋转体拉深件，一般先拉深大尺寸的外形，后拉深小尺寸的内形。对于复杂的非旋转体的拉深尺寸，应先拉深小尺寸的内形，后拉深大尺寸的外形。

(7) 整形工序、校平工序、切边工序，应安排在基本成形以后。

思 考 与 练 习

1. 冲孔和落料有何异同？
2. 何为拉深系数？拉深系数对拉深件质量有何影响？
3. 冲压模具按冲压工序的组合程度不同分为哪几类？各有哪些特点？
4. 工件拉深时为什么会出现起皱和拉穿现象？应采取什么措施解决这些质量问题？

项目五 非金属材料的成型

项目体系图

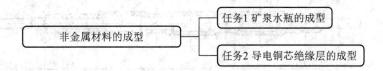

项目描述

本项目以矿泉水瓶和导电铜芯绝缘层为任务对象，进行非金属材料成型方法的确定。通过本项目的任务训练，同学们可掌握注射成型、注塑成型、压制成型等常用塑性成型方法；了解橡胶的成型方法；能够根据产品特性及生产条件确定成型方法。

任务工单

本项目共分为两个任务，如表 2-5-1 所示，分别为矿泉水瓶的成型、导电铜芯绝缘层成型。同学们需要分别确定矿泉水瓶的注塑成型方法和导电铜芯绝缘层的橡胶成型方法。

表 2-5-1 非金属材料的成型任务工单

任务 1	矿泉水瓶的成型
任务描述	已知矿泉水瓶的产量要求为 1.5 万件，需确定瓶身和瓶盖材料及成型方法
加工要求	(1) 瓶身厚度 0.2～0.3 mm； (2) 保证瓶身光洁度； (3) 保证瓶盖的强度
任务要求	(1) 确定瓶身的材料及成型方法； (2) 确定瓶盖的材料及成型方法
任务 2	导电铜芯绝缘层的成型
任务描述	导电铜芯的材料为铍铜合金，已加工完成，如图 2-5-1(a)所示。需要在其外侧增加一层绝缘层，材料为三元乙丙橡胶，要求绝缘层厚度一致，无飞边现象

续表

加工要求	图 2-5-1 （a）导电铜芯 （b）注胶后的导电铜芯
任务要求	确定导电铜芯的注胶方案
任务评价	

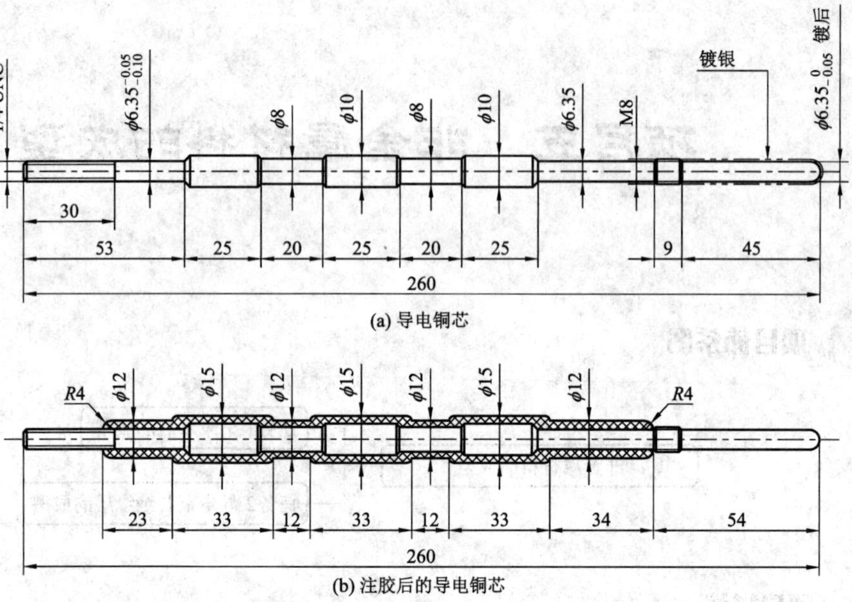

考核项目	评价标准	分值
考勤	无迟到、旷课或缺勤现象	10
任务 1	方法正确，工艺方案合理	50
任务 2	方法正确，工艺方案合理	40
总分	100 分	

 教学目标

知识目标：

(1) 熟悉常见的塑料成型方法；

(2) 掌握塑料的注射成型和挤出成型工艺过程；

(3) 了解橡胶的成型方法。

能力目标：

(1) 能够根据塑料制品的结构特点和技术要求，确定其成型方法；

(2) 能够根据橡胶产品的结构特点和技术要求，确定其成型方法。

素质目标：

(1) 锻炼学生团队合作的能力；

(2) 培养学生精益求精的工匠精神。

知识链接

非金属材料可分为有机和无机两大类。前者如塑料、橡胶、有机纤维、木材等，后者如陶瓷、玻璃、石棉、水泥等。塑料、合成橡胶、合成纤维、陶瓷材料等由于其优异的使用性能，在工业生产中得到广泛应用。本项目将重点介绍工程塑料和合成橡胶的成型方法。

一、工程塑料

塑料一般以合成树脂为基体，再加入几种添加剂，经过一定的温度、压力塑制而成。由于所用的树脂、添加剂和其他助剂的不同而使制成的塑料种类繁多，性能各异。

塑料是一种有机高分子固体材料，它有如下特性：

(1) 密度小，比强度高(超过金属材料)；

(2) 良好的耐腐性能(最突出的如聚四氟乙烯)；

(3) 具有耐磨、减摩及自润滑的性能；

(4) 易于成型加工(良好的可塑性)；

(5) 还具有消音、吸振、透光、隔热保温等性能；

(6) 成本低，外观美观，装饰性好；

(7) 具有优异的绝缘性能；

(8) 塑料的强度、硬度和刚度远不及金属材料，其耐热性也比较差，塑料易老化、易燃烧、易变形，导热性差，热膨胀系数较大等。这些缺点使塑料的使用范围受到一定的限制。

塑料按受热后的性质分类可分为热塑性塑料(又称热熔性塑料)与热固性塑料。热塑性塑料的特点是受热软化熔融，冷却固化成型，可以反复进行。其易于加工成型，力学性能良好，但耐热性和刚性较差。其典型品种有聚乙烯、聚丙烯、聚氯乙烯、聚苯乙烯、聚甲醛、聚砜、ABS 塑料、有机玻璃等。热固性塑料初次加热时软化、熔融；进一步加热、加压或加入固化剂而固化，若再加热，则不能再软化、熔融。如酚醛塑料、氨基塑料、环氧树脂等，这类塑料具有较高的耐热性与刚性，但脆性大，不能反复成型与再生使用。

常用的工程塑料有聚氯乙烯(PVC)、聚乙烯(PE)、聚丙烯(PP)、聚酰胺(PA，又称尼龙)、ABS 塑料等。

二、橡胶

橡胶是以生胶为基础原料加入适量的配合剂制成的。

生胶有天然生胶及合成生胶两种。天然生胶是从热带橡树中流出的胶乳或从杜仲树等植物的浆液中制取的，其主要成分是聚乙戊二烯；合成生胶是用化学合成的方法制成的与天然生胶性质相似的高分子材料，常用的有丁苯生胶、氯丁生胶等。

橡胶用的配合剂有几千种，它们在橡胶中所起的作用也很复杂，不仅决定着硫化胶的物理机械性能、制品性能和寿命，也影响着胶料的工艺加工性能和半成品加工质量。同一种配合剂在不同生胶中起的作用不一样，不同的配合剂在同一生胶中起的作用也不相同，甚至同一配合剂在同一种生胶中所起的作用也不止一种。因此，只能根据配合剂在生胶中所起的主要作用，把它们分成硫化剂、硫化促进剂、硫化活性剂、防老剂、防焦剂、补强填充剂、软化增塑剂、其他专用配合剂等。

任务 1　矿泉水瓶的成型

任务要求

(1) 确定表 2-5-1 中任务 1 所述矿泉水瓶瓶身的材料及成型方法；

(2) 确定表 2-5-1 中任务 1 所述矿泉水瓶瓶盖的材料及成型方法。

知识引入

塑料的工艺特性是指将塑料原料转变为塑料制品的工艺特性，即塑料的成型加工性。塑料的成型方法很多，根据加工时聚合物所处状态的不同，塑料的成型加工方法大体可分为三种：

(1) 处于玻璃态的塑料，可以采用车、铣、钻、刨等机械加工方法和电镀、喷涂等表面处理方法。

(2) 处于高弹态的塑料，可以采用热压、弯曲、真空成型等加工方法。

(3) 处于黏流态的塑料，可以进行注射成型、挤出成型、吹塑成型等加工。

塑料成型加工方法的选择取决于塑料的类型(热塑性或热固性)、特性、起始状态及制成品的结构、尺寸和形状等。本任务将讲述第 3 种塑料成型加工方法。

一、注射成型

工程塑料成型

注射成型又称注塑成型，是热塑性塑料的主要成型方法之一，也适用于部分热固性塑料的成型。其原理是将粒状或粉状的原料加入到注射机的料斗里，原料经加热熔化呈流动状态，在注射机螺杆或活塞的推动下，经喷嘴和模具浇注系统进入模具型腔，在模具型腔内硬化定型。

(一) 注射成型的特点

注射成型能一次成型外形复杂、尺寸精确的塑料制件；可利用一套模具，成批地制造规格、形状、性能完全相同的产品；生产性能好，成型周期短，可实现自动化或半自动化作业；原材料损耗小、操作方便等。

除少数热塑性塑料(氟塑料)外，几乎所有的热塑性塑料都可以采用注射成型方法生产塑件。注射成型不仅用于热塑性塑料的成型，而且已经成功地应用于热固性塑料的成型。目前，注射成型制品占全部塑料制品的 20%～30%。为进一步扩大注射成型的范围，还涌现出了一些专门用于成型有特殊性能或特殊结构要求的塑件的专用注射技术，如高精度塑件的精密注射、复合色彩塑料的多色注射、内外由不同材料构成的夹芯塑件的夹芯注射和光学透明塑料的注射压缩成型等。

(二) 注射成型工艺

注射成型必须满足两个必要条件: 一是塑料必须以熔融状态注入到模具模腔中; 二是注入的塑料熔体必须具有足够的压力和流动速度, 以完全充满模具模腔。因此注射成型必须满足塑料塑化、熔体注射和保压成型三个前提。

注射成型的工艺如图 2-5-2 所示。

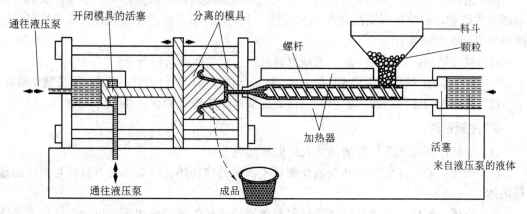

图 2-5-2　注射成型

1. 塑化过程

塑化过程中, 固体塑料通过转动螺杆的输送作用, 不断地沿螺槽方向向前运动, 经过加热、压实、螺杆螺纹的剪切混炼等作用, 升温转化为具有均匀的密度、黏度和组分及温度分布均匀的黏流态塑料流体。固体塑料塑化所需的热量主要来自外部机筒对塑料的加热和注射螺杆对塑料的摩擦剪切热。塑化过程中, 塑料熔体的温度是否达到注射要求以及温度分布是否均匀等是衡量注射成型机塑化功能好坏的重要参数, 而塑化功能则是指注射成型机在单位时间内所能提供的熔融塑料量的大小。

固体塑料塑化为熔体后被不断转动的螺杆推至螺杆的头部并储存在机筒前端的存料区, 存料区的塑料熔体具有一定的压力, 该熔体的压力作用在螺杆上推动螺杆克服各种阻力而后退。螺杆后退至一定距离后停止转动, 存料区中的塑料熔体体积(称为注射量)被确定下来, 塑化过程结束, 进入注射过程。

2. 注射过程

已塑化好的塑料熔体储存在机筒的存料区中, 注射时, 螺杆作轴向移动, 在螺杆注射压力的作用下, 塑料熔体以一定的速率流经安装在机筒前端的喷嘴、模具浇注系统等, 最后注入模具模腔中。

3. 冷却定型过程

注入到模具模腔中的塑料熔体克服各种流动阻力而充满模腔, 充满模腔的塑料熔体受到来自模腔的巨大压力, 这种压力有驱使塑料熔体流回到机筒的趋势; 而且, 模腔的冷却作用使塑料熔体产生冷却收缩, 此时注射螺杆持续提供压力, 保持塑料熔体充满模腔而不回流, 并适当向模腔中补充塑料熔体以填充模腔中的收缩空间, 直至塑料熔体逐渐冷却固化为塑料制品。

(三) 注射成型过程

1. 成型前准备

(1) 原料外观检验及工艺性能测定：包括塑料色泽、粒度及均匀性、流动性(熔体指数、黏度)、热稳定性及收缩率的检验。

(2) 塑料预热和干燥：除去物料中过多的水分和挥发物，以防止成型后塑件表面有缺陷或发生降解，影响塑料制品的外观和质量。小批量物料采用烘箱干燥，大批量物料采用沸腾干燥或真空干燥。

(3) 料筒清洗：当改变产品、更换原料及颜色时均需清洗料筒。

(4) 嵌件预热：减少物料和嵌件的温度差，降低嵌件周围塑料的收缩应力，保证塑件质量。

(5) 脱模剂的选用：常用脱模剂包括硬脂酸锌、液态石蜡和硅油等。

2. 注射过程

(1) 加料：将粒状或粉状塑料加入注射机的料斗。

(2) 塑化：通过注射机加热装置使螺杆中的塑料原料熔化，成为具有良好可塑性的塑料熔体。

(3) 充模：塑化好的塑料熔体在注射机活塞或螺杆的推动作用下，以一定的压力和速度经过喷嘴和模具浇注系统进入并充满模具型腔。

(4) 保压补缩：熔体充满型腔后，在注射机活塞或螺杆推动下，熔体仍然保持压力进行补料，使料筒中的熔料继续进入型腔，以填充型腔中的收缩空间，并且可以防止熔体倒流。

(5) 浇口冻结后的冷却：经过一段时间后，型腔内的熔融塑料凝固成固体，此过程要确保塑件有足够的刚度，脱模时不致产生翘曲或变形。

(6) 脱模：塑件冷却到一定的温度，推出机构将塑件推出。

3. 塑件后处理

由于塑化不均匀或塑料在型腔内的结晶、取向和冷却不均匀，或由于金属嵌件的影响，或由于塑件的二次加工不当等原因，塑件内部不可避免地存在一些内应力，会使塑件在使用过程中产生变形或开裂，因此，应设法消除。

(1) 退火处理。退火处理是将塑件在恒温加热的液体介质(如热水、热油和液体石蜡等)或热空气循环的烘箱中静置一段时间，然后缓慢冷却至室温的一种热处理工艺。其目的是消除塑件的内应力，稳定塑件尺寸，提高结晶度、稳定结晶结构，从而提高塑件的弹性模量和硬度。

(2) 调湿处理。调湿处理是将刚脱模的塑件放入加热介质(如沸水、醋酸钾溶液)中，加快吸湿平衡速度的一种后处理方法。主要用于吸湿性很强且又容易氧化的塑料，如 PA，其目的是消除残余应力，使制品尽快达到吸湿平衡，以防止在使用过程中发生尺寸变化。

二、挤出成型

挤出成型又称挤塑成型，主要适合热塑性塑料的成型，也适合部分流动性较好的热固性和增强塑料的成型。其成型过程是利用转动的螺杆，将被加热到熔融状态的热塑性原料，从具有所需截面形状的机头挤出，然后由定型器定型，再通过冷却器使其冷硬固化，成为具有所需截面形状的产品。如图 2-5-3 为挤出成型原理示意图。机头口模的截面形状决定了挤出制品的截面形状，但挤出后的制品由于冷却、受力等各种因素的影响，制品的截面形状和口模的挤出截面形状并不是完全相同的。

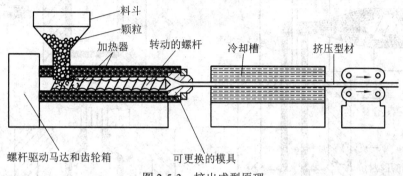

图 2-5-3　挤出成型原理

挤出成型工艺的优点有：设备成本低；占地面积小、生产环境清洁、劳动条件好；操作简单、工艺过程容易控制、便于实现连续自动化生产，生产效率高；产品质量均匀、致密；通过改变机头口模可成型各种断面形状的产品或半成品。

三、吹塑成型

吹塑成型是将从挤出机挤出的熔融热塑性原料夹入模具，然后向原料内吹入空气，熔融的原料在空气压力的作用下膨胀，向模具型腔壁面贴合，最后冷却固化成为所需产品形状的方法。

吹塑成型分为薄膜吹塑和中空吹塑两种，主要用于制造塑料薄膜、中空塑料制品(瓶子、包装桶、喷壶、油箱、罐、玩具等)。用于吹塑成型的材料有聚乙烯、聚氯乙烯、聚碳酸酯、聚丙烯、尼龙等材料。

(一) 薄膜吹塑

薄膜吹塑是将熔融塑料从挤出机机头口模的环形间隙中呈圆筒形薄管挤出，同时从机头中心孔向薄管内腔吹入压缩空气，将薄管吹胀成直径更大的管状薄膜(俗称泡管)，冷却后卷取。薄膜吹塑成型主要用于生产塑料薄膜。

(二) 中空吹塑

中空吹塑成型是借助气体压力，将闭合在模具型腔中的处于类橡胶态的型坯吹胀成为中空制品的二次成型技术，是生产中空塑料制品的方法。中空吹塑成型按型坯的制造方法不同，有挤出吹塑、注射吹塑、拉伸吹塑。

1. 挤出吹塑

挤出吹塑成型是用挤出机挤出管状型坯，趁热将其夹在模具模腔内并封底，再向管坯内腔通入压缩空气吹胀成型的方法。如图 2-5-4 所示为挤出吹塑原理图。

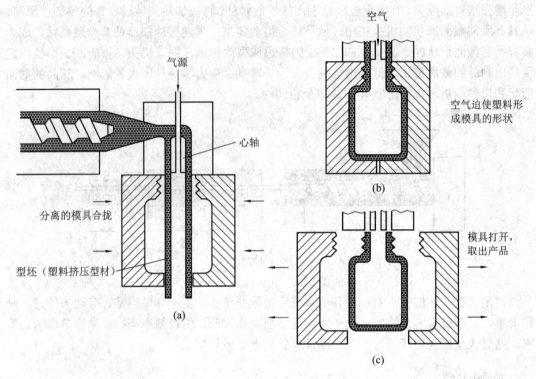

图 2-5-4　挤出吹塑原理图

挤出吹塑的常用材料是高密度聚乙烯，大部分塑料牛奶瓶为此种聚合物制成。其他聚烯烃也常用来吹塑来加工。苯乙烯聚合物、聚氯乙烯、聚氨酯、聚碳酸酯和其他热塑性塑料也可以用来吹塑。

挤出吹塑常见产品有瓶、桶、罐、箱以及用以包装食品、饮料、化妆品、药品和日用品的容器。

2. 注射吹塑

一个完整的注射吹塑成型工艺流程可分为两步：第一步，型坯制备。由注射机在高压下将熔融物料注入带有吹气芯管的管坯模具内成型管状型坯。开模后，型坯留在芯管上，通过机械装置将热管坯与芯管一齐转移到吹塑模具内；第二步，吹塑。闭合吹塑模具，将压缩空气通入芯管，使管坯吹胀达到吹塑模腔的形状，并在空气压力下冷却定型，最后脱模取得制品。

注射吹塑成型所生产的中空容器主要用于日用品、化妆品、医药、食品等的包装。所使用的树脂有 PP、PE、PS、SAN、PVC、PC 等。与挤出吹塑成型法相比，制品壁厚均匀一致，重量公差小，制品颈部尺寸精确稳定，易与瓶盖配合，制品形状一致，二次加工量少，废边废料少。

注射吹塑成型方法的缺点是每种制品必须使用两副模具(注射型坯模和吹胀成型模)，注射型坯模要承受高压，且两副模具的定位公差等级较高，因此模具成本昂贵，故此法最适宜于生产批量大的小型精致制品。另外，此法还不能生产有把手的容器，容器的形状还不能多样。

3. 拉伸吹塑

拉伸吹塑是用挤出或注塑等方法制成型坯，然后将型坯加热到拉伸温度，经内部(如芯棒)或外部(如夹具)的机械力作用而进行拉伸，同时或稍后经压缩空气吹胀而进行横向拉伸。因此，这种吹塑是双轴取向吹塑。用拉伸吹塑制得的容器，在透明度、光泽、渗透性、挺度和耐冲击等方面，都较未经双轴取向吹塑的更好。拉伸吹塑可以生产更小壁厚的产品，同时产品的抗冲击性能更为优良。

拉伸吹塑的生产过程如下：

(1) 将材料颗粒经过干燥除湿后，再通过高温熔融，塑料熔融塑化，注塑或挤塑成瓶坯；

(2) 瓶坯再均匀受热达到合适的拉伸温度；

(3) 采用气缸或伺服电机纵向拉伸，或采用压缩空气横向膨胀；

(4) 将模具内成型的中空容器用循环空气冷却至室温脱模。

塑料瓶通常都是由高压压缩空气吹出来的。吹瓶方法通常分为一步法和两步法，二者的区别在于：一步法是指在同一机器里用 PET 粒子加热注成瓶坯，加热的瓶坯再通过拉伸吹塑成成品瓶子；两步法通常由注塑瓶坯机器注好瓶坯，中间有时间间隔，再到另外一台吹瓶机加热瓶坯，拉伸吹塑成型。通常吹瓶过程中容易出现瓶子被吹破、底部积料、底部中心偏心、瓶身个别部位偏薄、瓶脖子歪、瓶身局部发白等问题。

任务结论

矿泉水瓶瓶身材料可选择 PVC 颗粒；因瓶身为中空结构，成型方法应为吹塑成型；但矿泉水瓶的批量较大，为提高生产率，同时保证产品质量，可采用拉伸吹塑或注射吹塑的方法。

瓶盖为了保证强度和使用功能可选择 PE 材料，成型方法选择注射成型。

能力拓展

一、压制成型

压制成型主要用于热固性塑料的成型。根据成型物料的形状和加工设备及工艺特点，压制成型可分为模压成型和层压成型两种。

(一) 模压成型

模压成型又称压缩模塑，是热固性塑料和增强塑料成型的主要方法。模压成型工艺过程是将原料在已加热到指定温度的模具中加压，使原料熔融流动并均匀地充满模腔，在加热和加压的条件下经过一定的时间，使原料形成制品。如图 2-5-5 所示为模压成型原理图。酚醛、尿素、甲醛都是典型的模压材料。模压成型制品质地致密，尺寸精确，外观平整光洁，无浇口痕迹，稳定性较好。在工业产品中，模压成型的制品有电气设备(插头和插座)、锅柄、餐具的把手、瓶盖、坐便器、不碎餐盘、雕花塑料门等。

模压成型的特点如下：

(1) 制品尺寸范围宽，可压制较大的制品；

(2) 设备简单，工艺条件容易控制；

(3) 制件无浇口痕迹，容易修整，表面平整，光洁；

(4) 制品收缩率小，变形小，各项性能较均匀；

(5) 不能成型结构和外形过于复杂、加强筋密集、金属嵌件多、壁厚相差较大的塑料制件；

(6) 对模具材料要求高；

(7) 成型周期长，生产率低，较难实现自动化生产。

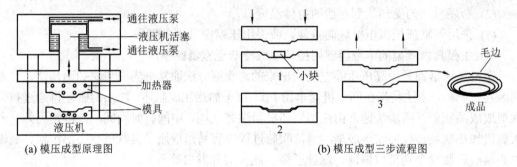

(a) 模压成型原理图　　　　　　　　　(b) 模压成型三步流程图

图 2-5-5　模压成型原理图

(二) 层压成型

层压成型是以片状或纤维状材料作为填料，在加热、加压条件下把相同或不同材料的两层或多层结合成为一个整体的方法。层压成型的制品质地密实，表面平整光洁。层压成型工艺由浸渍、压制和后加工处理三个阶段组成，多用于生产增强塑料板材、管材、棒材及模型制品等。

二、压延成型

压延成型广泛应用于热塑性塑料的成型。压延成型是塑料原料通过一系列加热的压辊，使其在挤压和展延作用下连接成为薄膜或片材的方法。如图 2-5-6 所示为压延成型原理图。

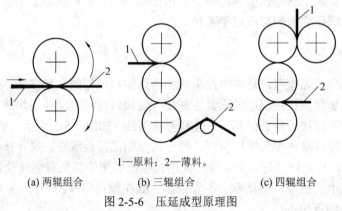

1—原料；2—薄料。

(a) 两辊组合　　　　　(b) 三辊组合　　　　　(c) 四辊组合

图 2-5-6　压延成型原理图

压延成型的优点有：产品质量好，生产能力大，可自动化连续生产。缺点是压延成型的设备庞大，精度要求高，辅助设备多，制品宽度受压延机辊筒长度的限制。压延成型多用于生产 PVC 软质薄膜、薄板、片材、人造革、壁纸、地板革等。压延成型所采用的原料主要是聚氯乙烯、纤维素、改性聚苯乙烯等。

任务2　导电铜芯绝缘层的成型

任务要求

(1) 了解橡胶成型的常用方法；
(2) 确定表 2-5-1 中图 2-5-1 所示导电铜芯绝缘层的成型方法。

知识引入

一、橡胶的压制成型

压制成型是将混炼过的、加工成一定形状和称量过的半成品胶料直接放入敞开的模具型腔中，而后将模具闭合，送入平板硫化机中加压、加热。胶料在加热和压力的作用下硫化成型。压制成型所用的模具结构简单，通用性强，应用性广，操作方便。

橡胶压制成型的工艺流程如图 2-5-7 所示。

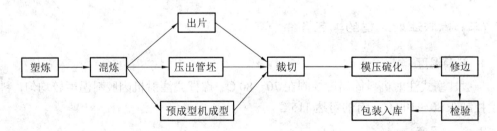

图 2-5-7　橡胶压制成型的工艺流程

(1) 塑炼。橡胶具有的高弹性使其不容易与各种配合剂混合，难以加工成型。为了适应加工的需要，应改变其高弹性，使橡胶具有一定的可塑性。通常在一定的温度下利用机械挤压、辊压等方法，使生胶分子链断裂，使其由强韧的弹性状态转变为柔软、具有可塑性的状态，这种使弹性生胶变为可塑状态的加工工艺过程，称为塑炼。

(2) 混炼。为提高橡胶制品的使用性能，改进橡胶的工艺性能和降低成本，必须在生胶中加入各种配合剂。将各种配合剂混入生胶中，制成质量均匀的混炼胶的工艺过程，称为混炼。

(3) 制坯。制坯是将混炼胶通过压延或挤压的方法制成所需的坯料，通常是片材，也可以是管材或型材。

（4）裁切。在裁切坯料时，坯料质量应有超过成品质量5%～10%的余量，结构精确的封闭式压制模成型时余量可减小到1%～2%。一定的余量不仅可以保证胶料充满型腔，还可以在成型时排除型腔内的气体，并保持足够的压力。裁切可用圆盘刀或冲床按型腔形状剪切。

（5）模压硫化。模压硫化是成型的主要工序，包括加料、闭模、硫化、起模和模具清理等步骤，胶料经闭模加热、加压后成型，经过硫化使胶料分子交联成为具有高弹性的橡胶制品。

橡胶压制成型工艺的关键是控制模压硫化过程。硫化是指橡胶在一定的压力和温度下，坯料结构中的线性分子链之间形成交联，随着交联度的增加，橡胶变硬强化的过程。控制硫化过程的主要参数是硫化温度、硫化时间和硫化压力等。硫化所用设备多为单层或多层平板硫化机、蒸汽硫化罐。

二、橡胶的注射成型

（一）橡胶注射成型的设备

橡胶注射成型是在专门的橡胶注射机上进行的。按注射装置与合模装置相对位置不同，橡胶注射机可分为立式注射机和卧式注射机。按结构类型不同，橡胶注射机可分为螺杆式注射机、柱塞式注射机、往复螺杆注射机和螺杆预塑柱塞式注射机。

（二）橡胶注射成型的工艺过程

橡胶注射成型的工艺过程主要包括胶料的预热塑化、注射、保压、硫化、脱模和修边等工序。

（三）橡胶注射成型的工艺条件

1. 料筒温度

一般柱塞式注射机料筒温度控制在70～80℃；螺杆式注射机因胶料温度较均匀，料筒温度控制在80～100℃，有的可达115℃。

2. 注射温度

胶料在料筒中除受到料筒的加热作用外，在注射过程中还受到摩擦热，故胶料的注射温度均高于料筒温度。不同橡胶品种或同种生胶，由于胶料的配方不同，通过喷嘴后的温升也不同。注射温度高，硫化时间短，但是容易焦烧，注射温度一般应控制在不产生焦烧的温度下，并尽可能接近模具温度。

3. 注射压力

注射压力指注射时螺杆或柱塞施加在胶料单位面积上的力。注射压力大不仅有利于胶料充模，还可使胶料通过喷嘴时的速度提高，剪切摩擦产生的热量增大，这对充模和加快硫化有利。采用螺杆式注射机时，注射压力一般为80～110 MPa。

4. 模具温度

在注射成型中，由于胶料在充型前已经具有较高的温度，充型之后能迅速硫化，表层与内部的温差小，故模具温度较压制成型一般高 30～50℃。注射天然橡胶时，模具温度为 170～190℃。

5. 成型时间

成型时间是指完成一次成型过程所需的时间，它是动作时间与硫化时间之和。由于硫化时间在成型时间中所占比例最大，故缩短硫化时间是提高注射成型效率的重要环节。

任务结论

导电铜芯外径最小为 8 mm，最大为 10 mm，若采用注射成型，则成型过程中，高压的橡胶流会对导电铜芯造成冲击，导致铜芯发生变形，定位失效，则硫化后的绝缘层厚度不一致甚至会出现铜芯裸露的现象。因此，最合理的方法是采用压制成型。

能力拓展

一、陶瓷材料的成型方法

(一) 注浆成型法

注浆成型是指将具有流动性的液态泥浆注入多孔质模型(石膏模、多孔树脂模等)内，借助模型的毛细吸水能力，使泥浆脱水、硬化，经脱模获得一定形状的坯体的过程。

(二) 可塑成型法

可塑成型法是对具有一定塑性变形能力的泥料进行加工成型的方法。可塑成型方法有旋压成型、滚压成型、塑压成型、注塑成型和轧膜成型等几种类型。

(三) 压制成型法

压制成型法是将含有一定水分的粒状粉料填充到模具中，加压而成为具有一定形状和强度的陶瓷坯体的成型方法。

二、陶瓷制品的生产过程

(一) 坯体成型前的坯料准备

坯体成型前的坯料准备随原料的种类以及成型工艺对坯料性能要求的不同而不同。坯料制备的优劣将直接影响成型加工工艺性能和陶瓷制品的使用性能。因此，各种坯料制备工艺都以提高成型加工工艺性能和制品的使用性能为中心。首先利用物理方法、化学方法或物理化学方法对原料进行精选；其次根据需要对原料进行预烧以改变原料的结晶状态及物理性能，利于原料破碎、造粒；最后将破碎、造粒的原料根据不同成型工艺对坯料性能的要求，将原料配制成供成型用的坯料(如浆料、可塑泥团、压制粉料)。

(二) 坯体成型

陶瓷制品种类繁多，形状、规格、大小不一，应该正确选择合理的坯体成型方法以满足不同制品的要求。选择坯体成型方法时可以从以下几方面进行考虑。

(1) 坯料的性能。可塑性较好的坯料可采用可塑成型法，可塑性较差的坯料可采用注浆成型法或压制成型法。

(2) 制品的形状、大小和壁厚。一般形状复杂、尺寸精度要求不高的制品或一些薄壁、厚壁制品可采用注浆成型法，简单的回转体常用可塑法加压成型或滚压成型。

(3) 制品的产量和质量要求。生产批量小的制品采用注浆法成型，生产批量大的制品采用可塑成型法，生产批量小且质量要求不高的制品可采用手工可塑成型。

(4) 其他因素。选择陶瓷制品的成型方法还应考虑生产的技术经济指标、工人的操作技能和工厂的设备条件等因素。

(三) 坯体的后处理

成型后的坯体经适当的干燥后，先对其施釉(施釉有浸釉、淋釉、喷釉等方法)，再经烧制得到陶瓷制品。

思 考 与 练 习

1. 常用的塑料成型工艺有哪些？注射成型、挤出成型工艺各有何特点？
2. 常用的塑料成型工艺各适合于何种形状的塑料制件？
3. 橡胶的压制成型与注射成型各有何特点？

项目六　金属材料的切削加工

项目体系图

```
                                    ┌─────────────────────┐
                                    │ 任务1  阶梯轴的加工    │
                                    └─────────────────────┘
    ┌──────────────────┐          ┌─────────────────────┐
    │ 金属材料的切削加工  │──────────│ 任务2  六边形立柱的加工 │
    └──────────────────┘          └─────────────────────┘
                                    ┌─────────────────────┐
                                    │ 任务3  套筒内壁的加工  │
                                    └─────────────────────┘
```

项目描述

　　本项目以阶梯轴、六边形柱及套筒为任务对象，确定对其进行切削加工的方法。通过本项目的任务训练，同学们可掌握常见表面加工的分类、加工方法和加工方案的选择；了解金属切削机床的分类与编号，以及常用切削加工机床加工的工艺特点；还可掌握切削用量、刀具几何参数、刀具材料等金属切削条件的合理选择。

任务工单

　　本项目共分为三个任务，如表 2-6-1 所示，分别为：阶梯轴的加工、六边形立柱的加工、套筒内壁的加工。同学们需要分别确定三个任务的加工方案。

表 2-6-1　金属材料的切削加工

任务 1	阶梯轴的加工
任务描述	现有 10 根 $\phi30$ 的棒料，长度为 130 mm，材料为 45 钢，需加工成如图 2-6-1 所示的阶梯轴。确定加工方法及加工方案
加工要求	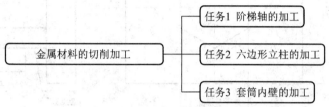 图 2-6-1　阶梯轴
任务要求	(1) 确定切削加工方法及设备； (2) 确定切削加工方案

任务 2	六边形立柱的加工
任务描述	已知一块方料的尺寸为 200 mm × 200 mm × 160 mm，材料为 35CrMo；需加工成图 2-6-2 所示的六边形立柱，其中立柱位于底板的中心位置，二者为一体
加工要求	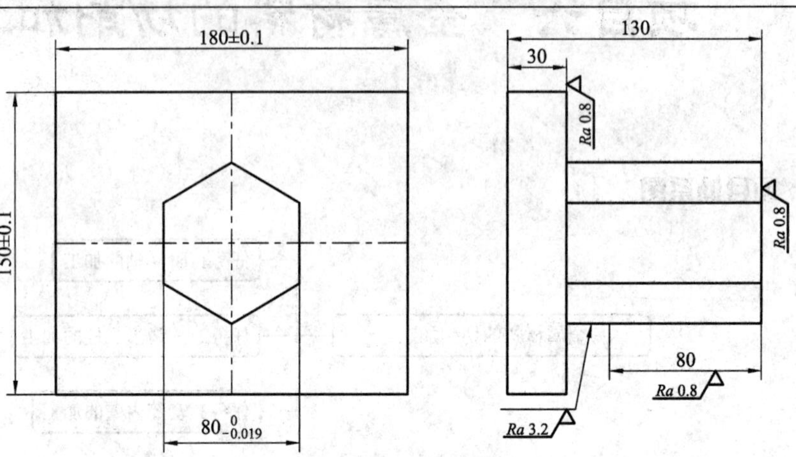 图 2-6-2 六边形立柱
任务要求	(1) 确定切削加工方法及加工设备； (2) 确定切削加工方案
任务 3	套筒内壁的加工
任务描述	已知套筒外壁已加工完成，材料为 12CrMo，内孔未加工之前的尺寸为 $\phi20$，需加工成如图 2-6-3 所示的内孔
加工要求	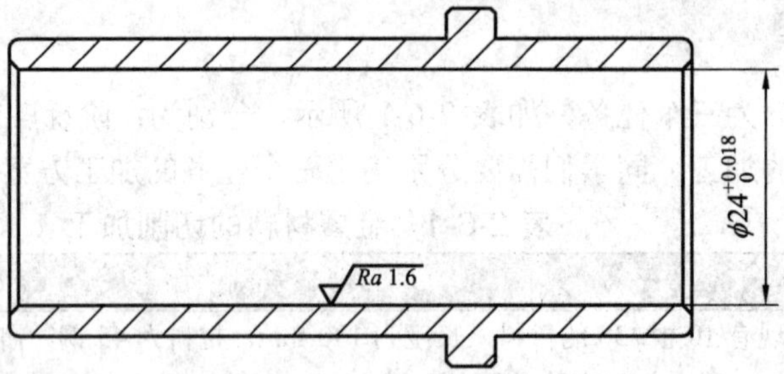 图 2-6-3 套筒内壁
任务要求	(1) 确定切削加工方法及设备； (2) 确定切削加工方案
任务评价	见下表

考核项目	评价标准	分值
考勤	无迟到、旷课或缺勤现象	10
任务 1	加工方法正确，加工方案合理	30
任务 2	加工方法正确，加工方案合理	30
任务 3	加工方法正确，加工方案合理	30
总分	100 分	

 **教学目标**

知识目标：

(1) 熟悉金属切削机床的分类与编号，以及常用切削加工机床加工的工艺特点；

(2) 掌握切削用量、刀具几何参数、刀具材料等金属切削条件的合理选择；

(3) 掌握常见表面加工的分类、加工方法及加工方案的选择。

能力目标：

(1) 能够根据加工要求，正确选用常用刀具材料；

(2) 能够根据产品的技术要求选择合理的加工方法，并能制订加工方案；

(3) 能够根据加工方案，合理选择刀具几何参数和切削用量参数，以保证零件的加工质量，提高生产效率。

素质目标：

(1) 提升科学分析的能力；

(2) 培养精益求精的工匠精神；

(3) 提升团队合作与沟通的能力。

知识链接

金属切削加工的方法很多，尽管它们的形式有所不同，但是却有着许多共同的规律和现象。掌握这些规律和现象，对正确应用各种金属切削加工方法有着重要的意义。本项目主要介绍切削加工理论基础，常用金属切削加工方法及设备，常见的金属表面加工方法等金属切削加工基础知识。

金属切削加工就是利用工件和刀具之间的相对(切削)运动，用刀具上的切削刃切除工件上的多余金属层，从而获得具有一定加工质量零件的过程。

一、加工质量

为了保证机械零件产品的质量，设计时应对零件提出加工质量的要求。机械零件的加工质量包括加工精度和表面质量两方面，它们的优劣将直接影响产品的使用性能、使用寿命、外观质量、生产率和经济性。

(一) 加工精度

经机械加工后，零件的尺寸、形状、位置等参数的实际数值与设计理想值的符合程度称为机械加工精度，简称加工精度。实际值与理想值相符合的程度越高，即偏差(加工误差)越小，加工精度越高。

加工精度包括尺寸精度、形状精度和位置精度。零件图上，对被加工件的加工精度要求常用尺寸公差、形状公差和位置公差来表示。

1. 尺寸精度

尺寸精度是指加工表面本身的尺寸(如圆柱面的直径)和表面间的尺寸(如孔间距离等)

的精确程度。尺寸精度的高低用尺寸公差来表示。

2. 形状精度

形状精度是指零件加工后的表面与理想表面在形状上相接近的程度。如直线度、圆度、圆柱度、平面度等。

3. 位置精度

位置精度是指零件加工后的表面、轴线或对称平面之间的实际位置与理想位置接近的程度。如平行度、垂直度、同轴度、对称度等。

(二) 表面质量

机械零件的表面质量，主要是指零件加工后的表面粗糙度以及表面层材质的变化。

1. 表面粗糙度

在切削加工中，由于刀痕、塑性变形、振动和摩擦等原因，会使加工表面产生微小的峰谷。这些微小峰谷的高低程度和间距状况称为表面粗糙度。表面粗糙度对零件的耐磨性、抗腐蚀性和配合性质等有很大影响，它直接影响机器的使用性能和寿命。

2. 表面层材质的变化

零件加工后表面层的力学、物理及化学等性能会与基体材料不同，表现为加工硬化、残余应力、疲劳强度变化及耐腐蚀性下降等，这些将直接影响零件的使用性能。

零件加工质量与加工成本有着密切的关系。加工精度要求高，将会使加工过程复杂化，导致成本上升，所以在确定零件加工精度和表面粗糙度时，总体原则是在满足零件使用性能要求和后续工序要求的前提下，尽可能选用较低的精度等级和较大的表面粗糙度值。

二、切削运动

切削加工时，为了获得各种形状的零件，刀具与工件必须具有一定的相对运动，即切削运动。切削运动按其所起的作用可分为主运动和进给运动。

(一) 主运动

主运动是由机床或人力提供的运动，它使刀具与工件之间产生主要的相对运动。主运动的特点是速度最高，消耗功率最大。车削时，主运动是工件的回转运动，如图 2-6-4 所示；牛头刨床刨削时，主运动是刀具的往复直线运动，如图 2-6-5 所示。

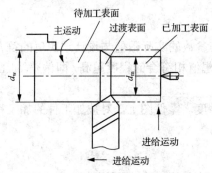

图 2-6-4　车削运动和工件上的表面

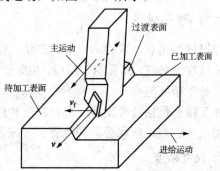

图 2-6-5　刨削运动和工件上的表面

(二) 进给运动

进给运动是由机床或人力提供的运动，它使刀具与工件间产生附加的相对运动，进给运动将使被加工金属层不断地投入切削，以加工出具有所需几何特性的已加工表面。车削外圆时，进给运动是刀具的纵向运动；车削端面时，进给运动是刀具的横向运动。牛头刨床刨削时，进给运动是工作台的移动。

主运动的运动形式可以是旋转运动，也可以是直线运动；主运动可以由工件完成，也可以由刀具完成；主运动和进给运动可以同时进行，也可以间歇进行；主运动通常只有一个，而进给运动可以有多个。

(三) 主运动和进给运动的合成

当主运动和进给运动同时进行时，切削刃上某一点相对于工件的运动为合成运动，常用合成速度向量 v_e 来表示，如图 2-6-6 所示。

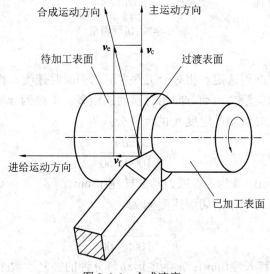

图 2-6-6　合成速度 v_e

三、工件表面

切削加工过程中，在切削运动的作用下，工件表面一层金属不断地被切下来变为切屑，从而加工出所需要的新表面。在新表面形成的过程中，工件上有三个依次变化着的表面，它们分别是待加工表面、过渡表面和已加工表面，如图 2-6-4 和图 2-6-5 所示。待加工表面为即将被切去金属层的表面。过渡表面为切削刃正在切削的表面，又称切削表面或加工表面。已加工表面为已经切去多余金属层而形成的新表面。

四、金属切削要素

(一) 切削用量

在切削加工过程中，需要针对不同的工件材料、刀具材料和其他技术要求来选定适宜的切削速度、进给量(或进给速度)和背吃刀量。它们是调整机床、计算切削力、计算切削功率、工时定额的重要参数。切削速度 v_c、进给量 f(或进给速度)和背吃刀量 a_p 称为切削用量三要素。如图 2-6-7 所示。

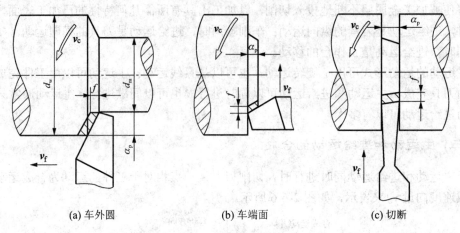

(a) 车外圆　　　　　　　(b) 车端面　　　　　　　(c) 切断

图 2-6-7　切削用量

1. 切削速度 v_c

在切削加工时，切削刃选定点相对于工件主运动的瞬时速度，称为切削速度，它表示在单位时间内工件和刀具沿主运动方向相对移动的距离，单位为 m/s。

主运动为旋转运动时，切削速度 v_c 的计算公式为

$$v_c = \frac{\pi d n}{1000 \times 60}$$

式中：d 为工件直径(mm)；n 为工件或刀具的转速(r/min)。

主运动为往复运动时，平均切削速度 v_c 为

$$v_c = \frac{2 L n_r}{1000 \times 60}$$

式中：L 为往复运动行程长度(mm)；n_r 为主运动每分钟的往复次数(往复次数/min)。

2. 进给量 f

进给量是指刀具在进给运动方向上相对工件的位移量，可用刀具或工件每转或每行程的位移量来表述或度量。车削时进给量的单位是 mm/r，即工件每转一圈，刀具沿进给运动方向移动的距离。刨削的主运动为往复直线运动，其间歇进给的进给量为 mm/双行程，即每个往复行程刀具与工件之间的相对横向移动距离。

单位时间的进给量，称为进给速度，车削时的进给速度 v_f 为

$$v_f = n f$$

铣削时，由于铣刀是多齿刀具，进给量的单位除 mm/r 外，还规定了每齿进给量，用 a_z 表示，单位是mm/z，v_f、f、a_z 三者之间的关系为

$$v_f = n f = n a_z z$$

式中：z 为多齿刀具的齿数。

3. 背吃刀量(切削深度)a_p

背吃刀量 a_p 是指主刀刃工作长度(在基面上的投影)沿垂直于进给运动方向上的投影值。对于外圆车削，背吃刀量 a_p 等于工件已加工表面和待加工表面之间的垂直距离(见图2-6-7)，单位为mm。即

$$a_p = \frac{d_w - d_m}{2}$$

式中：d_w 为待加工表面直径(mm)；d_m 为已加工表面直径(mm)。

(二) 切削层参数

刀具切削刃在一个进给量的进给中，从工件待加工表面上切下来的金属层称为切削层。如图2-6-8所示，外圆车削时，工件转一转，车刀从位置 I 移到位置 II，前进了一个进给量，图中阴影部分即为切削层。切削层截面尺寸的大小即为切削层参数，它决定了刀具所承受负荷的大小及切削层尺寸，还影响切削力和刀具磨损、表面质量和生产率。

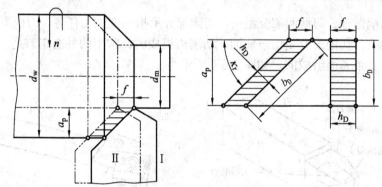

图 2-6-8　车外圆时切削层参数

切削层尺寸可用以下三个参数表示。

1. 切削层公称厚度(h_D)

垂直于切削刃方向测量的切削层的截面尺寸，称为切削层公称厚度，简称为切削厚度，用符号 h_D 表示，单位为mm。它反映了切削刃单位长度上的切削负荷。车外圆时，若车刀主切削刃为直线，则切削层公称厚度的计算公式为

$$h_D = f \sin \kappa_r$$

式中：κ_r 为主切削刃与进给运动方向之间的夹角，称为主偏角。

2. 切削层公称宽度(b_D)

给定瞬间主切削刃在切削层尺寸平面上的投影的两个极限点间的距离，称为切削层公称宽度，简称为切削宽度，用符号 b_D 表示，单位为mm。车外圆时，切削层公称宽度的计算公式为

$$b_D = \frac{a_p}{\sin k_r}$$

3. 切削层公称横截面面积(A_D)

给定瞬间切削层在与主运动垂直的平面内度量的实际横截面积，称为切削层公称横截面积，简称为公称面积，用符号 A_D 表示，单位为 mm^2。其计算公式为

$$A_D = h_D b_D = f a_p$$

五、金属切削刀具

切削刀具种类很多，如车刀、刨刀、铣刀和钻头等。它们几何形状各异，复杂程度不等，但它们切削部分的结构和几何角度都具有许多共同的特征。其中车刀是最常用、最简单和最基本的切削工具，其他刀具都可以看作是车刀的组合或变形。因此，研究金属切削工具时，通常以车刀为例进行研究和分析。

(一) 车刀的组成

车刀由切削部分、刀柄两部分组成。切削部分承担切削加工任务，刀柄用以将车刀装夹在机床刀架上。切削部分是由一些面、切削刃组成的。常用的外圆车刀是由一个刀尖、两条切削刃、三个刀面组成的，如图 2-6-9 所示。

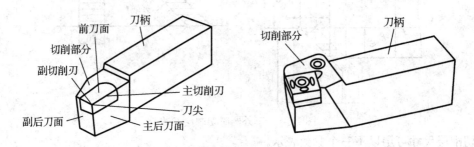

图 2-6-9　车刀的组成

1. 刀面

(1) 前刀面：刀具上切屑流过的表面；

(2) 主后刀面：与工件上切削表面相对的刀面；

(3) 副后刀面：与已加工表面相对的刀面。

2. 切削刃

(1) 主切削刃：前刀面与后刀面的交线，承担主要的切削工作；

(2) 副切削刃：前刀面与副后刀面的交线，承担少量的切削工作。

(3) 刀尖：主、副切削刃相交的一点。实际中该点不可能磨得很尖，而是由一段折线或微小圆弧组成；微小圆弧的半径称为刀尖圆弧半径。

(二) 刀具几何角度参考系

刀具几何角度的参考系为正交平面参考系。如图 2-6-10 所示，正交平面参考系由基面、

主切削平面、正交平面三个平面组成。

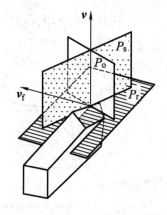

(1) 基面 P_r：是过切削刃上某选定点平行或垂直于刀具在制造、刃磨及测量时适合于安装或定位的一个平面或轴线，一般来说其方位要垂直于假定的主运动方向。车刀的基面都平行于它的底面。

(2) 主切削平面 P_s：是过切削刃某选定点与主切削刃相切并垂直于基面的平面。

(3) 正交平面 P_o：是过切削刃某选定点并同时垂直于基面和切削平面的平面。

过主、副切削刃某选定点都可以建立正交平面参考系。基面 P_r、主切削平面 P_s、正交平面 P_o 三个平面在空间相互垂直。

图 2-6-10 正交平面参考系

(三) 刀具标注角度定义

车刀的标注角度如图 2-6-11 所示。

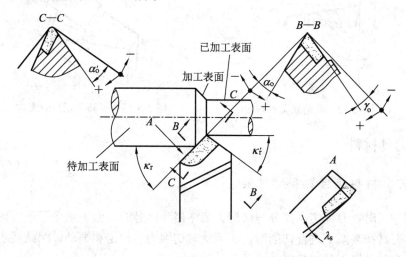

图 2-6-11 车刀的几何角度

1. 在基面内测量的角度

(1) 主偏角 κ_r：主切削刃与进给运动方向之间的夹角。

(2) 副偏角 κ_r'：副切削刃与进给运动反方向之间的夹角。

2. 在主切削刃正交平面内测量的角度

(1) 前角 γ_o：前刀面与基面间的夹角。当前刀面与基面平行时，前角为零。基面在前刀面以内，前角为负。基面在前刀面以外，前角为正，如图 2-6-12 所示。

(2) 后角 α_o：后刀面与切削平面间的夹角。

3. 在切削平面内测量的角度

刃倾角 λ_s 是主切削刃与基面间的夹角。刃倾角正负的规定如图 2-6-13 所示。刀尖处于最高点时，刃倾角为正；刀尖处于最低点时，刃倾角为负；切削刃平行于底面时，刃倾角为零。

上述的几何角度中，最常用的是前角(γ_o)、后角(α_o)、主偏角(κ_r)、刃倾角(λ_s)、副偏角(κ_r')，在刀具切削部分的几何角度中，上述角度能完整地表达出车刀切削部分的几何形状，反映出刀具的切削特点。

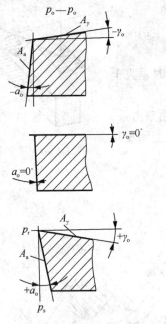

图 2-6-12　前角正负的规定

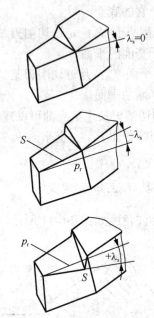

图 2-6-13　刃倾角正负的规定

六、切削刀具材料

(一) 刀具材料应当具备的性能

在切削加工时，刀具切削部分与切屑、工件相互接触的表面上承受了很大的压力和强烈的摩擦；刀具在高温下进行切削时，还承受着切削力、冲击和振动，因此要求刀具切削部分的材料应具备以下基本性能。

(1) 高硬度。刀具材料必须具有高于工件材料的硬度，常温硬度应在 HRC60 以上。

(2) 耐磨性。耐磨性表示刀具抵抗磨损的能力，通常刀具材料硬度越高，耐磨性越好；材料中硬质点的硬度越高，数量越多，颗粒越小，分布越均匀，则耐磨性越好。

(3) 强度和韧性。为了承受切削力、冲击和振动，刀具材料应具有足够的强度和韧性。一般用抗弯强度、冲击韧性值表示。

(4) 耐热性。刀具材料应在高温下保持较高的硬度、耐磨性和强度及韧性，并有良好的抗扩散、抗氧化的能力。这就是刀具材料的耐热性。它是衡量刀具材料综合切削性能的主要指标。

(5) 工艺性。为了便于刀具制造，要求刀具材料有较好的可加工性，包括锻、轧、焊接、切削加工、可磨削性和热处理特性等。

此外，在选用刀具材料时，还要考虑经济性。经济性差的刀具材料难以推广使用。

刀具材料种类很多，常用的有碳素工具钢、合金工具钢、高速钢、硬质合金、陶瓷、金刚石(天然和人造)和立方氮化硼等。碳素工具钢(如 T10A、T12A)和合金工具钢(9SiCr、CrWMn)，因其耐热性较差，一般适用于切削速度较低的场合。陶瓷、金刚石和立方氮化硼则由于性质脆、工艺性差及价格昂贵等原因，目前只在较小的范围内使用。当今，用得最多的刀具材料为高速钢和硬质合金。

(二) 常用刀具材料

1. 高速钢

高速钢是一种加入了钨(W)、钼(Mo)、铬(Cr)、钒(V)等合金元素的高合金工具钢。它的耐热性较碳素工具钢和一般合金工具钢显著提高，允许的切削速度比碳素工具钢和合金工具钢高两倍以上。高速钢具有较高的强度、韧性和耐磨性，耐热性为 540～600℃。虽然高速钢的硬度和耐热性不如硬质合金，但由于用它制作的刀具刃口强度和韧性比硬质合金高，能承受较大的冲击载荷，故能用于刚性较差的机床；而且高速钢刀具工艺性能较好，容易磨出锋利的刃口。因此直到目前，高速钢仍是应用较广泛的刀具材料，尤其是结构复杂的刀具，如成形车刀、铣刀、钻头、铰刀、拉刀、齿轮刀具、螺纹刀具等。

高速钢按其用途和性能可分为通用高速钢和高性能高速钢两类。

(1) 通用高速钢。通用高速钢是指加工一般金属材料用的高速钢。按其化学成分有钨系高速钢和钼系高速钢。

W18Cr4V 属于钨系高速钢，其淬火后的硬度为(63～66)HRC，耐热性可达 620℃，抗弯强度σ_b=3430 MPa。它的磨削性能好，热处理工艺控制方便，是我国高速钢中用得比较多的一个牌号。

W6Mo5Cr4V2 属于钼系高速钢，与 W18Cr4V 相比，它的抗弯强度、冲击韧度和高温塑性较高，故可用于制造热轧刀具，如麻花钻等。

(2) 高性能高速钢。高性能高速钢是在通用高速钢中再加入一些合金元素，以进一步提高它的耐热性和耐磨性。这种高速钢的切削速度可达 50～100 m/min，具有比通用高速钢更高的生产效率与刀具使用寿命；同时还能切削不锈钢、耐热钢、高强度钢等难加工的材料。

高钒高速钢(W12Cr4V4Mo)由于含钒(V)、含碳(C)量的增加，提高了耐磨性，刀具寿命比通用高速钢可提高 2～4 倍；但是，随着钒质量分数的提高，磨削性能变差，刃磨困难。

高钴高速钢和高铝高速钢是近年来为了加工高温合金、钛合金、难熔合金、超高强度钢、奥氏体不锈钢等难加工材料而发展起来的。它们的常温硬度、高温硬度、耐热性和耐磨性都比通用高速钢 W18Cr4V 的高，虽然它们的抗弯强度和冲击韧度比较低，但仍是一种综合性能较好的材料，可以制作各种刀具。其牌号有 W2Mo9Cr4VCo8、W6Mo5Cr4V2Al 等。

2. 硬质合金

硬质合金是用粉末冶金法制造的合金材料，它是由硬度和熔点很高的碳化物(称为硬质相)和金属(称黏结相)组成。

硬质合金的硬度较高，常温下可达(74～81)HRC，它的耐磨性较好，耐热性较高，能耐 800～1000℃的高温，因此能采用比高速钢高几倍甚至十几倍的切削速度；它的不足之处是抗弯强度和冲击韧度较高速钢低，刃口不能磨得像高速钢刀具那样锋利。

常用硬质合金按其化学成分和使用特性可分为四类：钨钴类(YG)、钨钛钴类(YT)、钨钛钽钴类(YW)和碳化钛基类(YN)。

任务 1　阶梯轴的加工

任务要求

(1) 确定表 2-6-1 中图 2-6-1 所示阶梯轴的加工方法及设备；
(2) 确定该阶梯轴的工艺方案。

知识引入

机床是机械制造业的基本加工装备，它的品种、性能、质量和技术水平直接影响着其他机电产品的性能、质量、生产技术和企业的经济效益。机械工业为国民经济各部门提供技术装备的能力和水平，在很大程度上取决于机床的水平，所以机床属于基础机械装备。

实际生产中需要加工的工件种类繁多，其形状、结构、尺寸、精度、表面质量和数量等各不相同，为了满足不同的加工需要，机床的品种和规格也应多种多样。尽管机床的品种很多，各有特点，但它们在结构、传动及自动化等方面有许多类似之处，也有着共同的原理及规律。

一、机床概述

目前金属切削机床的品种非常多，为了便于区别、使用与管理，需要对机床加以分类。机床主要按照加工性质和所使用刀具进行分类。目前我国机床分为十二大类：车床、钻床、镗床、磨床、齿轮加工机床、螺纹加工机床、铣床、刨插床、拉床、特种加工机床、切断机床和其他机床。

除上述基本分类外，按照机床的通用性程度，可分为通用机床和专用机床；同一种机床中，按照加工精度的不同，可分为普通精度机床、精密机床和高精度机床。此外，机床还可按照自动化程度的不同，分为手动机床、机动机床、半自动机床和自动机床；按照重量的不同，可分为仪表机床、一般机床、大型机床和重型机床；按照机床工作部件的数目，可分为单轴机床、多轴机床、单刀机床、多刀机床等。

(一) 机床型号的编制方法

机床的型号必须反映出机床的类别、结构特性和主要的技术规格。中国的机床型号是按国标 GB/T 15375—2008《金属切削机床型号编制方法》编制的。此标准规定，机床型号由汉语拼音字母和数字按一定的规律组合而成，它适用于新设计的各类通用机床、专用机床和回转体加工自动线(不包括组合机床、特种加工机床)。这里主要介绍各类通用机床型号的编制方法。

1. 机床型号表示方法

通用机床的型号由基本部分和辅助部分组成，中间用"/"隔开，读作"之"。基本部分需统一管理，辅助部分纳入型号与否由生产厂家自定。机床型号的构成如下：

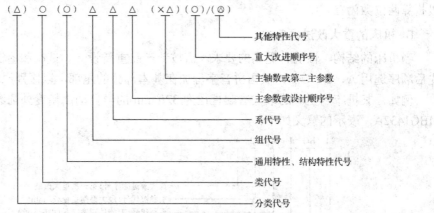

其中：有"( )"的代号，当无内容时则不表示，若有内容则不带括号；有"○"符号者为大写的汉语拼音字母；有"△"符号者为阿拉伯数字。

2. 机床的类别代号

机床的类别代号，用该类机床名称汉语拼音的第一个字母(大写)表示(见表 2-6-2)，磨床分类代号用阿拉伯数字代表，作为型号的首位。

表 2-6-2 机床的类别代号

类别	车床	钻床	镗床	磨床			齿轮加工机床	螺纹加工机床	铣床	刨插床	拉床	锯床	其他机床
代号	C	Z	T	M	2M	3M	Y	S	X	B	L	G	Q
读音	车	钻	镗	磨	二磨	三磨	牙	丝	铣	刨	拉	割	其他

3. 机床的通用特性、结构特性代号

机床的通用特性代号用汉语拼音字母表示。各类机床的通用特性代号及划分见表 2-6-3。

表 2-6-3 机床的通用特性代号及划分

通用特性	高精度	精密	自动	半自动	数控	加工中心(自动换刀)	仿形	轻型	加重型	简式或经济型	柔性加工单元	数显	高速
代号	G	M	Z	B	K	H	F	Q	C	3	R	X	s
读音	高	密	自	半	控	换	仿	轻	重	简	柔	显	速

4. 机床的组别、系列代号

每类机床划分为 10 个组，每组又划分为 10 个系(系列)，分别用一位阿拉伯数字表示。在同类机床中，主要布局或使用范围基本相同的机床，即为同一组；在同一组机床中，其

主参数、主要结构及布局型式相同的机床，即为同一系。

5. 机床主参数、主轴数和第二主参数

机床主参数代表机床规格大小，用折算值表示，位于系代号之后。某些通用机床，当无法用一个主参数表示时，则在型号中用设计顺序号表示。机床的主轴数应以实际数值列入型号，置于主参数之后，用乘号"×"分开。第二主参数(多轴机床的主轴数除外)一般不予表示，它是指最大模数、最大跨距、最大工件长度等，在型号中表示第二主参数，一般折算两位数为宜。

6. 机床的重大改进顺序号

当机床的结构、性能有更高的要求，需按新产品重新设计、试制和鉴定时，按改进的先后顺序选用 A、B、C……汉语拼音字母加在基本部分的尾部，以区别原机床型号。

例如，某机床厂生产的最大磨削直径为 320 mm 的半自动高精度外圆磨床，其型号为 MBG1432A，表示的意义如下：

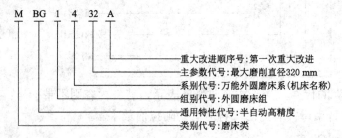

(二) 普通机床的构成及布局

现代金属切削机床依靠大量的机械、电气、电子、液压、气动装置来实现运动和循环，由传动装置、动力装置、执行机构、辅助机构和控制系统联合在一起，形成统一的工艺综合体。它包括以下几部分：

(1) 支承及定位部分。支承及定位部分用以连接机床上各部件，并使刀具与工件保持正确的相对位置。床身、底座、立柱、横梁等都属支承部件；导轨、工作台、刀具和夹具的定位元件属定位部分。

(2) 运动部分。运动部分为加工过程提供所需的切削运动和进给运动。运动系统包括主运动传动系统、进给传动系统以及液压进给系统等，以保证加工所需的切削速度、进给量的实现。如车床主轴箱内主传动系统带动主轴实现主运动，进给箱内进给系统的运动传给溜板箱带动刀架运动。

(3) 动力部分。动力部分是加工过程和辅助过程的动力源，如带动机械部分运动的电动机和为液压、润滑系统工作提供能源的液压泵等。

(4) 控制部分。控制部分用来启动和停止机床的工作，完成为实现给定的工艺过程所要求的刀具和工件的运动，包括机床的各种操纵机构、电气电路、调整机构、检测装置等。

二、车削加工设备

在一般机器制造厂中，车床约占金属切削机床总台数的 20%～35%。车床主要用于加

工内外圆柱面、圆锥面、端面、成形回转表面以及内外螺纹面等。车床加工所使用的刀具主要是车刀，还可用钻头、扩孔钻、铰刀等孔加工刀具。车床的种类很多，按用途和结构的不同有卧式车床、立式车床、转塔车床、自动和半自动车床以及各种专门化车床等。其中卧式车床是应用最广泛的一种。卧式车床的经济加工精度一般可达 IT8 左右，精车的表面粗糙度可达 Ra 2.5～1.25 μm。

（一）CA6140 型卧式车床

CA6140 型卧式车床，其结构是典型的卧式车床布局，它的通用性程度较高，加工范围较广，适合于中、小型的各种轴类和盘套类零件的加工；能车削内外圆柱面、圆锥面、各种环槽、成形面及端面；能车削常用的米制、英制、模数制及径节制四种标准螺纹，也可以车削加大螺距螺纹、非标准螺纹及较精密的螺纹；还可以进行钻孔、扩孔、铰孔、滚花和抛光等工作。CA6140 型卧式车床如图 2-6-14 所示。

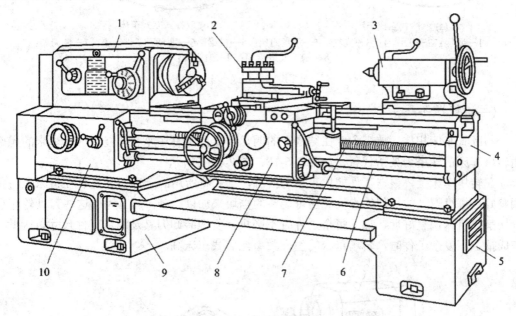

1—主轴箱；2—刀架；3—尾架；4—床身；5、9—床腿；
6—光杠；7—丝杠；8—溜板箱；10—进给箱。

图 2-6-14 CA6140 卧式车床

（二）立式车床

立式车床适于加工直径大而高度小于直径的大型工件，按其结构形式可分为单柱式和双柱式两种。立式车床的主参数用最大车削直径的 1/100 表示。例如，C5112A 型单柱立式车床的最大车削直径为 1200 mm。

如图 2-6-15 所示，立式车床的工作台处于水平位置，因此，对笨重工件的装卸和找正都比较方便，工件和工作台的重量比较均匀地分布在导轨面和推力轴承上，有利于保持机床的工作精度和提高生产效率。

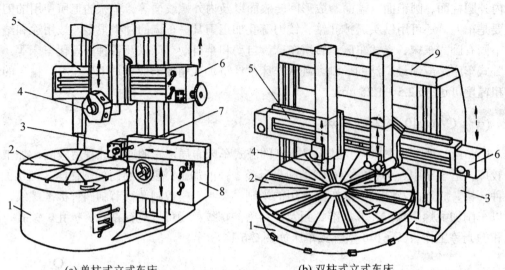

(a) 单柱式立式车床　　　　　　　　(b) 双柱式立式车床

1—底座；2—工作台；3—立柱；4—垂直刀架；5—横梁；6—垂直刀架进给箱；7—侧刀架；
8—侧刀架进给箱；9—顶梁。

图 2-6-15　立式车床

(三) 转塔车床

与卧式车床相比，转塔车床在结构上的明显特点是没有尾座和丝杠。卧式车床的尾座由转塔车床的转塔刀架所代替，如图 2-6-16、图 2-6-17 所示。

在转塔车床上，根据工件的加工工艺情况，预先将所用的全部刀具安装在机床上，并调整好；每组刀具的行程终点位置由可调整的挡块来加以控制。加工时用这些刀具轮流进行切削。机床调整好后，加工每个工件时不必再反复地装卸刀具及测量工件尺寸，因此，在成批加工复杂工件时，转塔车床的生产效率比卧式车床高。

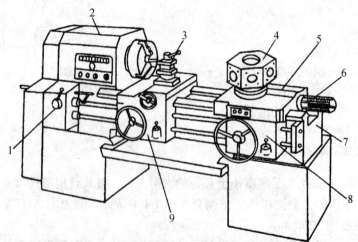

1—进给箱；2—主轴箱；3—前刀架；4—转塔刀架；5—纵向溜板；6—定程装置；7—床身；
8—转塔刀架溜板箱；9—前刀架溜板箱。

图 2-6-16　滑鞍转塔车床

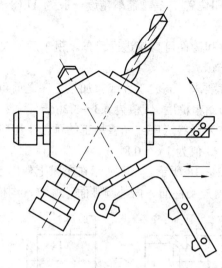

图 2-6-17　转塔刀架

二、车削加工

车削加工适于在零件的组成表面中回转面最多，特别是轴套类零件表面的加工。

(一) 车削加工的工艺特点

(1) 车削生产率高。车刀结构简单，易于制造，刃磨及安装方便。车削工作一般是连续进行的，当刀具几何形状和背吃刀量 a_p、进给量 f 一定时，车削切削层的截面积是不变的，因此切削过程较平稳，从而提高了加工质量和生产率。

(2) 加工中易于保证轴、盘、套等类零件各表面的位置精度。在一次装夹中车出短轴或套类零件的各加工面，然后切断；利用中心孔将轴类零件装夹在车床前后顶尖间，掉头装夹车削外圆和台肩，多次装夹保证工件旋转轴线不变；将盘套类零件的孔精加工后，安装在心轴上，车削各外圆和端面，保证与孔的位置精度要求；工件在卡盘、花盘或花盘一弯板上一次装夹中所加工的外圆、端面和孔，均是围绕同一旋转轴线进行的，可较好地保证各面之间的位置精度。

(3) 适用于有色金属零件的精加工。当有色金属零件要求较高的加工质量时，若用磨削，则由于有色金属硬度偏低而造成砂轮表面空隙堵塞，使加工困难，故常用车、铣、刨、镗等方法进行有色金属零件的精加工。

(4) 加工的材料范围广泛。硬度在 HRC30 以下的钢、铸铁、有色金属及某些非金属(如尼龙)，可方便地用普通硬质合金或高速钢车刀进行车削。淬火钢以及硬度在 50HRC 以上的材料属难加工材料，需用新型硬质合金、立方氮化硼、陶瓷或金刚石车刀车削。

(二) 车削加工的应用

根据零件的使用要求，车削加工可以获得低精度、中等精度和高加工精度。

(1) 荒车。毛坯为自由锻件或大型铸件时，其加工余量很大且不均匀，利用荒车可去除大部分余量，减少形状和位置偏差。荒车精度一般为 IT18～IT15，表面粗糙度 Ra 值大于 80 μm。

（2）粗车。中小型锻件和铸件可直接进行粗车。粗车后的尺寸精度为 IT13～IT11，表面粗糙度 Ra 值为 30～12.5 μm。

（3）半精车。尺寸精度要求不高的工件或精加工工序之前可安排半精车。半精车后的尺寸精度为 IT10～IT8，表面粗糙度 Ra 值为 6.3～3.2 μm。

（4）精车。精车一般作为最终工序或光整加工的预加工工序。精车后工件尺寸精度可达 IT7～IT5，表面粗糙度 Ra 值为 1.6～0.8 μm。

车削加工的范围如图 2-6-18 所示。如图所示在车床上使用不同的车刀或其他刀具，可以加工各种回转表面，如内外圆柱面、内外圆锥面、螺纹、沟槽、端面和成形面等。

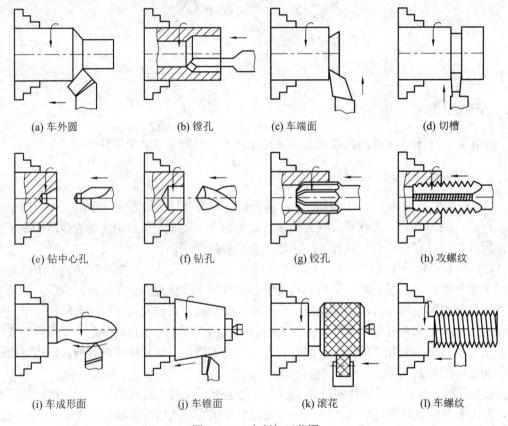

(a) 车外圆	(b) 镗孔	(c) 车端面	(d) 切槽
(e) 钻中心孔	(f) 钻孔	(g) 铰孔	(h) 攻螺纹
(i) 车成形面	(j) 车锥面	(k) 滚花	(l) 车螺纹

图 2-6-18　车削加工范围

三、外圆磨削加工及设备

磨削是精加工工序，加工余量较小，一般为 0.1～0.3 mm，加工精度高(一般可达 IT6～IT5)，表面粗糙度值小(Ra0.8～Ra0.2)。磨削中砂轮担任主要的切削工作，所以可加工特硬材料及淬火工件；但磨削速度高，切削热很大，为避免工件烧伤、退火，磨削时需要充分地冷却。磨削适于加工各种表面，包括外圆、内孔、平面、花键、螺纹和齿形磨削等，见图 2-6-19。

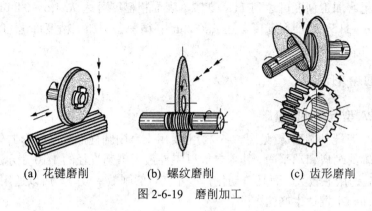

(a) 花键磨削　　　　(b) 螺纹磨削　　　　(c) 齿形磨削

图 2-6-19　磨削加工

(一) 外圆磨削特点及应用

外圆磨削可以在普通外圆磨床、万能外圆磨床以及无心外圆磨床上进行。

在普通外圆磨床上可以磨削工件的外圆柱面及外圆锥面，在万能外圆磨床上不仅能磨削内、外圆柱面及外圆锥面，而且能磨削内锥面及平面。在普通外圆磨床或万能外圆磨床上磨外圆时，通常用顶尖装夹工件。图 2-6-20 所示为外圆磨削示意图，工作时砂轮的高速旋转运动为主切削运动，工件作圆周、纵向进给运动，同时砂轮作横向进给运动。

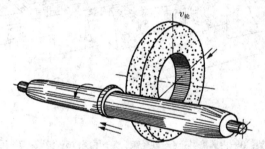

图 2-6-20　外圆磨削示意图

在无心外圆磨床上磨削外圆的工艺方法称为无心外圆磨(见图 2-6-21)。磨削时，工件不用顶尖支承，而置于磨轮和导轮之间的托板上，磨轮与导轮同向旋转以带动工件旋转并磨削工件外圆。导轮轴线倾斜所产生的轴向分力使工件产生自动的轴向位移。无心外圆磨自动化程度高、生产率高，适于磨削大批量的细长轴及无中心孔的轴、套、销等零件。

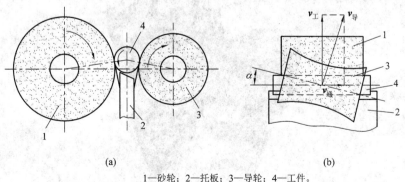

(a)　　　　　　　　　　　　　　　(b)

1—砂轮；2—托板；3—导轮；4—工件。

图 2-6-21　无心外圆磨削示意图

外圆磨削粗磨加工精度可达到 IT8～IT7，表面粗糙度可达 $Ra1.6～0.8\ \mu m$；精磨加工精度可达到 IT6～IT5，表面粗糙度可达 $Ra0.2\ \mu m$；精密磨削加工精度可达 IT5 以上，表面粗糙度可达 $Ra0.1～0.01\ \mu m$。

(二) 外圆磨削设备

1. M1432A 型万能外圆磨床

M1432A 型万能外圆磨床(见图 2-6-22)主要用于磨削圆柱形或圆锥形的外圆和内孔，也能磨削阶梯轴的轴肩和端平面。其主参数以工件最大磨削直径的 1/10 表示。这种磨床属于普通精度级，通用性较大，而且自动化程度不高，磨削效率较低，所以适用于工具车间、机修车间和单件、小批量生产的车间。

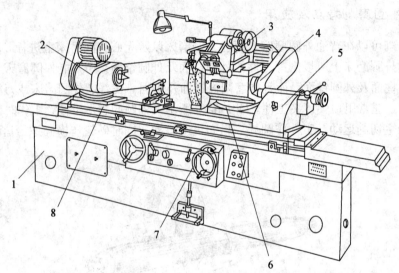

1—床身；2—头架；3—内圆磨具；4—砂轮架；5—尾座；6—滑鞍；7—手轮；8—工作台。

图 2-6-22 M1432A 万能外圆磨床

2. 无心外圆磨床

无心磨床通常指无心外圆磨床。无心外圆磨床如图 2-6-23 所示。

图 2-6-23 无心外圆磨床

无心磨削的特点是：工件不用顶尖支承或卡盘夹持，而是置于磨削砂轮和导轮之间并用托板支承定位，工件中心略高于两轮中心的连线，并在导轮摩擦力作用下带动旋转。导轮为刚玉砂轮，它以树脂或橡胶为结合剂，与工件间有较大的摩擦系数，线速度在 10～50 m/min 左右，工件的线速度基本上等于导轮的线速度。磨削砂轮采用一般的外圆磨砂轮，通常不变速，线速度很高，一般为 35 m/s 左右，所以在磨削砂轮与工件之间有很大的相对速度，这就是磨削工件的切削速度。为了避免磨削出棱圆形工件，工件中心必须高于磨削砂轮和导轮的连心线，这样就可使工件在多次转动中逐步被磨圆。

任务结论

阶梯轴可采用车削的方法进行加工，选用的设备为卧式车床，如 CA6140。

阶梯轴中尺寸公差等级最高的是尺寸 $\phi22$，公差等级为 IT6；外圆表面的粗糙度最小为 $Ra1.6\ \mu m$，因此可确定加工方案如下：下料→粗车→半精车→精车。

外圆表面的
加工

能力拓展

一、外圆表面加工方案

外圆表面是轴类、盘套类零件的主要表面或辅助表面，常用的加工方法有车削和磨削，若加工精度要求更高和表面粗糙度 Ra 值要求更小，则可采用光整加工等方法。

外圆表面常用的加工方案如表 2-6-4 所示。

表 2-6-4　外圆表面加工方案

序号	加 工 方 法	经济精度	经济粗糙度 $Ra/\mu m$	适用范围
1	粗车	IT13～IT11	50～12.5	适用于淬火钢以外的各种金属
2	粗车→半精车	IT10～IT8	6.3～3.2	
3	粗车→半精车→精车	IT8～IT7	1.6～0.8	
4	粗车→半精车→精车→滚压(或抛光)	IT8～IT7	0.2～0.025	
5	粗车→半精车→磨削	IT8～IT7	0.8～0.4	主要用于淬火钢，也可用于加工未淬火钢，但不宜加工有色金属
6	粗车→半精车→粗磨→精磨	IT7～IT6	0.4～0.1	
7	粗车→半精车→粗磨→超精加工(或轮式超精磨)	IT5	0.1～0.012 (或 $Rz0.1$)	
8	粗车→半精车→精车→精细车(金刚车)	IT7～IT6	0.4～0.025	主要用于要求较高的有色金属加工
9	粗车→半精车→粗磨→精磨→超精磨(或镜面磨)	IT5 以上	0.025～0.006 (或 $Rz0.05$)	用于极高精度的外圆加工

二、外圆表面加工方案的选择

选择外圆表面的加工方法，应考虑表面的精度和表面粗糙度值、工件材料和热处理要求以及批量大小，有的还需考虑零件结构形状及该表面处于零件的部位。

(1) 粗车，主要作为外圆表面的预加工。

(2) 粗车→半精车，用于各类零件上不重要的配合表面或非配合表面，也可作为磨削前的预加工。

(3) 粗车→半精车→精车，主要用于以下情况：

① 加工有色金属件。单件小批生产的盘套类零件，往往在车床上一次装夹中精车外圆、端面和精镗孔，以保证它们之间的位置精度；

② 加工短轴销的外圆。加工外圆磨床上难以装夹和磨削零件的外圆。

(4) 粗车→半精车→磨削，主要用于加工精度较高以及需要淬火的轴类和盘套类零件的外圆；磨削是否分粗磨和精磨，则取决于精度和表面粗糙度的要求。

(5) 粗车→半精车→粗磨→精磨，主要用于加工更高精度的轴类和套类零件的外圆，以及作为精密加工前的预加工。

任务2　六边形立柱的加工

任务要求

(1) 确定表 2-6-1 中图 2-6-2 所示六边形立柱加工的方法和设备。
(2) 确定该六边形立柱的加工方案。

知识引入

一、铣削加工与设备

(一) 铣削加工的特点及应用

用多刃回转刀具在铣床上对平面、台阶面、沟槽、成形表面、型腔表面、螺旋表面进行切削加工的过程称为铣削加工。它是切削加工的常用方法之一，图 2-6-24 所示为铣削加工的应用。

一般情况下，铣削时铣刀的旋转为主运动，工件的移动为进给运动。

粗铣的加工精度为 IT12～IT11，表面粗糙度 Ra 值为 25～12.5 μm，为半精铣、精铣加工作准备。半精铣的加工精度为 IT10～IT9，表面粗糙度 Ra 值为 6.3～3.2 μm，可作为平面磨削或精加工的预加工。精铣的加工精度为 IT8～IT7，表面粗糙度 Ra 值为 3.2～1.6 μm，可以作为中等精度表面的最终加工，也可作为高精度表面的预加工。

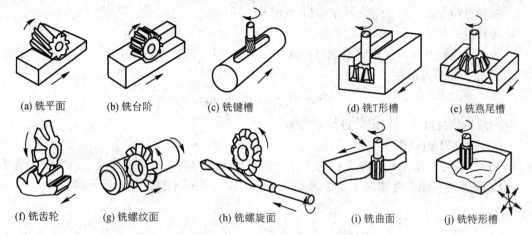

(a) 铣平面　(b) 铣台阶　(c) 铣键槽　(d) 铣T形槽　(e) 铣燕尾槽

(f) 铣齿轮　(g) 铣螺纹面　(h) 铣螺旋面　(i) 铣曲面　(j) 铣特形槽

图 2-6-24　铣削加工的应用

铣削的工艺特点如下：

(1) 生产效率较高。铣刀是多刃刀具，铣削时有多个刀刃同时进行切削，总的切削宽度较大。铣削的主运动是铣刀的旋转，便于采用高速铣削，所以铣削的生产率较高。

(2) 铣削过程不平稳。铣刀的刀刃切入和切出时会产生切削力冲击，并引起同时工作刀刃数的变化；每个刀刃的切削厚度是变化的，这将使切削力发生波动。因此，铣削过程不平稳，易产生振动，这就要求铣床在结构上有较高的刚度和抗震性。

(3) 散热条件较好。铣刀刀刃间歇切削，可以得到一定的冷却，因而散热条件较好。但是，切入和切出时温度的变化、切削力的冲击，将加速刀具的磨损，甚至可能引起硬质合金刀片的碎裂。

此外，铣床结构比较复杂，铣刀的制造和刃磨比较困难。

(二) 铣削加工的切削用量

1. 铣削运动

主运动 v_c——铣刀的旋转；

进给运动 v_f——工件随工作台的直线移动。

2. 铣削用量

铣削时的铣削用量由铣削速度 v_c、进给量 f 和背吃刀量(又称铣削深度)a_p 和侧吃刀量(又称铣削宽度)a_e 四要素组成。

(1) 铣削速度 v_c。

铣削速度即铣刀最大直径处的线速度，可由下式计算：

$$v_c = \frac{\pi \cdot d \cdot n}{1000} \ (m/min)$$

式中：d 为铣刀直径(mm)；n 为铣刀转数(r/min)。

(2) 进给量 f。

铣削时，工件在进给运动方向上相对刀具的移动量，即为铣削时的进给量。由于铣刀为多刃刀具，计算时按单位时间不同，有以下三种度量方法：

每齿进给量 f_z，其单位为毫米每齿(mm/齿)；

每转进给量 f，其单位为毫米每转(mm/r)；

每分钟进给量 v_f，又称进给速度，其单位为毫米每分钟(mm/min)。

上述三者的关系为

$$v_f = f \cdot n = f_z \cdot z \cdot n \quad (\text{mm/min})$$

一般铣床标牌上所指出的进给量为 v_f 值。

(3) 背吃刀量(铣削深度) a_p。

如图 2-6-25 所示，背吃刀量为平行于铣刀轴线方向测量的切削层尺寸，单位为毫米(mm)。因周铣与端铣时相对于工件的方位不同，故 a_p 在图中标示也有所不同。

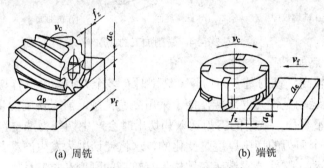

(a) 周铣　　　　　　　　　　　　(b) 端铣

图 2-6-25　铣削运动和铣削要素

(三) 铣削的加工方式

1. 圆柱铣刀铣削

圆柱铣刀铣削有逆铣和顺铣两种方式。如图 2-6-26 所示，铣刀旋转切入工件的方向与工件的进给方向相反时称为逆铣，相同时称为顺铣。

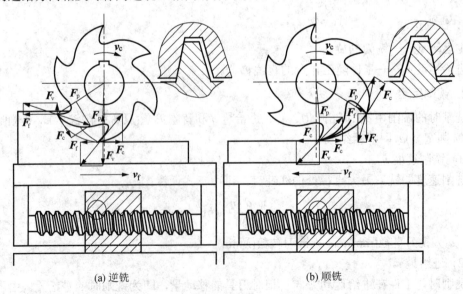

(a) 逆铣　　　　　　　　　　　　(b) 顺铣

图 2-6-26　顺铣与逆铣

逆铣时，切削厚度由零逐渐增大，切入瞬时刀刃钝圆半径大于瞬时切削厚度，刀齿在工件表面上要挤压和滑行一段后才能切入工件，使已加工表面产生冷硬层，加剧了刀齿的磨损，同时使工件表面粗糙不平。此外，逆铣时刀齿作用于工件的垂直分力 F_v 朝上，有抬起工件的趋势，这就要求工件装夹牢固。逆铣时刀齿是从切削层内部开始工作的，当工件表面有硬皮时，对刀齿没有直接影响。

顺铣时，刀齿的切削厚度从最大开始，避免了挤压、滑行现象，并且 F_v 朝下压向工作台，有利于工件的夹紧，可提高铣刀耐用度和加工表面质量。与逆铣相反，顺铣加工要求工件表面没有硬皮，否则刀齿很容易磨损。

铣床工作台的纵向进给运动一般由丝杠和螺母来实现，螺母固定不动，丝杠转动并带动工作台一起移动。逆铣时，纵向进给力 F_f 与纵向进给方向相反，丝杠与螺母间的传动面始终贴紧，故工作台进给速度均匀，铣削过程较平稳。而顺铣时，F_f 与进给方向相同，当传动副存在间隙且 F_f 超过工作台摩擦力时，会使工作台带动丝杠向左窜动，造成进给不均，甚至还会打刀。因此，使用顺铣法加工时，要求铣床的进给机构要具有消除丝杠螺母间隙的装置。

2. 面铣刀铣削

用面铣刀铣削平面时，可分为三种不同的铣削方式，如图 2-6-27 所示。

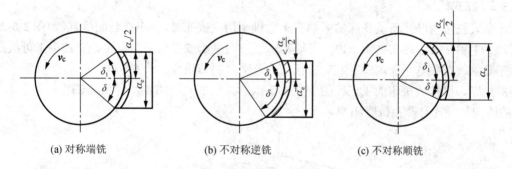

(a) 对称端铣　　　　　(b) 不对称逆铣　　　　　(c) 不对称顺铣

图 2-6-27　端铣的铣削方式

(1) 对称端铣。铣刀轴线位于工件 a_e 的对称中心位置，对称中心两边的顺铣与逆铣相等，切入、切出时的切削厚度相同。一般端铣时常用这种铣削方式。

(2) 不对称逆铣。刀齿切入时的切削厚度最小，切出时的切削厚度较大，其逆铣部分大于顺铣部分，称为不对称逆铣。

(3) 不对称顺铣。刀齿切出时的切削厚度最小，其顺铣部分大于逆铣部分，称为不对称顺铣。

(四) 铣削加工的设备

常用的铣床有卧式铣床、立式铣床、工具铣床和龙门铣床等。

1. 卧式万能铣床

图 2-6-28 所示铣床是中型卧式万能铣床。它具有功率大、转速高、刚性好、工艺范围广及操纵方便等优点。这种铣床主要适用于单件、小批生产，也可用于成批生产。

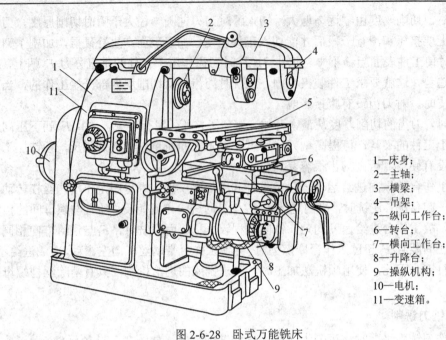

1—床身；
2—主轴；
3—横梁；
4—吊架；
5—纵向工作台；
6—转台；
7—横向工作台；
8—升降台；
9—操纵机构；
10—电机；
11—变速箱。

图 2-6-28   卧式万能铣床

2. 立式铣床

立式铣床与卧式万能铣床的区别在于主轴采用立式布置，与工作台面垂直，如图 2-6-29 所示。主轴 2 安装在立铣头 1 内，可沿其轴线方向进给或手动调整位置。立铣头 1 可根据 加工要求，在垂直平面内向左或向右在 45°范围内回转角度，使主轴与工作台面倾斜成所 需的角度，以扩大机床的工艺范围。立式铣床的其他部分，如工作台 3、床鞍 4 及升降台 5 的结构与卧式升降台铣床相同。

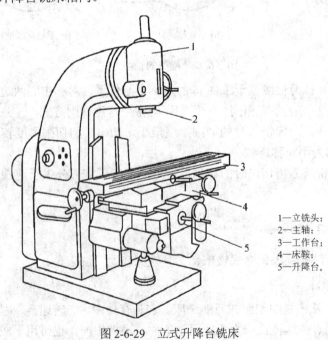

1—立铣头；
2—主轴；
3—工作台；
4—床鞍；
5—升降台。

图 2-6-29   立式升降台铣床

3. 龙门铣床

龙门铣床是一种大型高效通用机床，如图 2-6-30 所示。它在结构上呈框架式结构布局，具有较高的刚度及抗震性。在横梁及立柱上均安装有铣削头，每个铣削头都是一个独立的主运动部件，其中包括单独的驱动电机、变速机构、传动机构、操纵机构及主轴等部分。加工时，工作台带动工件作纵向进给运动，其余运动由铣削头实现。

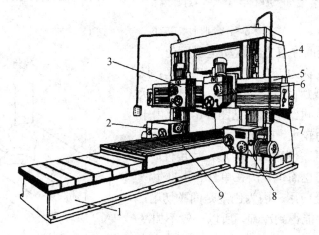

1—床身；
2、8—侧铣头；
3、6—立铣头；
4—立柱；
5—横梁；
7—操纵箱；
9—工作台。

图 2-6-30　龙门铣床

龙门铣床主要用于大中型工件的平面、沟槽加工，可以对工件进行粗铣、半精铣，也可以进行精铣加工。由于龙门铣床上可以用多把铣刀同时加工几个表面，所以它的生产效率很高，在成批和大量生产中得到广泛的应用。

二、刨削加工与设备

(一) 刨削加工的特点及应用

刨削是在刨床上用刨刀对工件作水平相对直线往复运动的切削加工方法。其基本工作内容有刨平面、刨垂直面、刨斜面、刨 V 形槽、刨燕尾槽、刨成形表面等。图 2-6-31 所示为刨削加工的范围。刨削加工的精度一般可达 IT10～IT8，表面粗糙度可达 $Ra\ 6.3\sim1.6\ \mu m$。

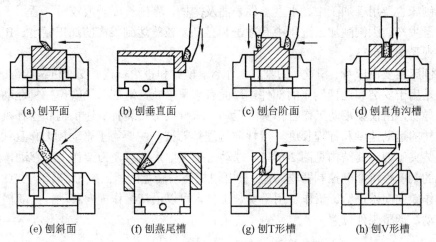

(a) 刨平面　　　(b) 刨垂直面　　　(c) 刨台阶面　　　(d) 刨直角沟槽

(e) 刨斜面　　　(f) 刨燕尾槽　　　(g) 刨T形槽　　　(h) 刨V形槽

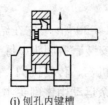

(i) 刨曲面　　　　(j) 刨孔内键槽　　　　(k) 刨齿条　　　　(l) 刨复合表面

图 2-6-31　刨削加工范围

刨削时，刨刀(或工件)的往复直线运动是主运动，刨刀前进时切下切屑的行程，称为工作行程或切削行程；反向退回的行程，称为回程或返回行程。刨刀(或工件)每次退回后作间歇横向移动称为进给运动，见图 2-6-32。由于往复运动在反向时，惯性力较大，限制了主运动的速度不能太高，因此生产效率较低。刨床结构简单，适用性好，价格低廉，使用方便，刨刀也简单，故在单件、小批生产及加工狭长平面时仍然广泛应用。因为刨削是间歇切削，速度低，回程时刀具、工件能得到冷却，所以一般不加冷却液。

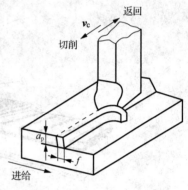

图 2-6-32　刨削运动和刨削用量

(二) 刨削的切削参数

刨削参数包括：刨削深度、进给量和切削速度。

刨削深度 a_p：刨刀在一次行程中从工件表面切下的材料厚度。单位为 mm。

进给量 f：刨刀或工件每往复一次，刨刀和工件之间相对移动的距离。单位为 mm/dst。

切削速度 v_c：指工件和刨刀在切削时相对运动的速度大小。这个速度在龙门刨床上是指工件台(工件)移动的速度，在牛头刨床或插床上是指滑枕(刀具)移动的速度。

(三) 刨削加工的设备

1. 牛头刨床

牛头刨床主要用于加工中、小型工件表面及沟槽，刨削长度一般较短，适用于单件加工或小批量生产。因刨削加工过程中有冲击和振动，较难达到很高的加工精度。B6065 牛头刨床外观见图 2-6-33。

牛头刨床主要由床身、滑枕、刀架、工作台、横梁和进给机构、变速机构等部分组成。

床身是用于安装和连接刨床的部件，顶面有水平导轨，滑枕沿导轨作往复运动；前侧面有垂直导轨，由横梁带动工作台作升降运动。床身内部安装有变速机构和摆杆机构，可以调整滑枕的运动速度和行程长度。滑枕前端连接刀架，主要用于带动刨刀作直线运动。刀架用于装夹刨刀，其结构见图 2-6-34。摇动刀架顶部手柄可使刀架作上下移动，通过和手柄连动的刻度盘可准确控制背吃刀量；松开滑板座与转盘的紧固螺母，转动一定的角度，可使刨刀作斜向间歇进给。工作台用于安装工件，可以沿横梁作横向移动，并随横梁一起作升降运动，调整工件位置。

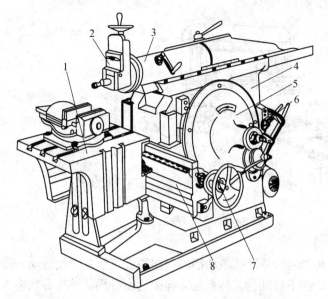

1—工作台；
2—刀架；
3—滑枕；
4—床身；
5—摆杆机构；
6—变速机构；
7—进刀机构；
8—横梁。

图 2-6-33　B6065 牛头刨床

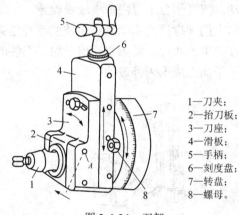

1—刀夹；
2—抬刀板；
3—刀座；
4—滑板；
5—手柄；
6—刻度盘；
7—转盘；
8—螺母。

图 2-6-34　刀架

2. 龙门刨床

龙门刨床主要用于加工大型或重型零件上的各种平面、沟槽和各种导轨面。工件的长度可达十几米甚至更长，也可在工作台上一次装夹多个中小型零件进行多件加工，还可以用多把刨刀同时刨削，从而大大提高了生产率。大型龙门刨床往往还附有铣头和磨头等部件，以便使工件在一次装夹中完成刨、铣、磨等工作。与普通牛头刨床相比，其形体大，结构复杂，刚性好，加工精度也比较高。图 2-6-35 所示为龙门刨床的外形图。

龙门刨床的主运动是工作台 9 沿床身的水平导轨所作的直线往复运动。床身 10 的两侧固定有左右立柱 3 和 7，两立柱顶端用顶梁 4 连接，形成结构刚性较好的龙门框架。横梁 2 上装有两个垂直刀架 5 和 6，可在横梁导轨上沿水平方向作进给运动。横梁 2 可沿左右立柱的导轨上下移动，以调整垂直刀架的位置，加工时由夹紧机构夹紧在两个立柱上。左右立柱上分别装有左、右侧刀架 1 和 8，可分别沿立柱导轨作垂直进给运动，以加工侧面。

刨削加工时，返程不切削，为避免刀具碰伤工件表面，龙门刨床刀架夹持刀具的部分设有返程自动让刀装置，通常为电磁式。龙门刨床的主参数是最大刨削宽度。

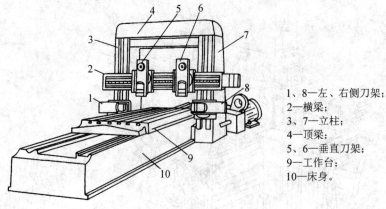

1、8—左、右侧刀架;
2—横梁;
3、7—立柱;
4—顶梁;
5、6—垂直刀架;
9—工作台;
10—床身。

图 2-6-35 龙门刨床

3. 插床

插床又称立式刨床,其主运动是滑枕带动插刀所作的上下往复直线运动。图 2-6-36 所示为插床的外形图。滑枕 2 向下移动为工作行程,向上为空行程。滑枕导轨座 3 可以绕销轴 4 在小范围内调整角度,以便加工倾斜的内外表面。床鞍 6 和溜板 7 可以分别带动工件实现横向和纵向的进给运动,圆工作台 1 可绕垂直轴线旋转,实现圆周进给运动或分度运动。圆工作台 1 在各个方向上的间歇进给运动是在滑枕空行程结束后的短时间内进行的。圆工作台的分度运动由分度装置 5 实现。插床主要用于加工工件的内部表面,如多边形孔或孔内键槽等,有时候也用于加工成形内外表面。

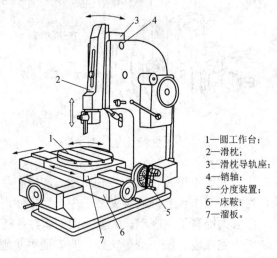

1—圆工作台;
2—滑枕;
3—滑枕导轨座;
4—销轴;
5—分度装置;
6—床鞍;
7—溜板。

图 2-6-36 插床

插床加工范围较广,加工费用也比较低,但其生产率不高,对工人的技术要求较高。因此,插床一般适用于在工具、模具、修理或试制车间等进行单件小批量生产。

三、平面磨削加工与设备

(一) 平面磨削的特点及应用

磨削平面是在平面磨床上进行的。磨削时,砂轮的高速旋转是主切削运动,机床的其他运动分别为纵向、横向(圆周)和垂直进给运动，工件一般用磁力工作台直接安装。

平面磨削一般有两种形式：一种是用砂轮的周边进行磨削，简称周磨；另一种是用砂轮的端面进行磨削，简称端磨。如图 2-6-37 所示，端磨时因为砂轮与工件的接触面积大，即同时参加切削的磨粒数多，因此它的生产效率较周磨高；但端磨时砂轮与工件的接触面积大，磨削热量高，冷却和排屑困难，磨粒磨损不均匀，而周磨不存在端磨时的不利因素，所以周磨磨削质量较高，适合于精磨。

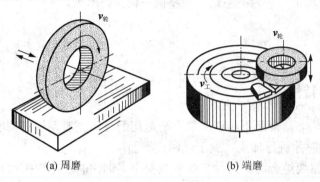

(a) 周磨　　　　　　　　　　　(b) 端磨

图 2-6-37　磨平面

平面磨削常作为铣、刨削平面后的精加工，在平面磨床上进行，主要用于中、小零件高精度表面和淬硬平面加工。加工精度可达 IT7～IT6，表面粗糙度 Ra 值可达 0.2～0.8 μm。

(二) 平面磨削的设备

根据磨削方式和机床布局的不同，平面磨床主要有卧轴矩台平面磨床、卧轴圆台平面磨床、立轴圆台平面磨床和立轴矩台平面磨床四种类型。

图 2-6-38 所示是使用较为普遍的卧轴矩台平面磨床。卧轴矩台平面磨床一般由床身工作台、砂轮架及机械、液压传动机构等部分组成。在工作台上装置着电磁吸盘，用来装夹工件，工作台可沿床身的顶面导轨做纵向往复运动，砂轮架可作周期性的横向进给运动，砂轮架可沿立柱的导轨作垂直进给运动。

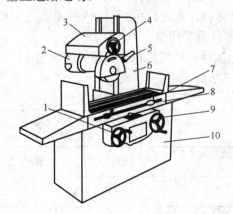

1—纵向移动手轮；2—主电动机；3—砂轮架；4—横向移动手轮；5—砂轮修正器；
6—立柱；7—行程挡块；8—工作台；9—垂直进给手轮；10—床身。

图 2-6-38　卧轴矩台平面磨床

任务结论

　　六边形立柱中尺寸精度最高的是尺寸 80，公差等级为 IT6，粗糙度最低为 $Ra0.8$。普通铣床的加工精度无法达到，因此六边形立柱的加工方法为铣削+磨削，加工设备选择立式铣床和平面磨床。

　　六边形立柱的加工方案为：粗铣→半精铣→精铣→磨削。

能力拓展

一、平面的使用特性

　　(1) 非结合面。非结合面不与任何零件表面相配合，一般无加工精度要求，只有当表面为了防腐和美观时才进行加工，属于低精度平面。

　　(2) 结合面和重要结合面。这种平面多数用于零部件的固定连接面，如车床主轴箱、进给箱与床身的连接平面，属于中等精度平面。

　　(3) 导向平面。如机床的导轨面等，这种平面的精度和表面质量要求高。

　　(4) 精密测量工具的工作面等。

　　平面的加工方法主要有车削、铣削、刨削、磨削、研磨和刮削等。

平面的加工

二、平面的加工方案

　　平面加工方法的选择，应根据平面的精度、表面粗糙度要求以及零件的结构和尺寸、材料性能、热处理要求、生产批量等来确定。

　　(1) 结合面，一般采用粗铣、粗刨或粗车的方法。

　　(2) 重要结合面，粗铣→精铣或粗刨→精刨即可；精度要求较高的，需磨削或刮削；盘类零件的结合面，如法兰的端面，一般采用粗车→半精车→精车的方法。

　　(3) 精度较高的板块状零件，如定位用的平行垫铁等，常用粗铣(刨)→精铣(刨)→磨削的方案。量块等高精度的零件尚需研磨。

　　(4) 韧性较大的有色金属件，一般用粗铣→精铣或粗刨→精刨方案。

　　平面的加工方案参考表 2-6-5。

表 2-6-5　平面加工方案

序号	加 工 方 法	经济精度 (公差等级表示)	经济粗糙度 Ra/μm	适用范围
1	粗车	IT13～IT11	50～12.5	
2	粗车→半精车	IT10～IT8	6.3～3.2	端面
3	粗车→半精车→精车	IT8～IT7	1.6～0.8	
4	粗车→半精车→磨削	IT8～IT6	0.8～0.2	

序号	加 工 方 法	经济精度(公差等级表示)	经济粗糙度 Ra/μm	适用范围
5	粗刨(粗铣)	IT13～IT11	25～6.3	一般不淬硬平面(端铣表面粗糙度 Ra 较小)
6	粗刨(粗铣)→精刨(精铣)	IT10～IT8	6.3～1.6	
7	粗刨(粗铣)→精刨(精铣)→刮研(尽量不用)	IT7～IT6	0.8～0.1	精度要求较高的不淬硬平面,批量较大时宜采用宽刃精刨方案
8	以宽刃精刨代替上述刮研	IT7	0.8～0.2	
9	粗刨(粗铣)→精刨(精铣)→磨削	IT7	0.8～0.2	精度要求较高的淬硬平面或不淬硬平面
10	粗刨(粗铣)→精刨(精铣)→粗磨→精磨	IT7～IT6	0.4～0.025	
11	粗铣→拉	IT9～IT7	0.8～0.2	大量生产,较小的平面(精度由拉刀的精度决定)
12	粗铣→精铣→磨削→刮研	IT5 以上	0.025～0.006(或 Rz0.05)	高精度平面

任务3　套筒内壁的加工

任务要求

(1) 确定表 2-6-1 中图 2-6-3 所示套筒内壁的加工方法和设备;
(2) 确定该套筒内壁的加工方案。

知识引入

孔是组成零件的基本表面之一,孔加工经常在钻床和车床上进行,也可以在镗床或铣床上进行。

一、钻削加工与设备

(一) 钻削加工

常用的钻床有台式钻床、立式钻床和摇臂钻床。钻削时,钻头工作部分处在已加工表面的包围中,容易产生引偏、排屑困难和切削热不易传散等问题,因此钻削刀具在设计时应将刚度和强度、容屑和排屑、导向和冷却润滑等考虑在内。常用的钻削刀具是标准麻花钻,它用于在实体材料上加工低精度的孔,有时也用于扩孔。麻花钻的结构如图 2-6-39 所示。

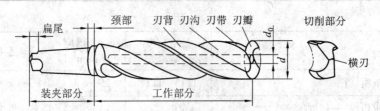

图 2-6-39 麻花钻的结构

(1) 装夹部分：装夹部分用于与机床的连接并传递动力，包括钻柄与颈部。

(2) 工作部分：工作部分用于导向、排屑，也是切削部分的后备部分。

(3) 切削部分：切削部分是指钻头前端有切削刃的部分。切削部分由两个前刀面、后刀面、副后刀面组成。

麻花钻在制造中控制的尺寸与角度叫做麻花钻的结构参数，它们都是确定麻花钻几何形状的独立参数，其包括以下几项：

(1) 直径 d：直径 d 指在切削部分测量的两刃带间距离。

(2) 直径倒锥：远离切削部分的直径逐渐减小，形成倒锥，以减小刃带与孔壁的摩擦，相当于副偏角。

(3) 钻心直径 d_0：钻心直径 d_0 指与两刃沟底相切圆的直径。

(4) 螺旋角 ω：螺旋角 ω 指钻头刃带棱边螺旋线展开成的直线与钻头轴线的夹角。

在各类机器零件上经常需要进行钻孔，因此钻削的应用还是很广泛的。但由于钻削的精度较低，表面较粗糙，一般加工精度在 IT10 以下，表面粗糙度 Ra 值大于 12.5 μm，生产效率也比较低，因此，钻孔主要用于粗加工，例如精度和粗糙度要求不高的螺钉孔、油孔和螺纹底孔等。但精度和粗糙度要求较高的孔，也要以钻孔作为预加工工序。单件、小批生产中，中小型工件上的小孔(一般 $D < 13\,\mathrm{mm}$)常用台式钻床加工，中小型工件上直径较大的孔(一般 $D < 50\,\mathrm{mm}$)常用立式钻床加工；大中型工件上的孔应采用摇臂钻床加工；回转体工件上的孔多在车床上加工。

(二) 扩孔和铰孔

扩孔是用于扩大孔径、提高孔质量的一种孔加工方法。它可用于孔的最终加工或铰孔、磨孔前的预加工。扩孔的加工精度为 IT10～IT9，表面粗糙度 Ra 值为 6.3～3.2 μm。如图 2-6-40 所示，扩孔钻与麻花钻相似，但齿数较多，一般有 3～4 齿，因而导向性好。

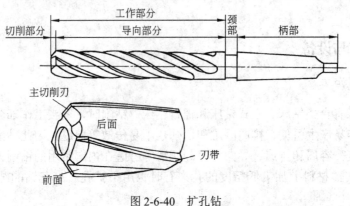

图 2-6-40 扩孔钻

铰孔用于中小直径孔的半精加工和精加工。铰孔加工时加工余量小，刀具齿数多、刚性和导向性好，铰孔的加工精度可达 IT7～IT6 级，甚至可至 IT5 级。表面粗糙度可达 $Ra1.6～Ra0.4$，所以得到广泛应用。铰刀的结构如图 2-6-41 所示，铰刀由工作部分、颈部和柄部组成。工作部分有切削部分和校准部分，校准部分有圆柱部分和倒锥部分。铰刀的主要结构参数有直径 d、齿数 z、主偏角 κ_r、背前角 γ_p、后角 α_o 和槽形角 θ。

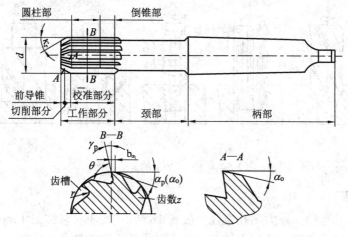

图 2-6-41 铰刀的结构

(三) 攻丝和套扣

攻丝也称攻螺纹，是用丝锥在光孔内加工出内螺纹的方法。丝锥的结构如图 2-6-42 所示，它是一段开了槽的外螺纹，由切削部分、校准部分和柄部组成。在钻床上攻丝时，柄部传递机床的扭矩，切削完毕钻床主轴需立即反转，用以退出丝锥。

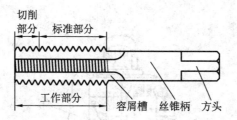

图 2-6-42 丝锥

用板牙在圆杆表面上切出完整的螺纹，称为套扣。板牙的结构如图 2-6-43 所示，可任选一面套扣。

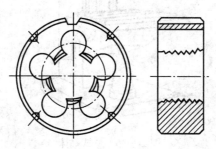

图 2-6-43 板牙

(四) 钻削加工设备

钻床主要用于在实心材料上加工孔，也可以进行扩孔、铰孔、攻螺纹、倒角、锪孔、锪平面等。图 2-6-44 是钻床加工的几种典型工艺。

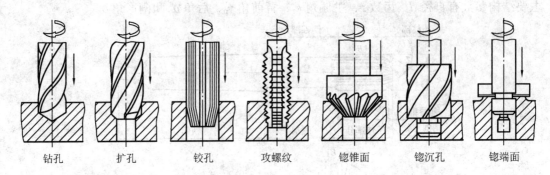

钻孔　　　扩孔　　　铰孔　　　攻螺纹　　　锪锥面　　　锪沉孔　　　锪端面

图 2-6-44　钻床加工的典型工艺

1. 台式钻床

台式钻床简称台钻，最大钻孔直径一般在 16 mm，最小可以加工 1 mm 以下的孔。台钻小巧、灵活，使用方便，适用于加工单件小批量的小型零件上的各种小孔。

2. 立式钻床

图 2-6-45 所示为立式钻床的外形图。加工时工件直接或通过夹具安装在工作台上，主轴的旋转运动由电动机经变速箱传动。加工时主轴既作旋转的主运动，又作轴向的进给运动。工作台和进给箱可沿立柱上的导轨调整其上下位置，以适应在不同高度的工件上进行钻削加工。立式钻床不适于加工大型零件，生产效率也不高，常用于单件、小批生产的中小型工件。

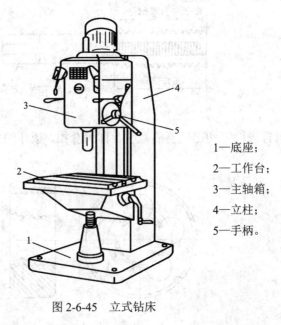

1—底座；
2—工作台；
3—主轴箱；
4—立柱；
5—手柄。

图 2-6-45　立式钻床

3. 摇臂钻床

摇臂钻床是一种摇臂可绕立柱回转和升降，主轴箱又可在摇臂上作水平移动的钻床。图 2-6-46 所示为摇臂钻床外形图。主轴很容易被调整到所需的加工位置上，这就为在单件、小批生产中加工大而重的工件上的孔带来了很大的方便。

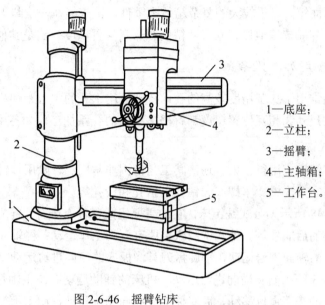

1—底座；
2—立柱；
3—摇臂；
4—主轴箱；
5—工作台。

图 2-6-46　摇臂钻床

二、镗削加工与设备

(一) 镗削加工的特点及应用

利用钻、扩、铰及车床上镗等方法加工孔只能保证孔本身的形状尺寸精度。而对于一些复杂工件(如箱体、支架等)上有若干同轴度、平行度及垂直度等位置精度要求的孔(称为孔系)，上述加工方法难以保证其各种精度，必须在镗床上加工。镗床可保证孔系的形状、尺寸和位置精度等。

镗削加工所用刀具为镗刀，镗刀分单刃镗刀和双刃镗刀两种结构形式。

1. 单刃镗刀

如图 2-6-47 所示单刃镗刀，它有结构简单、制造方便、通用性好等优点。

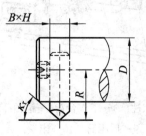

图 2-6-47　单刃镗刀

2. 双刃镗刀

双刃镗刀有两个切削刃参加切削，背向力互相抵消，不易引起振动。常用的有固定式镗刀块、滑槽式双刃镗刀和浮动镗刀等。

在镗床上除可进行一般孔的钻、扩、铰、镗外，还可以车端面、车外圆、车螺纹、车沟槽、铣平面等。对于较大的复杂箱体类零件，镗床能在一次装夹中完成各种孔和箱体表面的加工，并能较好地保证其尺寸精度和形状位置精度，这是其他机床难以胜任的。

(二) 镗削加工设备

镗床通常用于加工精度较高的孔，特别适用于孔的中心距和相互位置精度、孔的中心至基准面的尺寸和相互位置精度都有严格要求的孔系加工，如各种变速箱的轴承孔。

1. 卧式铣镗床

卧式铣镗床应用得较为普遍，其工艺范围非常广泛，除用作镗孔外，还可铣端面、车凸缘的外圆、车沟槽、车螺纹、钻孔、扩孔和铰孔等。

图 2-6-48 所示为卧式铣镗床，它的主要组成部件有床身、前立柱、主轴箱、工作台和带后支撑架的后立柱等。卧式铣镗床主要有下列工作运动：镗轴 4 和平旋盘 5 的旋转主运动，镗轴 4 的轴向进给运动，平旋盘刀具溜板 6 的径向进给运动，主轴箱 8 的垂直进给运动，工作台 3 的纵向和横向进给运动。机床的辅助运动有：主轴箱 8、工作台 3 等在进给运动方向上的快速调位移动，后立柱 2 的纵向调位移动，后支承架 1 的垂直调位移动，以及工作台 3 的转位运动。

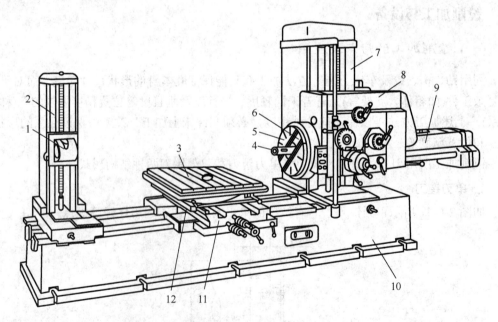

1—后支承架；2—后立柱；3—工作台；4—镗轴；5—平旋盘；6—溜板；
7—前立柱；8—主轴箱；9—后尾筒；10—床身；11—下滑座；12—上滑座。

图 2-6-48　卧式铣镗床

在卧式铣镗床上镗孔，其坐标位置由垂直移动的主轴箱和横向移动工作台来确定。机床上具有测量主轴箱(主轴)和工作台(工件)位移量的坐标测量装置，以实现刀具与工件的精确定位。

2. 坐标镗床

坐标镗床的特点是，除了机床主要零部件的制造精度和装配精度很高，并具有良好的刚性和抗震性外，还具有精密测量装置，以提高刀具、工件移动时的坐标位置精度，所以，坐标镗床主要用于镗削精密孔。这些孔除了本身的精度要求很高外，孔的中心距、孔至某一基面的距离或几个孔相互间的位置精度要求都非常精确，例如钻模、镗模和检具上的精密孔。近年来，坐标镗床也在生产车间中用作加工中小批量的精密孔系的零件。

坐标镗床的工艺范围很广，除镗孔外，它还可进行钻孔、扩孔、铰孔、精铣平面、切槽、精密刻度、样板的精密划线、孔距及直线尺寸的精密测量等工作，因此，坐标镗床是一种用途比较广泛的精密机床。如图 2-6-49 所示为卧式坐标镗床。

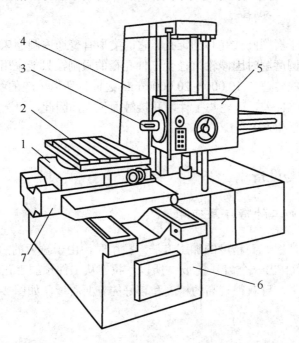

1—上滑座；2—回转工作台；3—主轴；4—立柱；
5—主轴箱；6—床身；7—下滑座。

图 2-6-49 卧式坐标镗床

三、内圆磨削加工与设备

(一) 内圆磨削加工的特点及应用

磨内圆可在普通内圆磨床、万能外圆磨床上完成。如图 2-6-50 所示，由于砂轮及砂轮杆的结构受到工件孔径的限制，其刚度一般较差，且磨削条件也较外圆差，故其生产效率相对较低，加工质量也不如外圆磨削。万能外圆磨床兼有普通外圆磨床和普通内圆磨床的功能，故尤其适于磨削内外圆同轴度要求很高的工件。

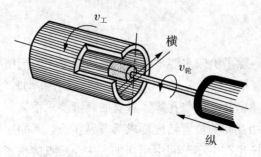

图 2-6-50　内圆磨削

内圆磨削加工精度可达 IT7，表面粗糙度 Ra 值可达 $1.6\sim0.4\ \mu m$。内圆磨削加工适用于加工硬度较高尤其是淬火后高硬度的孔。

(二) 内圆磨削加工设备

内圆磨床主要用于磨削圆柱孔和圆锥孔，它的类型有普通内圆磨床、无心内圆磨床和行星式内圆磨床。内圆磨削时因砂轮直径受工件孔径的限制，只能采用较小直径的砂轮。目前，一般内圆磨头的转速在 $10\,000\sim20\,000\ r/min$ 之间，所以砂轮的线速度较低。另外，因为砂轮轴细而长，刚性差，砂轮与工件内孔接触面积大，因此，内圆磨削的生产效率较低，大多用于单件小批生产。

四、内圆拉削加工与设备

(一) 内圆拉削加工的特点及应用

拉削是一种高生产率、高精度的加工方法。拉削时，由于拉刀的后一个(或一组)刀齿比前一个(或一组)刀齿高出一个齿升量 a_f，所以，拉刀从工件预加工孔内通过时，把多余的金属一层一层地切去，可获得较高的精度和较好的表面质量，如图 2-6-51 所示。

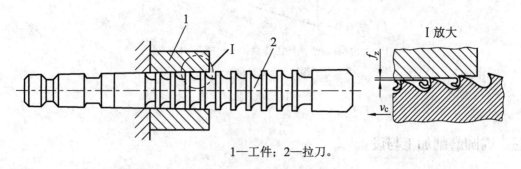

1—工件；2—拉刀。

图 2-6-51　拉削

拉削与其他加工方法比较，具有以下特点：

(1) 生产率高。拉刀是多齿刀具，同时参加切削的齿数多，切削刃长度大，一次行程可完成粗、半精和精加工，因此生产率很高。在加工形状复杂的表面时，效果更加显著。

(2) 拉削的工件精度和表面质量好。由于拉削时切削速度很低(一般为 $v_c=1\sim8$ m/min)，拉削过程平稳，切削厚度小(一般精切齿齿升量为 $0.005\sim0.015$ mm)，因此可加工出精度为 IT7、表面粗糙度不大于 $Ra\,0.8\,\mu m$ 的工件。

(3) 拉刀使用寿命长。由于拉削速度低，而且每个刀齿实际参加切削的时间很短，因此，切削刃磨损慢，使用寿命长。

(4) 拉削运动简单。拉削只有主运动，进给运动由拉刀的齿升量完成，所以，拉床的结构很简单，但拉刀的结构比较复杂。

(二) 内圆拉削设备

内拉刀用于加工内表面。常见的有圆孔拉刀、花键拉刀、方孔拉刀和键槽拉刀等。一般内拉刀刀齿的形状都做成被加工孔的形状，如图 2-6-52 所示。

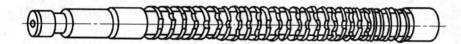

(a) 圆孔拉刀

(b) 方孔拉刀

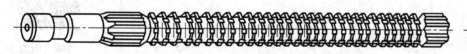

(c) 花键拉刀

图 2-6-52 内拉刀

普通圆孔拉刀的结构如图 2-6-53 所示。

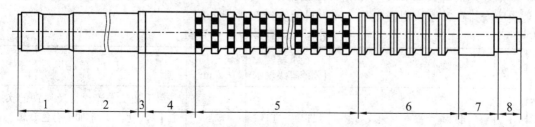

1—柄部；2—颈部；3—过渡锥；4—前导部；

5—切削部；6—校准部；7—后导部；8—支托部。

图 2-6-53 拉刀的结构

(1) 柄部：供拉床夹头夹持以传递动力。

(2) 颈部：连接柄部与其后各部分，也是打标记的位置。

(3) 过渡锥：引导拉刀能顺利进入工件的预制孔中。

(4) 前导部：引导拉刀进入将要切削的正确位置，起导向和定心作用。

(5) 切削部：承担全部余量的切除，由粗切齿、过渡齿和精切齿组成。

(6) 校准部：由几个直径都相同的校准齿组成，起修光和校准作用，并作为精切齿的后备齿。

(7) 后导部：保持拉刀最后的正确位置，防止刀齿切离工件时因工件下垂而损坏已加工表面或刀齿。

(8) 支托部：对于长而重的拉刀，用以支撑并防止拉刀下垂。

拉床按其加工表面所处的位置，可分为内表面拉床(内拉床)和外表面拉床(外拉床)。按拉床的结构和布局形式，又可分为立式拉床、卧式拉床、连续式(链条式)拉床等。

任务结论

套筒内壁原始孔径为ϕ20，因此无需进行钻孔；若将孔直径增加至ϕ24，可通过扩孔或镗孔的方式。因尺寸ϕ24公差等级为IT7，粗糙度为Ra1.6，若采用扩孔的方式后续还需进行镗削精加工；如采用镗削的方式，只需在镗床上进行加工即可，无需更换加工设备，进而保证加工精度。因此套筒内壁的加工方法为镗削，加工设备选择卧式镗床。

故套筒内壁加工方案为粗镗→半精镗→精镗。

能力拓展

内圆表面即孔，是盘套、支架和箱体等类零件的重要表面之一。孔的加工方法很多，常用的加工方法有钻孔、扩孔、铰孔、镗孔、拉孔、磨孔以及光整加工的研磨孔和珩磨孔等。

内圆表面的
加工

孔加工方法的选择除根据工件材料、生产批量、孔的精度、表面粗糙度以及热处理要求外，还应根据孔径大小和长径比来选择孔的加工方案。孔的加工方案见表2-6-6。

钢件如需调质处理时，对钻、铰孔方案调质应安排在钻削之后；对镗削或镗、磨方案调质应安排在钻削或粗镗之后。淬火只能安排在磨削之前。

表2-6-6　内圆表面加工方案

序号	加 工 方 法	经济精度 (公差等级表示)	经济粗糙度 Ra/μm	适 用 范 围
1	钻	IT13～IT11	12.5	用于加工未淬火钢及铸铁的实心毛坯，也可用于加工有色金属，孔径小于 15～20 mm
2	钻→铰	IT10～IT8	6.3～1.6	
3	钻→粗铰→精铰	IT8～IT7	1.6～0.8	

续表

序号	加工方法	经济精度 (公差等级表示)	经济粗糙度 $Ra/\mu m$	适用范围
4	钻→扩	IT11～IT10	12.5～6.3	用于加工未淬火钢及铸铁的实心毛坯，也可用于加工有色金属，孔径大于 15～20 mm
5	钻→扩→铰	IT9～IT8	3.2～1.6	
6	钻→扩→粗铰→精铰	IT7	1.6～0.8	
7	钻→扩→机铰→手铰	IT7～IT6	0.4～0.2	
8	钻→扩→拉	IT9～IT7	1.6～0.1	用于大批大量生产(精度由拉刀的精度决定)
9	粗镗(或扩孔)	IT13～IT11	12.5～6.3	除淬火钢以外各种材料，毛坯有铸出孔或锻出孔
10	粗镗(粗扩)→半精镗(精扩)	IT10～IT9	3.2～1.6	
11	粗镗(粗扩)→半精镗(精扩)→精镗(铰)	IT8～IT7	1.6～0.8	
12	粗镗(粗扩)→半精镗(精扩)→精镗→浮动铰刀精镗	IT7～IT6	0.8～0.4	
13	粗镗(扩)→半精镗→磨孔	IT8～IT7	0.8～0.2	主要用于淬火钢，也可用于未淬火钢，但不宜用于有色金属
14	粗镗(扩)→半精镗→粗磨→精磨	IT7～IT6	0.2～0.1	
15	粗镗→半精镗→精镗→精细镗(金刚镗)	IT7～IT6	0.4～0.05	主要用于精度要求较高的有色金属加工
16	钻→(扩)→粗铰→精铰→珩磨； 钻→(扩)→拉→珩磨； 粗镗→半精镗→精镗→珩磨	IT7～IT6	0.2～0.025	用于精度要求很高的孔
17	以研磨代替上述方法的珩磨	IT6～IT5	0.1～0.006	

 思 考 与 练 习

1. 名词解释：切削运动、切削用量、切削厚度、基面、前角。
2. 一般情况下，刀具切削部分的材料应具有哪些基本性能？

3. 普通高速钢有哪些主要种类？其主要性能特点和应用范围如何？

4. 简要分析刀具积屑瘤对切削过程的影响及其控制方法。

5. 试分析车、铣、钻、磨削的切削速度有何异同。

6. 比较顺铣与逆铣对切削过程的影响。

7. 简述端铣时的铣削方式。

8. 简述磨削过程的特点。

项目七　冲压模具零件加工工艺规程的制订

项目体系图

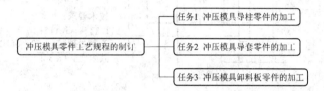

项目描述

本项目以冲压模具导柱零件、冲压模具导套零件、冲压模具卸料板零件为加工对象，进行机械加工工艺规程的制订。通过本项目的任务训练，同学们可掌握机械加工工艺相关概念；能够根据零件的结构及技术要求合理选择相应的加工方法，进行加工工艺规程的制订。

任务工单

本项目以导柱零件、导套零件以及卸料板零件为研究对象，确定零件的加工方案，制订零件的加工工艺规程。如表 2-7-1 所示。

表 2-7-1　冲压模具零件加工工艺规程的制订任务工单

任务 1	冲压模具导柱零件的加工
任务描述	图 2-7-1 所示为导柱零件图，材料为 GCr15，轴类零件，需制订其加工工艺规程
加工要求	图 2-7-1　导柱
任务要求	① 明确技术要求；② 确定毛坯；③ 确定定位基准；④ 确定加工方法；⑤ 制订加工工艺规程

任务 2	冲压模具导套零件的加工
任务描述	图 2-7-2 所示为导套零件图，材料为 GCr15，套筒类零件，需制订其加工工艺规程
加工要求	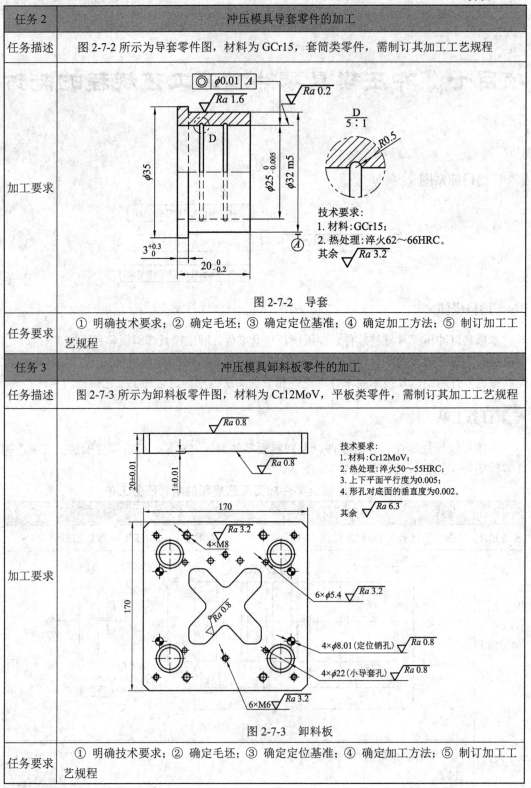
任务要求	① 明确技术要求；② 确定毛坯；③ 确定定位基准；④ 确定加工方法；⑤ 制订加工工艺规程
任务 3	冲压模具卸料板零件的加工
任务描述	图 2-7-3 所示为卸料板零件图，材料为 Cr12MoV，平板类零件，需制订其加工工艺规程
加工要求	
任务要求	① 明确技术要求；② 确定毛坯；③ 确定定位基准；④ 确定加工方法；⑤ 制订加工工艺规程

图 2-7-2　导套

技术要求：
1. 材料：GCr15；
2. 热处理：淬火 62～66HRC。
其余 $\sqrt{Ra\ 3.2}$

技术要求：
1. 材料：Cr12MoV；
2. 热处理：淬火 50～55HRC；
3. 上下平面平行度为 0.005；
4. 形孔对底面的垂直度为 0.002。
其余 $\sqrt{Ra\ 6.3}$

4×M8
6×ϕ5.4
4×ϕ8.01（定位销孔）
4×ϕ22（小导套孔）
6×M6

图 2-7-3　卸料板

教学目标

知识目标：

(1) 掌握制订工艺规程的原则和步骤；

(2) 掌握零件的工艺分析方法和毛坯选择原则；

(3) 熟悉典型零件的加工工艺规程；

(4) 了解零件的生产过程。

能力目标：

(1) 能够正确区分加工过程中的工序、工步、走刀、安装和工位等；

(2) 能够制订简单零件的加工工艺规程。

素质目标：

(1) 培养学生勇于奋斗、乐观向上的精神，提高自我管理能力，有较强的集体意识和团队合作精神；

(2) 培养学生具有生产质量意识、环保意识、安全意识；

(3) 培养学生独立分析和解决问题的能力，培养学生的工匠精神和创新思维。

知识链接

一、生产过程与机械加工工艺过程

(一) 生产过程

机械产品在生产时，把原材料(或半成品)转变为成品的全过程称之为生产过程。机械产品可以是某种零部件，也可以是整台机器。机械产品的生产过程一般包括：前期生产与技术准备；毛坯制造；零件加工；产品装配与调试；生产服务，如原材料、外购件和工具的供应、运输、保管等。以冲压模具的生产为例，依次需要进行生产计划的编制；冲压工艺及模具结构设计；模具相关零部件的加工、采购；模具的装配与调试；验收模具。

机械产品的生产过程一般比较复杂，很多产品并不一定在一个工厂单独生产，而是由许多专业工厂共同完成的，并且在时间和空间上往往是并行生产的。例如：模具制造需要用到板材、铸件、锻件、标准件、非标件等，而这些生产资料通常都是在不同的制造工厂生产加工的，并且同时生产甚至提前生产。

(二) 机械加工工艺过程

工艺过程是指在生产过程中改变生产对象的形状、尺寸、相对位置和性质等，使其成为成品或半成品的方法和过程。如毛坯的制造、机械加工、热处理、装配等均为工艺过程。

在工艺过程中，若用机械加工的方法直接改变生产对象的形状、尺寸和表面质量，使之成为合格零件的工艺过程，称为机械加工工艺过程。机械加工工艺过程对零件的成本、质量、生产率及生产周期等起着重要的影响，是整个工艺过程的重要组成部分。

(三) 机械加工工艺过程的组成

一个零件的加工，需要使用不同的设备和加工方法，按照一定的加工顺序进行加工。机械加工工艺过程就是由这些工序组成的，而每个工序又可包含安装、工位、工步和行程。

1. 工序

一个或一组工人，在一个工作地对一个或同时对几个工件所连续完成的那一部分工艺过程，称为工序。也就是说划分工序的依据是工作地点是否变化和工作是否连续，只要工人、工作地点、工作对象之一发生变化或不连续，则称为另一道工序。比如加工一个零件时分别使用了铣床和钻床，那么就可以说该零件的加工依次包含铣削工序和钻孔工序。

2. 安装

工件在加工前，在机床或夹具上先定位(占据正确位置)，然后再夹紧的过程称为装夹。工件(或装配单元)经一次装夹后所完成的那一部分工序内容称为安装。在同一工序中，工件可能不止安装一次，为减少装夹误差，安装次数越少越好。

3. 工位

工件在机床上所占据的每一个待加工位置称为工位。一个加工工序中可能同时存在多个加工位置，这称为多工位加工。如图 2-7-4 所示，回转台上按顺序完成工件的装卸、钻孔、扩孔和铰孔四个工位的加工。

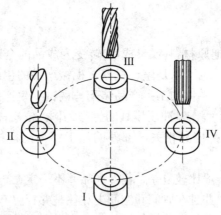

工位 I —装卸；工位 II —钻孔；工位 III —扩孔；工位 IV —铰孔。

图 2-7-4　多工位加工

4. 工步

加工表面(或装配时的连接表面)和加工(或装配)工具不变的条件下所完成的那部分工艺过程称为工步。一个工序可以包含一个工步或几个工步。比如在加工阶梯轴时，如图 2-7-5 所示，先车削表面 1，再车削表面 2，那么此车削工序分为两个工步。另外，为提高加工效率，用多把刀具同时加工一个工件的几个表面，可以看作为一个工步，称为复合工步。如图 2-7-6 所示。

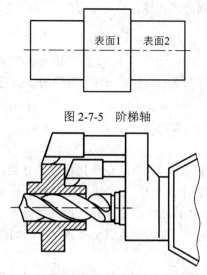

图 2-7-5　阶梯轴

图 2-7-6　复合工步

5. 行程

在一个工步内，有些表面由于加工余量太大，或由于其他原因，需用同一把刀具、同一切削用量对同一表面进行多次切削。这样刀具对工件的每一次切削就称为一次行程(走刀)。一个工步可包括一个或多个行程。

为便于理解，图 2-7-7 分层次展示了工艺过程中各概念之间的相互关系。

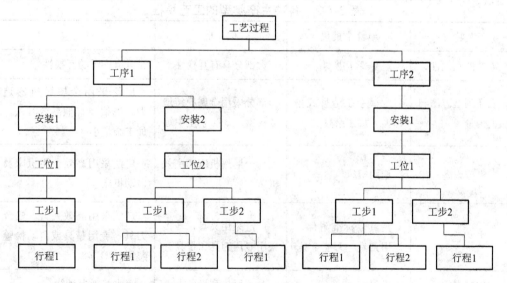

图 2-7-7　工艺过程基本概念分层次展示

二、生产纲领与生产类型

(一) 生产纲领

企业在计划期内应当生产的产品数量和进度计划，称为生产纲领。

零件的年生产纲领按下列公式计算：

$$N=Qn(1+a\%)(1+b\%)$$

式中：N 为零件的生产纲领，单位为(件/年)；Q 为产品的年产量，单位为(台/年)；n 为每台产品中所含该零件的数量，单位为(件/台)；$a\%$ 为零件的备品百分率；$b\%$ 为零件的废品百分率。

(二) 生产类型

生产类型是指企业(或车间、工段)生产专业化程度的分类。按产品的年产量、投入生产的批量，可将生产分为单件(小批量)生产、成批生产和大量生产三种类型。

(1) 单件、小批量生产。产品品种很多，每一产品只做一个或数个，各个工作地的加工对象经常改变，很少重复生产，称为单件、小批量生产。如模具、重型设备、船舶制造、专用设备及新产品试制等。

(2) 成批生产。一年中分批轮流地制造几种不同的产品，每种产品有一定的数量，工作地的加工对象周期性地重复出现，称为成批生产。例如，机床、轻工机械。

(3) 大量生产。产品数量很大，每一个工作地用重复的工序加工某种零件，或以同样方式按期分批更换加工对象，称为大量生产。如汽车、冰箱、空调、自行车等。

生产纲领对生产过程起决定性影响，生产纲领不同，生产的专业化程度、采用的工艺方法、机床设备和工艺装备也不相同。各生产类型的工艺特征如表 2-7-2 所示。

表 2-7-2　各种生产类型的工艺特征

工艺特征	单件小批量	成批	大量
零件的互换性	缺乏互换性	大部分具有互换性	具有广泛的互换性
毛坯制造方法与加工余量	木模手工造型或自由锻，加工余量大	部分采用金属模铸造或模锻，加工余量中等	广泛采用金属模机器造型、模锻或其他高效方法，加工余量小
机床设备	通用机床	部分通用机床和高效机床	广泛采用高效专用机床及自动机床
工艺装备	夹具、标准附件、通用刀具、万能量具	广泛采用夹具，较多采用专用刀具和量具	广泛采用高效夹具、复合刀具、专用量具或自动检验装置
生产组织	机群式	分工段排列设备	流水线或自动线
对工人的技术要求	较高	一定水平	调整工：要求高；操作工：要求低
装配	慢	中	快
成本	较高	中等	较低

三、机械加工工艺规程

(一) 机械加工工艺规程的概念

机械加工工艺规程是规定零件机械加工工艺过程和操作方法等的技术文件。它是指导生产及技术检验等的重要技术文件，是进行生产活动的基础资料。

工艺规程一般包括下列内容：零件加工的工艺路线、各工序的具体内容及所用的设备和工艺装备、零件的检验项目及检验方法、切削用量、时间定额等。

(二) 机械加工工艺规程的格式

1. 机械加工工艺过程卡片

机械加工工艺过程卡片以工序为单位，简要说明零件加工工艺过程。它的内容主要包括：工序号、工序名称及内容、车间、设备、工艺装备、工时定额等内容，如表 2-7-3 所示。它用来指导工人及技术人员掌握零件的加工过程。

表 2-7-3　机械加工工艺过程卡片

		机械加工工艺过程卡片			产品型号	4YZ-3		零件图号	4YZ-3-G6-6		总 10 页	第 1 页
					产品名称	大型四排玉米剥皮机		零件名称	高辊支架回转轴		共 1 页	第 1 页
材料牌号	45	毛坯种类		棒料	毛坯外形尺寸	$\phi 22\times100$	每毛坯可制件数	1	每台件数	16	备注	
工序号	工序名称	工 序 内 容				车间	工段	设备	工艺装备		工时	
											准终	单件
1	下料	车削现有棒料，保证$\phi 22\pm 0.5$，长度70~100				机加工		CA6140	90°外圆车刀 (YT15)、游标卡尺、钢板尺		3min	3min
2	车	粗车一端端面和外圆，保证$\phi 22_{-0.21}^{\ 0}$，长度55±0.3，钻中心孔				机加工		CA6140	90°外圆车刀、游标卡尺、中心钻及钻夹头		7min	7min
3	车	精车外圆，保证$\phi 18_{-0.15}^{-0.10}$及长度55±0.3，并倒角				机加工		CA6140	90°、45°外圆车刀、千分尺		3min	3min
4	车	半精车外圆，保证$\phi 12_{-0.07}^{\ 0}$及长度27.5±0.2				机加工		CA6140	90°外圆车刀、千分尺		7min	7min
5	车螺纹	车螺纹退刀槽2.5，保证$\phi 10\pm 0.2$，17±0.2，车螺纹M12，倒角				机加工		CA6140	2.5宽车槽刀及普通螺纹车刀 (高速钢)、游标卡尺		38min	38min
6	车断	掉头切断，去除多余的棒料，保证总长64±0.3				机加工		CA6140	2.5宽车槽刀、游标卡尺、钢板尺		4min	4min
7	车	粗精车另一端面、外圆，保证$\phi 16\pm 0.5$，长度13±0.2，总长62.5±0.3，倒角				机加工		CA6140	90°、45°外圆车刀、游标卡尺		11min	11min
8	钻	钻螺纹底孔$\phi 8.5$，随后手动攻螺纹M10，并保证相应的深度				机加工		CA6140	$\phi 8.5$麻花钻、M10手动丝锥及铰杠、游标卡尺		11min	11min
9	检验	去毛刺，检验零件各项精度				测量室			废旧小锯条、什锦锉、钢刷、游标卡尺、千分尺、螺纹量规		12min	12min
描图												
描校												
底图号												
装订号												
						设计 (日期)	审核 (日期)	标准化 (日期)	会签 (日期)			
		标记 处数 更改文件号 签字 日期			标记 处数 更改文件号 签字 日期							

2. 机械加工工序卡片

机械加工工序卡片是按机械加工工艺过程卡片中的每一道工序编制的一种工艺文件。它以工序为单位，详细说明零件工艺过程。工序卡片的内容包括：工序图、工步内容、切削用量、进给次数、工时定额、刀具、量具等工艺设备。如表 2-7-4 所示。

表 2-7-4　机械加工工序卡片

机械加工工序卡片		产品型号	4YZ-3	零件图号	4YZ-3-G6-6	总 10 页	第 9 页
		产品名称	大型四排玉米剥皮机	零件名称	高辊支架回转轴	共 1 页	第 1 页

车间	工序号	工序名称	材料牌号
机加工	8	钻	45
毛坯种类	毛坯外形尺寸		每台件数
棒料	$\phi22\times100$		16
设备名称	设备型号	设备编号	同时加工件数
CA1640			1
夹具编号		夹具名称	切削液
		三爪卡盘	无
工位器具编号		工位器具名称	工序工时 准终 12min 单件 12min

工步号	工步内容	工艺设备	主轴转速 r/min	切削速度 m/min	进给量 mm/r	切削深度 mm	进给次数	工步工时 机动	工步工时 辅助
1	钻螺纹底孔$\phi8.5$，保证孔深24	$\phi8.5$麻花钻	200	5.4	手动	4.25	1	3min	2min
2	手动攻螺纹M10，保证螺纹深15	M10手动丝锥1套、攻螺纹用铰杠、螺纹塞规			手动		2	5min	1min

描图 描校 底图号 装订号				设计（日期）	审核（日期）	标准化（日期）	会签（日期）
标记 处数 更改文件号 签字 日期		标记 处数 更改文件号 签字 日期					

(三) 机械加工工艺规程的制订

1. 制订机械加工工艺规程的主要依据

(1) 零件图、反映功能的装配图；

(2) 产品质量检验标准；

(3) 产品的生产纲领；

(4) 企业有关机械加工条件；

(5) 相关国内外工艺技术水平资料；

(6) 有关的标准、手册和图册等。

2. 制订机械加工工艺规程的原则

(1) 所制订的工艺规程要结合本企业的生产实践和生产条件；

(2) 所制订的工艺规程要保证产品质量，并有相当的可靠度；还应力求高效率、低成本；

(3) 所制订的工艺规程随着生产实践检验，工艺技术发展和机床设备更新，应不断地修订，使其更加完善和合理。

3. 制订机械加工工艺规程的步骤

(1) 确定生产纲领；

(2) 分析零件图和技术要求；

(3) 选择材料和毛坯；

(4) 确定主要表面及加工方法；

(5) 合理选择定位基准；

(6) 划分加工阶段及热处理安排；

(7) 确定各工序的加工余量，计算工序尺寸和公差；

(8) 确定各工序所采用的机床、工艺装备、切削用量及时间定额；

(9) 填写工艺文件。

四、零件的工艺分析

(一) 零件的整体分析

在制订零件加工工艺规程前，首先需要对零件有整体认识，零件整体分析的主要内容为熟悉产品的用途、性能及工作条件，明确零件在产品中的位置、作用及相关零件的位置关系。这样在制订加工工艺规程时才能够明确加工的重点部分，在取舍时才能有的放矢。图 2-7-8 展示了减速传动轴的结构特点。

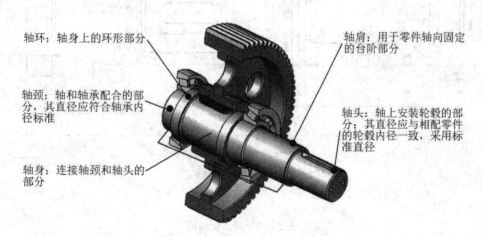

图 2-7-8 减速传动轴的结构特点

(二) 零件的技术要求分析

零件的技术要求分析主要是了解各加工表面的精度要求、热处理要求，找出主要表面并分析与次要表面的位置关系，明确加工的难点及保证加工质量的关键部分。图 2-7-9 展示了减速传动轴的相关技术要求。

(三) 零件的结构工艺性分析

零件的结构工艺性是指在保证零件使用性能的前提下，制造该零件的可行性和经济性。

零件的结构对加工质量、生产效率和经济效益有重要影响。为了获得较好的技术经济效果，在设计零件结构时，不仅要考虑如何满足使用要求，还应考虑是否符合加工和装配的工艺要求，即要考虑零件的结构工艺性。

零件结构工艺性的好坏是相对的，随着技术发展和加工条件(如生产类型、设备条件等)的不同而变化。

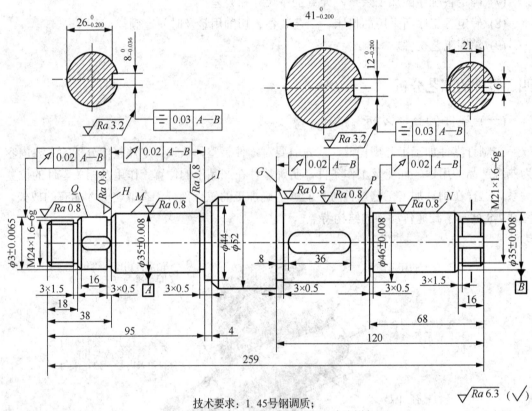

技术要求：1. 45号钢调质；
　　　　　 2. 未注圆角 R0.5，未注倒角 C1。

图 2-7-9　减速传动轴

零件的结构工艺性与其加工方法和工艺过程有着密切联系。为了获得良好的工艺性，设计人员首先要了解和熟悉常见加工方法的工艺特点、典型表面的加工方案以及加工过程的基本知识。在具体设计零件结构时，除了考虑满足使用要求外，还应注意以下原则，如表 2-7-5 所示。

表 2-7-5 零件结构工艺性设计原则

序号	原 则	结构工艺性差	结构工艺性好
1	便于安装、加工与测量，即便于定位和可靠地夹紧	一个凸台，不便测量	两个凸台，能够使零件平稳安装，便于测量
2	形状应尽量简单、统一。减少安装、对刀次数，降低安装误差和减少辅助工时，提高切削效率，保证精度	加工面高度不同，需两次调整加工，影响加工效率 尺寸不一致，影响加工效率	加工面在同一高度，一次调整可完成两个平面加工 尺寸一致，一把刀具即可完成相关部分的加工
3	加工表面与选刀一致	麻花钻　正确　错误	丝锥　正确　错误

序号	原　则	结构工艺性差	结构工艺性好
4	应尽量减小加工面积		凸台
5	预留退刀槽或砂轮越程槽，方便加工	车螺纹时，螺纹根部不易清根	留有退刀槽，可使螺纹清根
		插齿无退刀空间，小齿轮无法加工	留出退刀空间，小齿轮可以插齿加工
		两端轴颈需磨削加工，但砂轮圆角不能清根	留有退刀槽，磨削时可以清根
6	刀具受力要均匀	斜面钻孔，钻头易引偏	结构允许时，留出平台，可避免钻头偏斜
		孔壁出口处有台阶面，钻孔时钻头易引偏，易折断	结构允许时，内壁出口处做成平面，钻孔位置容易保证

五、毛坯的选择

(一) 毛坯的类型及制造方法

毛坯是还没有加工的原料。如图 2-7-10 所示，常用毛坯的类型有铸件、锻件、型材、焊接件和板材等。

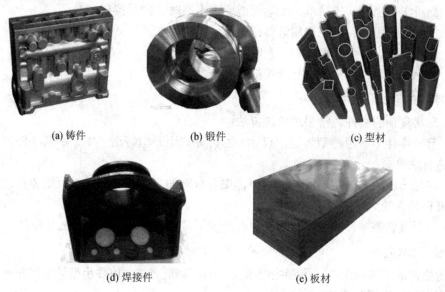

(a) 铸件　　　　　　　(b) 锻件　　　　　　　(c) 型材

(d) 焊接件　　　　　　　　(e) 板材

图 2-7-10　毛坯的类型

1. 铸件

铸件是通过铸造方法得到的，适用于形状复杂的毛坯。薄壁零件不可用砂型铸造；尺寸大的铸件宜用砂型铸造；中、小型零件可用较先进的铸造方法。

2. 锻件

锻件是指通过对金属坯料进行锻造变形而得到的工件或毛坯，适用于强度较高、形状较简单的零件。尺寸大的零件一般用自由锻；中、小型零件用模锻；形状复杂的钢质零件不宜自由锻。

3. 型材

型材是指金属经过塑性加工成形，具有一定断面形状和尺寸的实心直条。型材的品种规格繁多，用途广泛。热轧型材的尺寸较大，精度低，多用作一般零件的毛坯；冷轧型材尺寸较小，精度较高，多用于毛坯精度要求较高的中、小零件，适用于自动机床加工。

4. 焊接件

对于大件来说，焊接件简单、方便，特别是单件小批生产可大大缩短生产周期。

5. 板材

板材是指锻造、轧制或铸造而成的金属板，适用于形状复杂的板料零件，多用于大、中、小尺寸件的大批大量生产。如汽车覆盖件、电子元器件、建筑行业相关构件等。

(二) 选择毛坯的依据

选择毛坯的依据有以下五方面。

1. 零件的材料及其力学性能

零件材料的工艺特性和力学性能决定毛坯的种类，例如：

(1) 铸铁用于铸造毛坯；

(2) 钢质零件当形状较简单、力学性能要求不高时，常用棒料；

(3) 重要的钢质零件，应选用锻件；

(4) 形状复杂、力学性能要求不高时，用铸钢件；

(5) 有色金属零件，常用型材或铸造。

2. 零件的形状和尺寸

(1) 形状复杂的零件，常采用铸造方法；

(2) 薄壁零件不可用砂型铸造，尺寸大的铸件宜用砂型铸造，中、小型零件可用较先进的铸造方法；

(3) 常见一般用途的钢质阶梯轴零件，如各台阶的直径相差不大，可用棒料；如果各台阶的直径相差较大，宜用锻件；

(4) 小型盘套类零件的毛坯宜选择型材；大型盘套类零件的毛坯宜选择铸件。

3. 生产纲领

大量生产的零件应选择精度和生产率高的毛坯制造方法；单件小批量生产时应选择精度和生产率低的毛坯制造方法。

4. 现有的生产条件

选择毛坯时，还应考虑本厂的毛坯制造水平、设备条件以及外协的可能性和经济性等。

5. 充分考虑利用新技术、新工艺、新材料的可能性

为了节约材料和能源，随着毛坯专业化生产的发展，新技术在毛坯制造上的应用日益广泛，为实现少切削、无切削加工打下良好基础。这样，可以减少切削加工量，甚至不用切削加工，可大大提高经济效益。

六、基准及其选择

(一) 基准的概念

零件是由若干表面组成的，它们之间有一定的相互位置和距离尺寸的要求。基准就是零件上用来确定其他点、线、面的位置的那些点、线、面。

1. 设计基准

在零件图上用以标注尺寸和表面相互位置关系时所用的基准(点、线或面)称为设计基准。

2. 工艺基准

在制造零件和装配机器的过程中所使用的基准称为工艺基准。按用途不同，工艺基准

又分为工序基准、定位基准、测量基准和装配基准四种。

(1) 工序基准：在工序图上，用来确定本工序所加工表面加工后的尺寸、形状、位置所采用的基准。与设计基准不同，工序基准是由工艺技术人员从保证零件的设计要求出发，为满足加工工艺需要(如用以定位或用以测量检验)而选定的。

(2) 定位基准：加工时使工件占据正确位置所依据的基准。定位基准又分为粗基准、精基准和辅助基准。粗基准是以毛坯上未经机械加工的表面作为定位基准，即第一道工序采用的定位基准。精基准是以经过机械加工的表面作为定位基准。辅助基准是根据机械加工工艺需要而专门设置的定位基准。

(3) 测量基准：测量工件已加工表面的尺寸和位置时所采用的基准。

(4) 装配基准：装配时用来确定零件或部件在产品中的正确位置所采用的基准。

(二) 定位基准的选择

制订机械加工工艺规程时，正确选择定位基准对保证零件表面间的位置要求(位置尺寸和位置精度)和安排加工顺序都有很大的影响。装夹时，定位基准的选择还会影响夹具的结构。因此，定位基准的选择是一个很重要的工艺问题。

1. 粗基准的选择

选择粗基准一般要遵循以下原则：

(1) 选取不加工的表面作为粗基准，这样可以保证零件的加工表面与不加工表面之间的相互位置关系，并可能在一次装夹中加工出更多的表面。如图 2-7-11 所示，以不需要加工的小外圆面作为粗基准，可以在一次安装中把绝大部分需要加工的表面加工出来，并能保证大外圆面与内孔的同轴度、端面与内孔轴线的垂直度。如果零件上有不加工表面，则应选取与加工表面有相互位置要求的表面作粗基准。

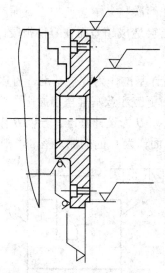

图 2-7-11 以不加工表面作为粗基准

(2) 选取要求加工余量均匀的表面作为粗基准。如图 2-7-12 所示为车床床身，要求导轨面 A 耐磨性好，希望在加工时能均匀地切去较薄的一层金属，以保证铸件表面耐磨性好、硬度高的特点。若先选择导轨面 A 作为粗基准，加工床身底面 B，见图 2-7-12(a)，再以底面 B 为精基准加工导轨面 A，见图 2-7-12(b)，就能达到目的。

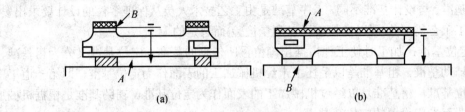

图 2-7-12　加工余量要求均匀的表面作为粗基准

(3) 为了保证各加工表面都有足够的加工余量，应选择毛坯余量最小的面为粗基准。如图 2-7-13 所示，由于外圆 $\phi108$ 与外圆 $\phi55$ 的中心线相差 3 mm，若选择外圆 $\phi108$ 作为定位粗基准，则外圆 $\phi55$ 会有部分加工不到。因此，需要选择外圆 $\phi55$ 作为定位粗基准。

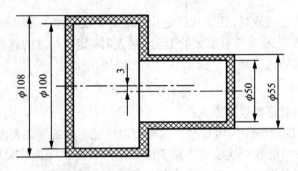

图 2-7-13　阶梯轴加工的粗基准选择

(4) 选作粗基准的表面应尽可能平整，并有足够大的面积，这样能使定位准确，夹紧可靠。

(5) 粗基准在一个方向上只使用一次，应尽量避免重复使用。因为粗基准表面粗糙，定位精度不高，若重复使用，在两次装夹中会使加工表面产生较大的位置误差，对于相互位置精度要求较高的表面，常常会造成超差而使零件报废。

2. 精基准的选择

(1) 基准重合原则。选择设计基准作为定位基准，可以避免基准不重合误差。特别是在最后精加工时，为保证精度，更应注意基准重合原则，这样可以避免因基准不重合而引起的定位误差。如图 2-7-14 所示，B 为设计基准，若以 B 作为 C 面的加工基准，则容易保证 B、C 两面的平行度。若以 A 面作为 C 面的加工基准，则不易保证 B、C 两面的平行度。

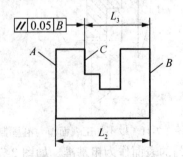

图 2-7-14　基准重合示例

(2) 基准统一原则。尽可能选用统一的定位基准加工各个表面，以保证各表面间的位置精度。如果工件以某一组表面作为精基准定位，则应尽早地把这一组基准表面加工出来，并达到一定精度；在后续工序中，以其作为精基准加工其他表面。例如，在实际生产中，轴类零件常使用两中心孔作为统一精基准。如图 2-7-15 所示。

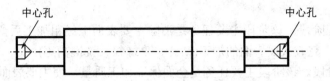

图 2-7-15 轴类零件的加工基准

(3) 自为基准原则。当精加工某些重要表面时，常用其加工表面本身作为定位基准，可以提高加工表面本身的尺寸和形状精度。如图 2-7-16 所示，在加工机床导轨面时，可选取导轨面本身作为精基准，通过调整床身、床腿，使导轨面处于水平位置。此时，导轨面的加工余量是均匀的。

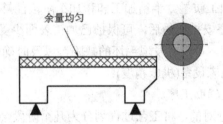

图 2-7-16 机床导轨面的加工

(4) 互为基准原则。对于位置精度要求较高的表面，采用互为基准反复加工，更有利于精度的保证。例如，在加工齿轮时，可以用外圈定位去加工内孔，然后再以加工好的内孔去加工外圈；通过反复多次加工保证齿轮外圈与内孔的同轴度精度，如图 2-7-17 所示。

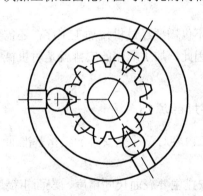

图 2-7-17 齿轮的加工

(5) 保证工件定位准确、夹紧可靠、操作方便的原则。

七、加工阶段的划分及划分的目的

(一) 加工阶段的划分

当零件的加工质量要求较高时，一般都要划分不同的加工阶段，以逐步达到加工要求，即所谓的"渐精"原则。一般要经过粗加工、半精加工和精加工三个阶段。如果零件的加工精度要求特别高、表面粗糙度值要求特别小时，还要经过光整加工阶段。

(1) 粗加工阶段。该阶段主要任务是高效率地去除各加工表面上的大部分余量，获得高的生产率。

(2) 半精加工阶段。该阶段主要任务是消除主要表面上经粗加工后留下的加工误差，保证精加工余量，完成次要表面的加工(钻孔、攻螺纹、铣键槽等)。

(3) 精加工阶段。该阶段主要任务是全面保证加工质量，使主要表面达到图纸要求。

(4) 光整加工阶段。该阶段主要任务是进一步提高尺寸精度，减小表面粗糙度，但不能提高形位精度。

(二) 划分加工阶段的主要目的

划分加工阶段有以下目的：

(1) 有利于保证零件加工质量。半精加工和精加工阶段能够修正粗加工阶段形成的各种误差。精加工表面的工序安排在最后，可保护已加工表面少受损伤；

(2) 粗加工完各表面后，可及时发现毛坯的缺陷，以及时确定报废或修补；

(3) 有利于合理利用机床设备(机床精度)；

(4) 便于安排热处理及辅助工序。

工艺阶段的划分不是绝对的，将工艺过程划分为几个阶段会增加工序数目，从而增加加工成本。因此，在工件刚度高，工艺过程不划分阶段也能够保证加工精度的情况下，就不应该划分加工阶段。

八、加工顺序的安排

对于复杂零件的加工，不仅需要经过机械加工工序，还需要进行热处理及去毛刺、清洗、磁力探伤等辅助工序。因此，加工顺序的安排就是对机械加工顺序、热处理顺序及辅助工序的安排。

(一) 机械加工顺序安排的原则

(1) 基准先行。安排加工内容时，应先安排加工精基准面，为后续加工提供精基准，保证后续加工顺利进行。

(2) 先主后次。先考虑安排主要表面尺寸精度、表面粗糙度、形位公差要求较高的表面的加工方法和加工路线，后考虑安排次要表面尺寸精度、表面粗糙度、形位公差要求较低的表面的加工方法和加工路线。注意并不是先加工主要表面。

(3) 先粗后精。先粗加工后精加工有利于机床、刀具、人员的合理使用和调配，有利于热处理工序的安排。

(4) 先面后孔。当零件上有较大的平面可以作定位基准时，应先将大平面加工出来，再以该面定位加工孔，可以保证定位准确、稳定。在毛坯面上钻孔或镗孔时，容易使钻头偏斜或打刀，先将此面加工好，再加工孔，则可避免上述情况的发生。

(二) 热处理工序的安排

常用热处理的方法有退火、正火、淬火、调质、时效和化学处理等。表 2-7-6 展示了典型热处理方法及作用。

表 2-7-6 典型热处理方法及作用

热处理方法	定义	作用
退火	将工件加热到高于或低于临界点,保持一定时间,随后缓慢冷却	降低硬度,改善切削加工性;消除残余应力,稳定尺寸,减少变形与裂纹倾向,使金属内部组织达到或接近平衡状态
正火	将工件加热到适宜的温度后在空气中冷却	效果同退火相似,得到的组织更细,用于改善材料的切削性能,也用于对一些要求不高的零件最终热处理
淬火	将工件加热保温后,在水、油或其他无机盐、有机水溶液等淬冷介质中快速冷却	使钢件变硬,但同时变脆
回火	将淬火后的钢件在高于室温而低于650℃的某一适当温度进行长时间的保温,再进行冷却	降低钢的脆性,减小或消除淬火钢件中的内应力,或者降低其硬度和强度,以提高其塑性或韧性
调质	淬火 + 高温回火	获得一定的强度和韧性

安排热处理工序的目的如下:

(1) 提高材料的机械性能;

(2) 改善金属的加工性能;

(3) 消除材料内应力。

根据热处理工序在整个工艺过程中的作用及工序安排,热处理工艺可分为以下三类:

(1) 预备热处理。预备热处理一般包括退火、正火和调质处理,一般放在粗加工前后,其目的是改善切削性能,消除内应力。

(2) 最终热处理。最终热处理一般包括淬火、渗碳、氮化等,一般放在半精加工后,精加工前,其目的是提高零件的强度、硬度。

(3) 时效处理。时效处理一般包括自然时效和人工时效,一般放在粗加工前后,半精加工后,精加工前,其目的是消除零件内应力,防止变形、开裂。

热处理工序在加工过程中的安排如图 2-7-18 所示。

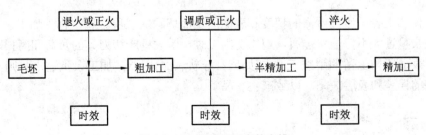

图 2-7-18 热处理工序的安排

(三) 辅助工序的安排

辅助工序的安排一般包括以下内容：

(1) 检验工序。检验工序一般安排在粗加工后，精加工前；车间转换时；重要工序和工时长的工序前；零件加工结束后，入库前；

(2) 表面强化工序。如滚压、喷丸处理等，一般安排在工艺过程的最后；

(4) 表面处理工序。如发蓝、电镀等一般安排在工艺过程的最后；

(5) 探伤工序。如 X 射线检查、超声波探伤等多用于零件内部质量的检查，一般安排在工艺过程的开始；

(6) 去毛刺工序。通常安排在切削加工之后；

(7) 清洗工序。一般安排在零件加工结束之后、装配之前。

九、工序集中与工序分散

(一) 工序集中与工序分散的概念

确定了加工方法和划分加工阶段之后，零件加工的各工步也就确定了。可以将这些工步分散成多个单独工序，也可以将某些工步集中在一个工序。

工序集中就是将工件的加工集中在少数几道工序内完成，每道工序的加工内容较多。

工序分散是将工件的加工分散在较多的工序内完成。每道工序的加工内容很少，有时甚至每道工序只有一个工步。

(二) 工序集中与工序分散的应用

工序的集中与分散程度必须根据生产规模、零件的结构特点和技术要求、机床设备等具体生产条件进行综合分析确定。

(1) 单件小批量：适于在通用数控机床上实现工序集中；

(2) 成批大量生产：可以采用多刀、多轴等高效率机床实现工序集中，也可将工序分散后组织流水线生产；

(3) 目前的发展趋势是倾向于工序集中。

十、加工余量的确定

(一) 加工余量的概念

为了使加工表面达到所需的精度和表面质量而切除的表层金属，称为加工余量。

加工余量过大不但浪费金属，增加切削工时，增大机床和刀具的负荷和磨损，有时还会将加工表面所需保留的耐磨表面层(如床身导轨表面)切掉；加工余量过小，则不能消除前道工序的误差和表层缺陷，以致产生废品。

(二) 工序余量的概念

工序余量是指某一表面在一道工序中切除的金属层厚度。工序余量等于前后两道工序基本尺寸之差。工序余量 Z 如图 2-7-19 所示。

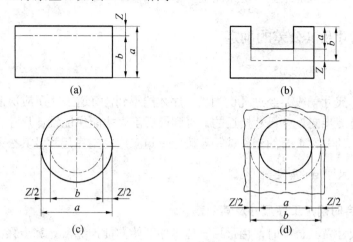

图 2-7-19 工序余量示例

由图 2-7-19 可得：$Z=|a-b|$；

Z 为本工序余量，a 为前工序基本尺寸；b 为本工序基本尺寸。

工序基本余量：以工序基本尺寸计算的余量，即 Z；

最大余量：对被包容面，$Z_{max}=a_{max}-b_{min}$；

最小余量：对被包容面，$Z_{min}=a_{min}-b_{max}$；

余量公差：$T_z=T_a+T_b$，即本工序的余量公差等于上工序的尺寸公差与本工序的尺寸公差之和。

总加工余量是指零件从毛坯变为成品时从某一表面所切除的金属层总厚度。其值等于某一表面的毛坯尺寸与零件设计尺寸之差；也等于该表面各工序余量之和。

$$Z_{总} = \sum Z_i$$

(三) 确定加工余量的原则

确定加工余量的基本原则是：在保证加工质量的前提下，尽量减少加工余量。

(1) 最小的加工余量，以求缩短加工时间；

(2) 充分的加工余量，保证达到规定的表面粗糙度及精度；

(3) 考虑零件热处理时引起的变形；

(4) 考虑采用的加工方法和设备、加工过程中零件可能发生的变形；

(5) 考虑被加工零件的大小。

(四) 确定加工余量的方法

确定加工余量通常采用以下两种方法：

(1) 经验估计法。为了保证不会由于加工余量不够而出废品，经验估计的余量总是偏大，故经验估计法多用于单件小批生产；

(2) 查表法。查表法是以企业生产实践和经验积累为基础，结合实际加工状况来确定加工余量的方法，是目前企业广泛采用的方法。

十一、工序尺寸及其公差的确定

(一) 工序尺寸的概念

工件的设计尺寸一般要经过几道加工工序才能得到，每道工序所应保证的尺寸称为工序尺寸，它们是逐步向设计尺寸接近的，直到最后工序才能保证设计尺寸。编制零件的机械加工工艺规程的非常重要的工作就是要确定每道工序的工序尺寸及其公差。

(二) 工序尺寸的确定

1. 基准重合时确定工序尺寸及其公差

确定工序尺寸及其公差时，由最后一道工序开始向前推算，计算步骤如下：

(1) 运用查表法或经验估计法确定毛坯总余量和工序余量；

(2) 求工序基本尺寸：从设计尺寸开始，由工序余量计算公式，一直倒着推算到毛坯尺寸；

(3) 确定工序尺寸公差：最终工序尺寸及公差等于设计尺寸及公差，其余工序公差按经济精度确定；

(4) 标注工序尺寸及偏差：最后一道工序的公差按设计尺寸标注，其余工序尺寸公差按"入体"原则标注，毛坯尺寸公差按对称偏差标注。

例如，某轴类零件，其外圆经粗车→精车→粗磨→精磨达到设计要求 $\phi 30_{-0.013}^{0}$ mm，Ra 值为 0.4 μm。试确定各工序尺寸及其偏差。

该轴类零件工序尺寸的计算如表 2-7-7 所示。

表 2-7-7　某轴类零件工序尺寸的确定

工序名称	工序余量 /mm	工序基本尺寸 /mm	经济精度等级	表面经济粗糙度 Ra/μm	工序尺寸及其偏差
精磨	0.1	30	h6$\left(_{-0.013}^{0}\right)$	0.4	$\phi 30_{-0.013}^{0}$
粗磨	0.4	30 + 0.1 = 30.1	h7$\left(_{-0.021}^{0}\right)$	0.8	$\phi 30.1_{-0.021}^{0}$
精车	1.5	30.1 + 0.4 = 30.5	h9$\left(_{-0.052}^{0}\right)$	3.2	$\phi 30.5_{-0.052}^{0}$
粗车	6	30.5 + 1.5 = 32	h12$\left(_{-0.210}^{0}\right)$	12.5	$\phi 32_{-0.210}^{0}$
毛坯		32 + 6 = 38	±1.2		$\phi 38 \pm 1.2$

2. 基准不重合时确定工序尺寸及其公差

1) 工艺尺寸链的定义和特征

如图 2-7-20 所示，在零件加工过程中，由相互联系的一组尺寸所形成的尺寸封闭图形，称为工艺尺寸链。工艺尺寸链的明显特征为封闭性、关联性。

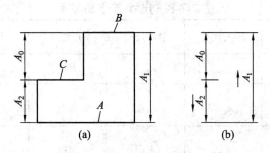

图 2-7-20 工艺尺寸链示例

2) 工艺尺寸链的组成

组成工艺尺寸链的每一个尺寸称为尺寸链的环，环可分为封闭环和组成环。

(1) 封闭环：在加工过程中，被间接保证的或最后形成的尺寸，用 A_0 表示。每个尺寸链有且仅有一个封闭环。

(2) 组成环：加工过程中直接获得的尺寸，用 $A_i (i = 1, 2, 3, \cdots)$ 表示。

按组成环对封闭环的影响不同又可分为增环和减环。

① 增环：当该环变化引起封闭环同向变化时，称为增环。

② 减环：当该环变化引起封闭环反向变化时，称为减环。

3) 工艺尺寸链的建立方法

(1) 确定封闭环："间接、最后"获得的尺寸，是"自然而然"形成的尺寸。在大多数情况下，封闭环可能是零件设计尺寸中的一个或者是加工余量值。在零件的设计图中，封闭环一般是未注的尺寸(即开环)。

(2) 查找组成环：组成环应遵循"路线最短、环数最少"原则。

(3) 确定增减环：常用回路法确定增减环。

如图 2-7-21 所示的尺寸链中，封闭环为 B_0，组成环为 B_1，B_2，B_3，其中增环为 B_1、B_3，减环为 B_2。与封闭环箭头方向相反者为增环，与封闭环箭头方向相同者为减环。

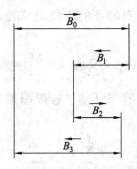

图 2-7-21 回路法确定增减环

4) 工艺尺寸链计算的基本公式

工艺尺寸链的计算方法有极值法和概率法两种。概率法适用于解算组成环数较多且成批大量生产的尺寸链；生产中一般多采用极值法(又称极大极小值法)。

尺寸链的计算符号如表 2-7-8 所示。

表 2-7-8　尺寸链计算符号

符号名称	基本尺寸	最大尺寸	最小尺寸	上偏差	下偏差	公差
封闭环	A_0	$A_{0\max}$	$A_{0\min}$	ES_0	EI_0	T_0
增环	$\vec{A}$	$\vec{A}_{i\max}$	$\vec{A}_{i\min}$	$\vec{ES}_i$	$\vec{EI}_i$	$\vec{T}_i$
减环	$\overleftarrow{A}_j$	$\overleftarrow{A}_{j\max}$	$\overleftarrow{A}_{j\min}$	$\overleftarrow{ES}_j$	$\overleftarrow{EI}_j$	$\overleftarrow{T}_j$

(1) 公称尺寸的计算：

$$A_0 = \sum_{i=1}^{m-1} \xi_i A_i = \sum_{i=1}^{n} \vec{A}_i - \sum_{i=n+1}^{m-1} \overleftarrow{A}_i$$

封闭环的公称尺寸等于各增环的公称尺寸之和减去各减环的公称尺寸之和。

(2) 极限尺寸的计算：

$$A_{0\max} = \sum_{i=1}^{n} \vec{A}_{i\max} - \sum_{i=n+1}^{m-1} \overleftarrow{A}_{i\min}$$

封闭环的最大极限尺寸等于所有增环最大极限尺寸之和减去所有减环最小极限尺寸之和。

$$A_{0\min} = \sum_{i=1}^{n} \vec{A}_{i\min} - \sum_{i=n+1}^{m-1} \overleftarrow{A}_{i\max}$$

封闭环的最小极限尺寸，等于所有增环的最小极限尺寸之和减去所有减环的最大极限尺寸之和。

(3) 极限偏差的计算：

$$ES_{A_0} = \sum_{i=1}^{n} ES_{\vec{A}_i} - \sum_{i=n+1}^{m-1} EI_{\overleftarrow{A}_i}$$

封闭环的上极限偏差等于所有增环的上极限偏差之和减去所有减环的下极限偏差之和。

$$EI_{A_0} = \sum_{i=1}^{n} EI_{\vec{A}_i} - \sum_{i=n+1}^{m-1} ES_{\overleftarrow{A}_i}$$

封闭环的下极限偏差等于所有增环的下极限偏差之和减去所有减环的上极限偏差之和。

$$T_{A_0} = \sum_{i=1}^{n} T_{\vec{A}_i} + \sum_{i=n+1}^{m-1} T_{\overleftarrow{A}_i} = \sum_{i=1}^{m-1} |\xi_i| T_i = \sum_{i=1}^{m-1} T_i$$

封闭环的公差等于所有组成环公差之和。

案例分析：

如图 2-7-22 所示为某主轴箱体。简化图如图 2-7-23 所示，设计底面 D 已经完成加工，尺寸 $C = 600 \pm 0.2$ mm，现用调整法加工主轴箱箱体孔，孔的设计基准是 D，设计尺

寸为 $B = 350 \pm 0.3 \, \text{mm}$，加工时孔的定位基准是顶面 F，工序尺寸为 A，为保证加工后设计尺寸 B 符合图样要求，必须确定工序尺寸 A 及其公差。

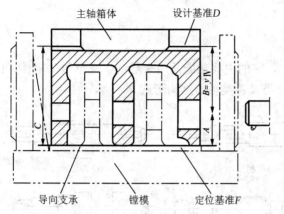

图 2-7-22　主轴箱体的加工

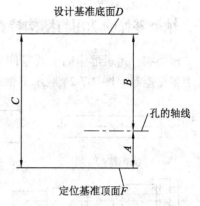

图 2-7-23　主轴箱体加工尺寸简图

解：

(1) 查找封闭环：设计尺寸 B 是封闭环。

(2) 画出尺寸链图。

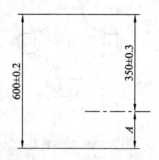

(3) 判断增减环：尺寸 C 为增环，A 为减环。

(4) 计算尺寸链。

公称尺寸：根据公式 $B = C - A$，代入数据 $350 = 600 - A$ 得到 $A = 250$。

上极限偏差：根据公式 $\text{ES}_B = \text{ES}_C - \text{EI}_A$，代入数据 $+0.3 = +0.2 - \text{EI}_A$，得到 $\text{EI}_A = -0.1$。

下极限偏差：根据公式 $\text{EI}_B = \text{EI}_C - \text{ES}_A$，代入数据 $-0.3 = -0.2 - \text{ES}_A$，得到 $\text{ES}_A = +0.1$。

公差验算：根据公式 $T_B = T_C + T_A$。

最后得出加工孔的工序尺寸：$A = 250 \pm 0.10 \, \text{mm}$。

任务 1　冲压模具导柱零件的加工

任务要求

根据表 2-7-1 中图 2-7-1 所示零件图和技术要求，确定导柱的加工方法，制订导柱的加工工艺规程。

知识引入

一、轴类零件的功用与结构特点

　　轴类零件是机器中的主要零件之一，它的主要功能是用来导向、支承传动零件、传递运动和扭矩等。图 2-7-24 展示了轴的种类及各类轴的结构形式。

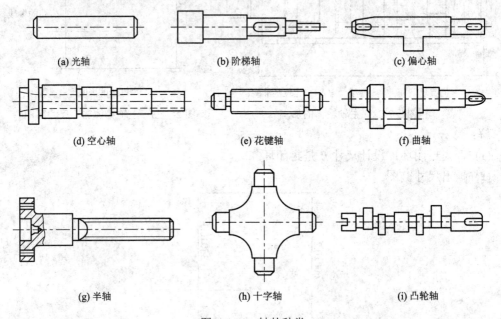

(a) 光轴　　　　　　　　　(b) 阶梯轴　　　　　　　　　(c) 偏心轴

(d) 空心轴　　　　　　　　(e) 花键轴　　　　　　　　　(f) 曲轴

(g) 半轴　　　　　　　　　(h) 十字轴　　　　　　　　　(i) 凸轮轴

图 2-7-24　轴的种类

　　从轴类零件的结构特征来看，它们都是长度大于直径的旋转体零件，主要由外圆、退刀槽、键槽、螺纹和轴肩等组成。

二、导柱零件加工实例

冲压模具导柱
零件的加工

　　确定任务导柱零件的加工工艺规程。

　　(1) 确定生产纲领：单件、小批量生产。

　　(2) 图样分析：由圆柱面、端面、退刀槽、油槽组成。

　　(3) 毛坯选择：材料 GCr15 钢，选择直径为 ϕ35 的棒料作毛坯。

　　(4) 确定主要表面及加工方法：车→磨→研磨。

　　(5) 确定基准。粗基准：毛坯外圆；精基准：中心孔。

　　(6) 划分阶段：粗车，半精车，精车，光整加工。

　　(7) 热处理工序：半精车后，淬火处理。

　　(8) 切削余量：半精车余量 1.5 mm，磨削余量 0.2 mm，研磨余量 0.01 mm。

　　(9) 拟定工艺过程，填写工艺卡片。

任务结论

根据以上分析，可得导柱加工工艺过程卡片，如表 2-7-9 所示。

表 2-7-9 导柱的加工工艺过程卡片

机械加工工艺过程卡片			产品型号	AT-1		零件图号	AT317-GPJL25-70-N80		总 11 页	第 1 页
			产品名称	冲压模具		零件名称	导柱		共 1 页	第 1 页
材料牌号	GCr15	毛坯种类		棒料	毛坯外形尺寸	$\phi35\times75$	每毛坯可制件数	1	每台件数 4	备注

工序号	工序名称	工序内容	车间	工段	设备	工艺装备	工时 准终	工时 单件
1	下料	下料$\phi35\times75$	机加工		锯床			
2	退火		热处理					
3	车	车端面，钻中心孔，掉头车端面，钻中心孔	机加工		车床	三爪卡盘、中心钻、外圆车刀等		
4	车	粗车、半精车，次要外圆表面$\phi28$、砂轮越程槽至尺寸；	机加工		车床	三爪卡盘、外圆车刀等		
		掉头粗车、半精车，$\phi25$留磨削余量0.2，油槽至尺寸						
5	检验							
6	热处理	淬火处理62～66 HRC	热处理					
7	研中心孔	研修中心孔	机加工		研磨机			
8	磨	粗磨、精磨$\phi25$外圆；留研磨余量0.01	机加工		磨床			
9	研磨	研磨$\phi25$外圆至尺寸	机加工		磨床			
10	检验	按图样检验入库	测量					

描图	
描校	
底图号	
装订号	

	设计（日期）	审核（日期）	标准化（日期）	会签（日期）
标记处数更改文件号 签字 日期 标记处数更改文件号 签字 日期				

以第 4 工序为例，展示导柱加工工序卡片。如表 2-7-10 所示。

表 2-7-10 导柱的加工工序卡片

机械加工工序卡片		产品型号	AT-1	零件图号	AT317-GPJL25-70-N80	总 11 页	第 5 页
		产品名称	冲压模具	零件名称	导柱	共 1 页	第 1 页

车间	工序号	工序名称	材料牌号
机加工	4	车	GCr15

毛坯种类	毛坯外形尺寸	每台件数
棒料	$\phi35\times75$	4

设备名称	设备型号	设备编号	同时加工件数
普车	CA6140		1

夹具名称	夹具编号	切削液
三爪卡盘		无

工位器具名称	工位器具编号	工序工时 准终	单件

工步号	工步内容	主轴转速 r/min	切削速度 mm/min	进给量 mm/r	切削深度 mm	进给次数	工步工时 机动	工步工时 辅助
1	粗车、半精车次要外圆表面$\phi28$至尺寸	1000～1200		0.1	1			
2	半精车砂轮越程槽至尺寸	1000～1200		0.1	1			
3	掉头粗车、半精车$\phi25$，留磨削余量0.2	1000～1200		0.1	1			
4	半精车油槽至尺寸	1000～1200		0.1	1			

描图	
描校	
底图号	
装订号	

	设计（日期）	审核（日期）	会签（日期）
标记处数更改文件号 签字 日期 标记处数更改文件号 签字 日期			

能力拓展

一、轴类零件的主要技术要求

不同零件根据功能的不同，尺寸精度、表面粗糙度、几何形状精度、相互位置精度以及热处理要求也不尽相同。其中，几何形状精度主要体现于外圆表面的圆度、圆柱度的形状公差；相互位置精度主要体现于不同外圆表面的同轴度、外圆的圆跳动、端面与轴线的垂直度等。

二、轴类零件的定位

1. 中心孔法

选择外圆表面作为定位粗基准，加工出中心孔，然后选择两端的中心孔作为定位精基准，从而实现一次装夹就可以加工多个表面。需要注意的是，热处理会使中心孔发生变形，若零件加工过程中有热处理，需要热处理后先研修中心孔，再使用中心孔作为定位精基准。

2. 外圆表面法

对于不能使用中心孔法定位的零件，如一些短小轴或空心轴等，可以用外圆表面进行定位。一般情况下都是使用三爪卡盘或四爪卡盘来装夹。

三、轴类零件的热处理

轴类零件一般采用锻件，发动机曲轴类零件一般采用球墨铸件。车削之前常需要根据情况安排预加工，铸、锻件毛坯在粗车前应根据材质和技术要求安排正火或退火处理，以消除应力，改善组织和切削性能。性能要求较高的毛坯在粗加工后、精加工前应安排调质处理，以提高零件的综合机械性能，对于硬度和耐磨性要求不高的零件，调质也常作为最终热处理。

任务 2　冲压模具导套零件的加工

任务要求

根据表 2-7-1 中图 2-7-2 所示零件图和技术要求，确定导套的加工方法，制订导套的加工工艺规程。

一、套筒类零件的功用与结构特点

套筒类零件是机械中常见的一种零件，通常起支承或导向作用。它的应用范围很广，例如支承旋转轴上的各种形式的轴承、夹具上引导刀具的导向套、内燃机上的汽缸套、液压缸及模具导向装置中的导套等。常见的套筒类零件如图 2-7-25 所示。由于功用不同，套筒类零件的结构和尺寸有着很大的差别，但结构上仍有共同特点：零件的主要表面为同轴度要求较高的内外旋转表面，零件壁的厚度较薄，容易变形，长度一般大于直径。

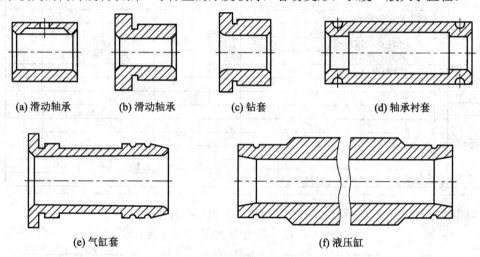

(a) 滑动轴承　　　(b) 滑动轴承　　　(c) 钻套　　　　　(d) 轴承衬套

(e) 气缸套　　　　　　　　　　(f) 液压缸

图 2-7-25　常见的套筒类零件

二、导套零件加工实例

确定任务导套零件的加工工艺规程。

(1) 确定生产纲领：单件、小批量生产。

(2) 图样分析：由圆柱面、端面、内孔、油槽组成。

(3) 毛坯选择：材料 GCr15 钢，选择 ϕ40 的棒料作毛坯。

(4) 确定主要表面加工方法。外圆：车→磨；内孔：车→磨→研磨。

(5) 确定基准。粗基准：毛坯外圆；精基准：外圆、内孔。

(6) 划分阶段：粗车，半精车，精车，光整加工。

(7) 热处理工序：半精车后，淬火处理。

(8) 加工顺序：粗车→半精车→热处理→磨削→研磨。

(9) 切削余量：半精车 1.5 mm，磨削 0.2 mm，研磨 0.01 mm。

(10) 拟定工艺过程，填写工艺卡片。

根据以上分析，可得导套零件的加工工艺过程卡片，如表 2-7-11 所示：

表 2-7-11　导套的加工工艺过程卡片

机械加工工艺过程卡片		产品型号	AT-1	零件图号	AT317-GBHE32-20		总 10 页	第 4 页
		产品名称	冲压模具	零件名称	导套		共 1 页	第 1 页
材料牌号	GCr15	毛坯种类	棒料	毛坯外形尺寸	φ40×25	每毛坯可制件数 1	每台件数 4	备注

工序号	工序名称	工序内容	车间	工段	设备	工艺装备	工时 准终	工时 单件
1	下料	φ40×25	机加工		锯床			
2	退火		热处理					
3	车	车端面；车外圆φ32m5至φ32.2(留磨削余量0.2)；掉头	机加工		车床	三爪卡盘、中心钻、内孔车刀		
		车端面，保证长度20；车φ35至尺寸；钻内孔φ25至φ23；				外圆车刀等		
		车内孔φ25留磨削余量0.2，油槽至尺寸						
4	检验		机加工					
5	热处理	淬火，62～66 HRC	热处理					
6	磨	磨外圆φ32至图样要求	机加工		磨床			
7	磨	磨内孔φ25，留研磨余量0.01	机加工		磨床			
8	研磨	研磨内孔至图样要求	机加工		研磨机			
9	检验	按图样检验入库	测量					

描图

描校

底图号

装订号

			设计（日期）	审核（日期）	标准化（日期）	会签（日期）
标记 处数 更改文件号	签字	日期	标记 处数 更改文件号	签字	日期	

以第 3 工序为例，展示其加工工序卡片。如表 2-7-12 所示。

表 2-7-12　导套的加工工序卡片

机械加工工序卡片		产品型号	AT-1	零件图号	AT317-GBHE32-20	总 10 页	第 4 页
		产品名称	冲压模具	零件名称	导套	共 1 页	第 1 页

	车间	工序号	工序名称	材料牌号
	机加工	3	车	GCr15
	毛坯种类	毛坯外形尺寸		每台件数
	棒料	φ40×25		4
	设备名称	设备型号	设备编号	同时加工件数
	普车	CA6140		1
	夹具名称	夹具编号		切削液
	三爪卡盘			无

工位器具名称	工位器具编号	工序工时 准终	工序工时 单件

工步号	工步内容	主轴转速 r/min	切削速度 mm/min	进给量 mm/r	切削深度 mm	进给次数 机动	工步工时 辅助
1	车端面	1000		0.1	1		
2	粗车、半精车外圆至32.2(留磨削余量0.2)	1000～1200		0.1	1		
3	掉头车端面，保证长度20	1000		0.1	1		
4	车φ35至尺寸	1000～1200		0.1	1		
5	钻内孔至φ23	600		0.2	2		
6	车内孔φ24.8(留0.2磨削余量)	1000～1200		0.1	1		
7	车油槽至尺寸	1000～1200		0.1			

描图

描校

底图号

装订号

		设计（日期）	审核（日期）	会签（日期）
标记 处数 更改文件号	签字	日期	标记 处数 更改文件号	签字 日期

一、套筒类零件的技术要求

不同零件根据功能的不同，尺寸精度、表面粗糙度、几何形状精度、相互位置精度以及热处理要求也不尽相同。其中，几何形状精度主要体现于内外圆的圆度、圆柱度的形状公差；相互位置精度主要体现于内外圆的同轴度、内外圆的圆跳动、端面与轴线的垂直度等。

二、套筒类零件的材料要求与毛坯

套筒类零件常用材料是铸铁、铜、钢等。有些要求较高的滑动轴承，为节省贵重材料而采用双金属结构，即用离心铸造法在钢或铸铁套筒内部浇注一层巴氏合金等材料，用来提高轴承寿命。

套筒零件毛坯的选择，与材料、结构尺寸、生产批量等因素有关。直径较小(如 $d <$ 20 mm)的套筒一般选择热轧或冷拉棒料，或实心铸件。直径较大的套筒，常选用无缝钢管或带孔的铸、锻件。生产批量较小时，可选择型材、砂型铸件或自由锻件；大批量生产则应选择高效率、高精度毛坯，必要时可采用冷挤压和粉末冶金等先进的毛坯制造工艺。

任务3　冲压模具卸料板零件的加工

任务要求

根据表 2-7-1 中图 2-7-3 所示零件图和技术要求，确定卸料板的加工方法，制订卸料板的加工工艺规程。

知识引入

一、平板类零件的功用与结构特点

平板类零件是机械装备中的重要零件之一，它的主要功能是用来支承、固定、保护零部件。平板类零件主要由平面和孔系组成，如图 2-7-26 所示为冲压模具中典型的垫板零件。

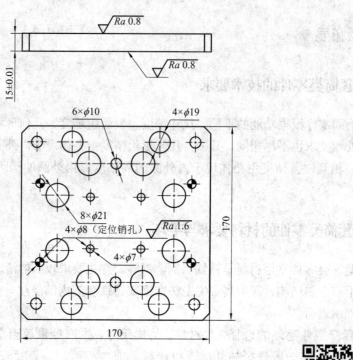

图 2-7-26　垫板零件图

二、卸料板机械加工实例

确定卸料板的加工工艺规程。

(1) 确定生产纲领：单件、小批量生产。

(2) 图样分析：零件由上平面、下平面、四周立面、螺纹孔、销钉孔、导套安装孔、导(挡)料销安装孔、型孔组成。

(3) 毛坯选择：材料 Cr12MoV，选择 175 mm × 175 mm × 25 mm 的锻件作毛坯。

(4) 确定主要表面加工方法。

① 平面：铣、磨；

② 销孔：钻、铰、磨；

③ 导套安装孔：铣、镗、磨；

④ 型孔：线切割。

(5) 确定基准。

① 粗基准：毛坯底面；

② 精基准：底面。

(6) 划分加工阶段：粗加工，半精加工，精加工。

(7) 热处理工序：加工内孔后，淬火处理。

(8) 加工顺序：粗车→半精车→热处理→磨削→研磨。

(9) 切削余量：半精车余量 1.5 mm，磨削余量 0.2 mm。

(10) 拟定工艺过程，填写工艺卡片。

冲压模具卸料板
零件的加工

任务结论

根据以上分析，可得卸料板零件的加工工艺过程卡片，如表 2-7-13 所示：

表 2-7-13　卸料板的加工工艺过程卡片

机械加工工艺过程卡片		产品型号	AT-1		零件图号		AT317-XLB		总 10 页		第 1 页
		产品名称	冲压模具		零件名称		卸料板		共 1 页		第 1 页
材料牌号	Cr12MoV	毛坯种类		锻件	毛坯外形尺寸	175×175×25	每毛坯可制件数	1	每台件数	1	备注

工序号	工序名称	工序内容	车间	工段	设备	工艺装备	工时	
							准终	单件
1	备料	下料175×175×25	机加工		锯床			
2	退火				热处理			
3	铣	粗铣、半精铣六面，上下平面至20.4	机加工		铣床	平面铣刀、平口虎钳等		
4	磨平面	上下平面铣平，且平行，留0.2磨削余量	机加工		平面磨床			
5	加工内孔	钻、攻螺纹；钻、铰6×φ5.4至尺寸；铣导套孔沉台至尺寸；钻销孔、导套及异形孔穿丝孔	机加工		铣床	平口虎钳、各种钻头、铰刀等		
6	热处理	淬火处理50～55 HRC			热处理			
7	磨平面	磨上下平面至要求	机加工		平面磨床			
8	线切割	线切割加工销孔、导套孔及异形孔至尺寸	机加工		线切割机床			
9	检验	按图样检验入库			测量			
描　图								
描　校								
底图号								
装订号								
			设计（日期）	审核（日期）	标准化（日期）	会签（日期）		
标记 处数 更改文件号	签字	日期	标记 处数 更改文件号	签字	日期			

以第 5 工序为例，展示卸料板加工工序卡片。如表 2-7-14 所示。

表 2-7-14　卸料板的加工工序卡片

机械加工工序卡片		产品型号	AT-1		零件图号	AT317-XLB	总 10 页	第 6 页
		产品名称	冲压模具		零件名称	卸料板	共 1 页	第 1 页

	车间	工序号	工序名称	材料牌号
	机加工	5	数控铣	Cr12MoV
	毛坯种类	毛坯外形尺寸		每台件数
				1
	锻件	175×175×25		1
	设备名称	设备型号	设备编号	同时加工件数
	数控铣床	VML600		1
	夹具名称	夹具编号		切削液
	虎钳			有
	工位器具名称		工位器具编号	工序工时
				准终　单件

工步号	工步内容	主轴转速 r/min	切削速度 mm/min	进给量 mm/r	切削深度 mm	进给次数 机动	工步工时 辅助
1	点孔	1500	150		2		
2	钻螺纹底孔6×φ5.2	1300	80		1		
3	钻螺纹底孔4×φ6.8	1300	80		1		
4	钻孔6×φ5	1300	80		1		
5	铰孔6×φ5.4至尺寸	500	80		0.15		
6	铣导套孔沉台	4500	1500		0.5		
7	钻销孔、导套及异形孔的穿丝孔φ5	1300	80				
8	攻螺纹M6、M8	手动					
		设计（日期）	审核（日期）		会签（日期）		
标记 处数 更改文件号	签字	日期	标记处数 更改文件号	签字	日期		

（描图 / 描校 / 底图号 / 装订号）

能力拓展

一、平板类零件的主要技术要求

不同零件根据功能的不同，尺寸精度、表面粗糙度、几何形状精度、相互位置精度以及热处理要求也不尽相同。其中，几何形状精度主要体现于平面度的形状公差；相互位置精度主要体现于平行度、垂直度、位置度等。

二、平板类零件的材料和毛坯

(1) 平板类零件的材料：常用 45 钢、Cr12MoV 等合金钢。
(2) 平板类零件的毛坯：常用毛坯是锻件。

 思 考 与 练 习

1. 什么是工序、安装、工位、工步、行程？它们之间有何关系？
2. 简述机械加工工艺规程的概念。
3. 制订机械加工工艺规程的步骤是什么？
4. 什么是预备热处理？什么是最终热处理？它们一般安排在哪个加工阶段？
5. 名词解释：加工余量、工序尺寸。

参 考 文 献

[1] 李红，苏华礼. 机械制造基础[M]. 北京：北京邮电大学出版社，2012.

[2] 王章忠. 机械工程材料[M]. 3 版. 北京：机械工业出版社，2018.

[3] 王章忠. 机械工程材料[M]. 北京：机械工业出版社，2005.

[4] 林江，楼建勇，祝邦文. 机械制造基础[M]. 2 版. 北京：机械工业出版社，2020.

[5] 冯瑞，师昌绪，刘治国. 材料科学导论[M]. 北京：化学工业出版社，2002.

[6] 石德珂. 材料科学基础[M]. 2 版. 北京：机械工业出版社，2003.

[7] 许晶，杨晓辉. 机械制造基础[M]. 北京：机械工业出版社，2014.

[8] 谭雪松，周克媛. 机械制造基础[M]. 2 版. 北京：人民邮电出版社，2014.

[9] 吕烨，许德珠. 机械制造技术基础[M]. 3 版. 北京：高等教育出版社，2008.

[10] 邱亚玲. 机械制造技术基础[M]. 2 版. 北京：机械工业出版社，2014.